다원
지능

드디어 다윈 ❺

Darwinian Intelligence

최재천의
진화학 에세이

최재천

다윈 포럼 기획

다윈 지능

2판

사이언스
북스

SCIENCE
BOOKS

「드디어 다윈」 시리즈 출간에 부쳐

한국 최초의 다윈 선집을 펴내며

드디어 '다윈 후진국'의 불명예를 씻게 되었습니다. 드디어 이제 우리도 본격적으로 다윈을 연구할 수 있게 되었습니다. 지난 밀레니엄이 끝나 가던 1998년 미국의 언론인 네 사람이 『1,000년, 1,000인(*1,000 Years, 1,000 People*)』이란 책을 출간했습니다. 세계 각국의 학자들과 예술가들을 상대로 지난 1,000년 동안 인류에게 가장 큰 영향을 미친 인물이 누구인가를 묻고 그 설문 조사 결과에 따라 1,000명의 위인 목록을 만들어 발표한 책입니다. 구텐베르크가 선두를 한 이 목록에서 다윈은 전체 7위에 선정되었습니다. 만일 우리나라에서 이 같은 설문 조사를 실시한다면 저는 다윈이 100위 안에도 들지 못할 것을 확신합니다. 2012년 번역되어 나온 존 판던(John Farndon)의 『오! 이것이 아이디어다(*The World's Greatest Idea*)』라는 책에는 우리 인간이 고안해 낸 아이디어 중에서 전문가 패널이 고른 50가지가 소개되어 있는데 다윈의 진화론은 여기서도 7등을 차지했습니다. 우리와 서양은 다윈에 대한 평가에서 이처럼 엄청난 차이를 보입니다.

2009년은 '다윈의 해'였습니다. 다윈 탄생 200주년과 『종의 기원』 출간 150주년이 맞물리며 위대한 과학자이자 사상가인 다윈을 재조명하는 각종 행사와 출판 기획이 활발하게 이뤄졌습니다. 무슨 일이든 코앞에 닥쳐야 움직이기 시작하던 평소와 달리 우리나라에도 2005년 '다윈 포럼'이 만들어졌습니다. 우리 학계에서 조금이라도 다윈에 관심이 있거나 어떤 형태로든 연구를 하고 있던 젊은 학자들이 한데 모였습니다. 우리는 '다윈의 해'를 이 땅에 다윈 연구를 뿌리 내릴 원년으로 삼는 데 동의하고 3년 남짓 남은 시간 동안 무엇을 할 것인지 논의했습니다. 논의는 그리 길게 이어지지 않았습니다. 모두 다윈의 책을 제대로 번역해 내놓는 일이 급선무라는 데 동의했습니다. 이웃 나라 일본이 메이지 유신을 거치며 놀랄 만한 학문 발전을 이룩한 데는 국가 차원의 번역 사업이 큰 몫을 했다는 사실을 잘 알고 계실 겁니다.

우리는 『비글 호 항해기』는 잠시 미뤄 두고 보다 본격적인 다윈의 학술서 3부작 『종의 기원』, 『인간의 유래와 성 선택』, 『인간과 동물의 감정 표현』을 먼저 번역하기로 했습니다. 다윈의 책을 번역하는 작업은 결코 만만하지 않습니다. 우선 문장들이 너무 깁니다. 현대적 글쓰기는 거의 이유 불문하고 짧게 쓸 것을 강요합니다. 간결하고 정확한 문장이 좋은 문장이라고 배웁니다. 그러나 다윈 시절에는 정반대였습니다. 길고 장황하게 쓰는 게 오히려 바람직한 덕목이었습니다. 어떤 다윈의 문장은 쉼표와 세미콜론으로 이어지며 한 페이지를 넘어갑니다. 알다시피 영어는 우리말과 어순이 달라 문장의 앞

다윈 지능

뒤를 오가며 번역해야 하는데 다윈의 문장은 종종 한 문장의 우리말로 옮기는 게 거의 불가능합니다. 그래서 지금까지 번역된 많은 다윈 저서들은 대체로 쉼표와 세미콜론 단위로 끊어져 있어 너무나 자주 흐름이 끊기는 바람에 독해가 불가능한 경우가 많습니다.

『종의 기원』이 출간되기 바로 전날 원고를 미리 읽은 후 내뱉은 그 유명한 토머스 헉슬리(Thomas Huxley)의 탄식을 기억하십니까? "나는 왜 이걸 생각하지 못했을까? 정말 바보 같으니라고." 알고 보면 다윈의 자연 선택 이론은 허무할 만치 단순합니다. 그러나 그 단순한 이론이 이 엄청난 생물 다양성의 탄생을 이처럼 가지런히 설명하다니 그저 놀라울 따름입니다. 다윈은 요즘 표현을 빌리자면 이른바 '비주류' 혹은 '재야' 학자였습니다. 미세 먼지가 극에 달했던 런던에 살다가는 제 명을 다하지 못할 것이라는 의사의 경고 때문에 마지못해 시골로 이사하는 바람에 거의 언제나 혼자 일해야 했습니다. 그래서 엄청나게 많은 편지를 쓰며 다른 학자들과 교신하려 노력했지만, 대학이나 연구소에서 여러 동료 학자들과 부대끼며 지내는 것과는 사뭇 다른 연구 조건이었습니다. 그래서 저는 그가 역지사지(易地思之) 방식을 채택했다고 생각합니다. 그는 늘 스스로 질문하고 답하는 방식으로 연구했습니다. 그러다 보니 그의 글은 때로 모호하기 짝이 없고 중의적입니다. 생물학적 지식이 부족하거나 폭넓은 학술적 맥락을 이해하지 못하면 자칫 엉뚱하게 번역하는 우를 범하기 십상입니다.

우리가 포럼을 시작하고 얼마 지나지 않아 미국에서는 20세기를 대표하는 두 생물학자 제임스 듀이 왓슨(James Dewey Watson)과

에드워드 오스본 윌슨(Edward Osborne Wilson)이 각각 편집하고 해설한 다윈 전집들이 나왔습니다. 왓슨은 전집의 제목을 "Darwin: The Indelible Stamp(다윈: 불멸의 족적)"라고 지었고, 윌슨은 "From So Simple a Beginning(그토록 단순한 시작으로부터)"이라고 지었습니다. 지하에 계신 다윈 선생님이 무척이나 흐뭇해하셨을 것 같습니다. 물론 '다윈의 해'를 4년이나 앞두고 전집을 낸 그들에 비할 바는 아니지만 우리도 나름 일찍 출발했다는 자부심이 있었습니다. 그러나 그렇게 2009년이 지나갔고 또 꼬박 10년이 흘렀습니다. 처음에는 정기적으로 다윈 포럼을 열어 모두가 참여해 함께 번역 작업을 할 생각이었습니다. 그러나 이는 전혀 효율적인 방법이 아니라는 걸 금방 깨달았습니다. 용어 하나를 어떻게 번역할 것인가를 두고도 하루해가 모자랄 지경이었습니다. 그건 단순한 용어 선택의 문제가 아니었습니다. 개념을 제대로 정립하는 문제가 더욱 중요했습니다. 그래서 세 권의 책에 각각 대표 역자를 두기로 했습니다. 『종의 기원』은 장대익 교수가 맡았고 『인간의 유래와 성 선택』과 『인간과 동물의 감정 표현』은 김성한 교수가 수고했습니다. 저는 다윈 포럼의 대표로서 번역의 감수를 책임져 역자 못지않게 꼼꼼히 읽었습니다. 이제 드디어 우리에게도 다윈을 탐구할 출발선이 마련됐다고 자부합니다.

거의 15년 전 다윈 포럼을 시작하며 우리는 이 세 권의 번역 외에도 다윈 서간집도 기획했고, 저는 다윈의 이론을 현대적인 감각으로 소개하는 책을 쓰기로 약속했습니다. 그래서 네이버에 「최재천 교수의 다윈 2.0」이라는 제목으로 연재하고 그것들을 묶어 2012년 『다윈 지능』이라는 책을 냈습니다. 2009년 다윈의 해를 맞아 고맙게도 우리나라 거의 모든 주요 일간지와 방송이 경쟁이라도 하듯 특집을 기획해 주었습니다. 그중에서도 「다윈은 미래다」라는 《한국일보》특집 덕택에 저는 우리 시대 대표 다윈주의자들을 만날 수 있었습니다. 갈라파고스 제도에서 40년 넘게 되새류(finch)의 생태와 진화를 연구하고 있는 프린스턴 대학교 로즈메리 그랜트(Rosemary Grant)와 피터 그랜트(Peter Grant) 부부, 하버드 대학교 심리학과의 언어학자이자 진화 심리학자 스티븐 핑커(Steven Pinker), 다윈을 철학으로 끌어들인 터프츠 대학교 철학과 교수 대니얼 클레먼트 데닛 (Daniel Clement Dennett), 『이기적 유전자』의 저자 옥스퍼드 대학교 교수 클린턴 리처드 도킨스(Clinton Richard Dawkins), 그리고 하버드 대학교 윌슨 교수까지 모두 다섯 분을 인터뷰하는 기획이었지만 그분들을 만나러 가는 길목에 저는 다른 탁월한 다윈주의자들을 틈틈이 만났습니다. 그러다 보니 모두 열두 분을 만났고 그들과 나눈 대담을 엮어 『다윈의 사도들(Darwin's 12 Apostles)』이라는 제목의 책을 국문과 영문으로 준비했습니다. 2022년 후반부에 일단 국문으로 선보이게 될 것 같습니다.

다윈이라는 거인의 어깨 위에서

어느덧 이 땅에도 바야흐로 '생물학의 세기'가 찾아왔습니다. 그러나 섭섭하게도 이 나라에서 생물학을 하는 대부분의 학자는 엄밀한 의미에서 생물학자가 아닙니다. 생물을 연구 대상으로 화학이나 물리학을 하는 자연 과학자들입니다. 그러다 보니 서양과 달리 상당수의 생물학과 혹은 생명 과학과 교수들은 다윈의 진화론에 정통하지 않습니다. 일반 생물학 수업을 하면서 정작 진화 부분은 가르치지 않고 자기 학습 과제로 내주는 교수들이 의외로 많습니다. 일반 독자는 둘째 치더라도 저는 우선 이 땅의 생물학자들에게 드디어 다윈을 제대로 접할 기회가 마련됐다는 점이 무엇보다도 기쁩니다. 다윈의 책을 원문으로 읽는 일은 그리 녹록하지 않습니다. 이제 드디어 다윈의 저서들을 제대로 된 우리말 번역으로 읽을 수 있게 됐습니다. 모름지기 다윈을 읽지 않고 생물을 연구한다는 것은 거의 성경이나 코란을 읽지 않고 성직자가 되는 것에 진배없다고 생각합니다. 이제 모두 떳떳하고 당당한 생물학자가 되시기 바랍니다. 마침 2022년 9월 한국 진화학회가 출범했습니다. 이 땅에도 드디어 본격적인 진화 연구가 시작됩니다.

다윈 포럼을 후원하고 거의 15년이란 세월 동안 묵묵히 기다려 준 (주)사이언스북스에 머리를 숙입니다. 책을 출간한다는 생각만으로는 버티기 어려운 기간이었을 겁니다. 학문의 숙성을 위해 함께한 수행이었다고 생각합니다. 몸담은 분야는 서로 달라도 다윈을 향한 마음은 한결같아 투합한 다윈 포럼 동료들에게도 존경과 고마움을 표합니다. 함께 작업을 기획했으며 번역에 여러 형태로 기여했고 앞으로도 책을 알리고 이 땅에 다윈의 이론을 정립하는 데 앞장설 겁니다. 2009년 다윈 포럼이 주축이 되어 학문의 세계에서 아마 가장 혹독한 공격을 견뎌 낸 다윈의 이론이 현재 우리가 하고 있는 학문에 어떻게 침투해 있는지를 가늠해 『21세기 다윈 혁명』이라는 책을 냈습니다. 작업을 마무리하며 우리는 현존하는 거의 모든 학문 분야에 다윈의 이론이 깊숙이 관여하고 때로는 주류 이론으로 자리 잡아 가는 모습을 보며 스스로 놀랐던 기억이 새롭습니다. 어느덧 그로부터 또 10년이 흘렀습니다. 이제 다윈은 모든 분야의 전문가들이 앞다퉈 영입하는 학자로 우뚝 섰습니다. 이제 어느 분야든 다윈을 모르고 학문을 논하기 어려워졌습니다. 늦게나마 「드디어 다윈」을 여러분의 손에 쥐여 드립니다.

최재천

다윈 포럼 대표

이화 여자 대학교 에코 과학부 석좌 교수

대한민국, 드디어 다윈을 만나다

알다시피 지난 2009년은 찰스 다윈이 탄생한 지 200년이자 그의 명저 『종의 기원(On the Origin of Species)』이 출간된 지 150년이 되는 뜻깊은 해였다. 그래서 세계 각국은 2009년을 '다윈의 해(The Year of Darwin)'로 정하고 1년 내내 학술 대회를 비롯한 다양한 행사들을 열었다. 나도 진화 관련 온라인 백과사전 프로젝트에 참여하여 바쁜 일정을 보냈다. 『동물 행동학 백과사전(Encyclopedia of Animal Behavior)』의 무척추동물 사회 행동 진화 부문 편집장으로 위촉되어 20여 명의 세계 최고 학자들을 섭외하고 그들의 논문을 검토하는 작업을 수행했다. 이 프로젝트는 2010년 말에 마무리되어 2011년부터 일반에게 공개되었다. 2016년에는 이 『동물 행동학 백과사전』의 개정판을 내기로 결정하고 나를 총괄 편집장(editor-in-chief)으로 추대하는 바람에 나는 그 후 3년 동안 15명의 부문 편집장들을 데리고 500명 이상의 동물 행동학자들을 동원해 출간 작업에 매달렸고 2019년에 드디어 4권의 백과사전을 출간했다.

또한 2009년 5월 11~12일에는 영국 왕립 협회(Royal Society)의

피터 크레인(Peter Crane) 경이 주최한 "다윈과 꽃의 진화(Darwin and the Evolution of Flowers)" 심포지엄에 초청되어 소중한 배움의 기회를 갖기도 했다. 크레인 경은 교육 과학 기술부가 추진한 '세계 수준 연구 중심 대학(World Class University, WCU)' 사업 덕택에 내가 모셔서 3년간 우리나라 진화 생물학자들과 교류한 바 있는 세계적인 석학이다. 그는 미국 시카고의 필드 자연사 박물관(Field Museum of Natural History) 관장과 큐 영국 왕립 식물원(Kew Royal Botanical Garden) 원장을 역임한 바 있으며 2009년 9월에는 시카고 대학교 지리 과학과 석좌 교수에서 예일 대학교 산림 환경 과학 대학 학장으로 자리를 옮겼으나 2012년까지 우리와 공동 연구를 계속하며 진화, 특히 식물의 기원과 진화에 대한 우리 학자들의 이해 증진에 기여했다.

국내에서도 언론과 학계가 중심이 되어 상당히 다양한 다윈 관련 특집과 행사가 기획되어 다윈과 그의 이론을 알리는 데 큰 도움이 되었다. 개인적으로 내가 참여한 행사만 해도 퍽 많았다. 2009년 2월 23~24일에는 서울 대학교 자연 과학 대학이 전국의 고등학생들을 상대로 해마다 열어 온 자연 과학 공개 강연이 다윈을 주제로 하여 열렸고 나는 그곳에서 "과학자 다윈, 사상가 다윈, 인간 다윈"이라는 주제로 강연을 했다. 5월 20일부터 7월 29일까지 매주 수요일마다 '책 읽는 사회 문화 재단'의 주최로 "진화론은 어떻게 사회를 바꾸는가?"라는 주제의 시민 강좌가 열렸는데, 나는 5월 20일 "다윈의 혁명: 진화론이 바꾼 세상"이라는 제목으로 첫 강의를 했다. 7월 2~3일에는 한국 과학 철학회, 한국 과학 기술학회, 한국 생명 윤리학회 등 10개의 학술 단체가 공동으로 주최한 "다윈 진화론과 인간, 과학, 철학"이라는 제목의 다윈 200주년 기념 연합 학술 대회가 열렸다. 나는 생물 철학자 장대익 박사와 함께 "다윈의 비밀 노트"라는 주제로 대담을 했다. 그런가 하면 국립 생물 자원관은 10월 9일 제2회 국제 심포지엄을 개최했는데 나는 기조 강연자로 초대되어 "그처럼 단순한 시작으로부터, 그처럼 단순한 이론으로부터(From So Simple a Beginning, From So Simple a Theory)"라는 제목의 강연을 했다. 이 여러 강연과 대담의 내용이 이 책의 골격을 이루고 있다. 그리고 동료 학자들의 강연에서 귀동냥한 것들도 슬그머니 이 책에 녹여 넣었음을 고백한다.

국내 언론도 전례 없이 야심 찬 다윈 특별 기획들을 내놓았다. 《조선일보》는 2009년 1월 1일부터 「다윈이 돌아왔다」라는 제목의 기획을 마련하여 4월 28일까지 총 14회에 걸쳐 현대 학문 세계에 미친 다윈의 영향을 진단하는 글을 실었다. 나는 그 글들을 한데 모아 2009년 8월에 『21세기 다윈 혁명』이라는 책으로 내놓은 바 있다. 《동아일보》는 「다윈은 살아 있다」라는 주제의 기획에서 열 차례에 걸쳐 취재 형식을 빌린 기자들의 글을 실었다. 《중앙일보》는 당시 문지 문화원 사이의 기획 실장이었던 주일우 박사에게 의뢰하여 「다윈의 편지」라는 특집을 마련했다. 그런가 하면 《중앙일보》의 일요일 신문인 《중앙선데이》는 장대익 박사가 디자인한 「다윈의 서재」라는 특집을 연재했다. 다윈이 다시 부활하여 그의 사후에 그에 관하여, 또는 그의 이론과 관련되어 출간된 책들을 읽고 저자와 이메일을 주고받거나 직접 만나 대담을 하는 형식의 이 기발한 특집은 '다윈의 해'가 저물 때까지 계속되었고 2014년에 책으로도 출간되었다.

개인적으로 나는 2009년 국내 신문들의 기획 중에 《한국일보》의 「다윈은 미래다」를 특별히 기억하고 있다. 다윈의 이론에 대해 상당히 깊이 있는 전문가들의 논단을 실은 다음 다섯 차례에 걸쳐 우리 시대 최고의 다윈주의자들의 인터뷰를 선보였다. 운 좋게도 이 행복한 임무가 내게 맡겨져 나는 주저 없이 아래 열거한 다섯 학자들을 선정했다. 다윈이 비글 호 항해 중에 들려 관찰하고 채집했던 갈라파고스의 핀치들에 대한 연구를 대프니 메이저(Daphne Major)라는 작은 섬에서 무려 반세기 가까이 진행하고 있는 프린스턴 대학교 생물학과의 피터 그랜드와 로즈메리 그랜트 교수 부부, 하버드 대학교의 진화 생물학자 에드워드 윌슨 교수, 철학계의 다윈으로 불리는 터프츠 대학교 철학과의 대니얼 데닛 교수, 『빈 서판(*The Blank Slate*)』, 『언어 본능(*The Language Instinct*)』, 『마음은 어떻게 작동하는가(*How the Mind Works*)』 등으로 국내에도 잘 알려진 하버드 대학교 심리학과의 언어학자 스티븐 핑커 교수, 그리고 영원한 과학 베스트셀러 『이기적 유전자(*The Selfish Gene*)』의 저자인 옥스퍼드 대학교 동물학과의 리처드 도킨스 교수가 내가 만난 우리 시대 최고의 다윈주의자들이었다. 나는 이들에 덧붙여 몇몇 다윈주의자들을 추가적으로 인터뷰하여 한 권의 책으로 만들고 있다. 예일 대학교의 피터 크레인 경, 하버드 대학교 과학사학과의 재닛 브라운(Janet Browne) 교수, 런던 정경 대학교의 헬레나 크로닌(Helena Cronin) 교수, 런던 대학교의 스티브 존스(Steve Jones) 교수, 교토 대학교 영장류 연구소 소장 마쓰자와 데쓰로(松沢哲郎) 교수, 우리 독자들에게도 잘 알려진 과학 저술가 매트 리들리(Matt Ridley)와 마이클 셔머(Michael Shermer), 그리고 DNA

이중 나선 구조를 밝혀 노벨상을 수상한 바 있는 제임스 듀이 왓슨(James Dewey Watson) 교수가 그들이다. 돌이켜 보면 내가 어떻게 이 대단한 양반들을 다 만나 대담을 나눌 수 있었는지 꿈만 같다. 이 대단한 양반들을 한데 엮은 책은 아무리 다윈의 해라지만 그 어디서도 기획된 바 없다. 나는 조만간 이 책을 국문은 물론 영문으로도 낼 계획이다. 이들을 만나 대화를 나누며 나는 진화학의 오늘을 가늠할 수 있었다. 이들의 가르침이 이 책 곳곳에도 녹아 있다.

다른 학문 분야도 대체로 비슷하겠지만 다윈의 이론을 연구하는 진화학에 있어서 대한민국은 거의 완벽하게 후진국이었다. 개발도상국도 아니고 그냥 후진국이다. 이 같은 '다윈 후진국'의 불명예를 벗어 보자는 취지로 나는 일찍이 2005년에 우리 학계에서 다윈에 관련된 연구를 하는 중진 학자들을 한데 모아 다윈 포럼을 만들었다. 다윈 포럼은 다윈의 대표 저서 3권 —『종의 기원』,『인간의 유래와 성 선택(The Descent of Man, and Selection in Relation to Sex)』,『인간과 동물의 감정 표현(The Expression of Emotions in Man and Animals)』— 을 다시 번역하는 일 외에도 현존하는 다윈의 편지 중에서 특별히 흥미로운 것들을 골라 번역하고 해설을 달아 출간하기로 했다. 다윈의 편지 작업은 주일우 박사가 담당하고 있다. 나는 다윈의 저서 번역 작업을 총괄하는 일과 더불어 진화론의 현주소를 가늠할 수 있는 책을 집필하기로 했다. 마침 국내 최대의 포털인 네이버에서 2009년부터 새롭게 「오늘의 과학」이라는 코너를 마련하고 연재를 부탁해 와 「최재천 교수의 다윈 2.0」이라는 제목을 걸고 1년 내내 글을 썼다. 이 책은 네이버에 연재했던 글들을 중심으로 만들었다. 다만 연초에는 비교적 자주 썼는데 시간이 갈수록 조금씩 뜸하게 쓰게 되어 막상 연말이 가까워 책을 만들려고 하니 아직 연재하지 못한 주제들이 제법 남아 있었다. 성(性, sex)의 진화에 관한 부분이 미진했고 사회성의 진화는 시작도 하지 못한 상태였다. 그래서 그 부분을 연재와 상관없이 집필하여 초판에 함께 담았고, 개정 증보판이라고 할 이번 2판에는 초판에서 다루지 못한 주제들, 즉 팬데믹(pandemic)과 공진화, 마음의 진화, 음악의 진화, 그리고 호모 심비우스(Homo symbious)에 관한 글을 추가했다.

소셜 네트워크 서비스(social networking service, SNS)의 활성화와 더불어 요즘 '집단 지성(collective intelligence)'이라는 말이 흔하게 쓰이고 있다. 하지만 나는 이 경우에 'intelligence'를 '지성'이라고 번역하는 것에 약간의 불편함을 느낀다. 언젠가 우리의 사회 행동이 지성 공동체의 성숙함을 보일 날이 올지도 모르겠지만, 지금은 그저 소박하게 여러 두뇌들이 동시에 한 가지 주제로 수렴한다는 의미에서 '집단 지능'으로 부를 것을 제안한다. 이런 관점에서 다윈의 이론이 걸어온 궤적은 집단 지능의 전형을 보여 준다. 오늘날 우리가 배우는 다윈 이론은 그 옛날 다윈이 얘기한 것과는 그 깊이와 폭에서 사뭇 다른 모습을 보인다. 다윈은 한 개인이 해냈다고 보기에는 믿기 어려우리만치 많은 연구 업적을 낸 것이 사실이지만, 당시에는 물론 지금까지도 토머스 헉슬리를 비롯한 수많은 '불도그(bulldog)'들을 풀어 그의 이론을 계승, 발전시키고 있다. 나 역시 이 책에서 단순히 서양 학자들의 연구 결과와 주장을 소개하는 차원을 넘어서서 내 목소리를 들려주려 노력했다. 나의 이런 노력이 '다윈 지능(Darwinian intelligence)'에 보탬이 되길 바란다. 이런 점에서 때로 서양의 진화학자들과 사뭇 다른 나의 분석과 설명을 열린 마음과 열띤 토론으로 검증해 준 누리꾼들에게 고마움을 전한다. 이제 다윈의 이론은 더 이상 서양의 전유물이 아니다. 이 책의 여러 곳에서 내가 얘기한 대로 동양 사상이 다윈을 품으면 어쩌면 훨씬 더 풍요로운 통섭이 가능할지도 모른다. 이 책을 읽는 독자들 중에 그런 통섭의 노력에 동참할 분이 많이 나타나길 진심으로 기대해 본다.

　서양에서는 이미 오래전부터 다윈에 대한 연구가 엄청나게 진행되었고 다윈의 해를 준비하며 이미 4~5년 전부터 책들이 나오기 시작했다. 반면 우리는 2005년에야 이런저런 모임들을 가지며 공부를 시작한 터라 책의 출간이 늦어질 수밖에 없었다. 하지만 이렇게 해서라도 150년간의 혹독한 담금질로 인해 더욱 굳건해진 다윈의 이론을 한층 더 높은 단계로 끌어올리는 노력에 동참할 수 있게 되어 뿌듯하다. 네이버에 내 글이 오를 때까지 늘 꼼꼼하게 보살펴 준 네이버의 이윤현 선생에게 감사의 인사를 드린다. 이 책을 빚어내고 생명의 숨을 불어넣어 준 (주)사이언스북스의 편집부에도 고개를 숙인다. 이 책 곳곳에 숨어 있는 담백하고 은은한 그림들은 오랫동안 환경 보전과 자연 사랑을 예술로 승화시켜 온 '그린 디자이너' 윤호섭 선생님이 주신 것들이다. 선생님의 그림들로 인해 이 책이 한층 고상해진 걸 느낀다. 그리고 무엇보다도 함께 공부해 온 다윈 포럼의 글벗들에게 이 책을 바친다. 함께 공부하며 나는 참으로 많은 것을 배웠다. 이제 드디어 대한민국도 다윈을 품기 시작했다.

차례

01

진화론, 그 간결미

1809년은 인류 역사상 참으로 대단한 해였다. 흔히 교향곡의 아버지라고 불리는 프란츠 요제프 하이든(Franz Joseph Haydn)이 사망하고 펠릭스 멘델스존 바르톨디(Felix Mendelssohn Bartholdy)가 탄생했다. 『우게쓰 이야기(雨月物語)』로 잘 알려진 일본의 설화 작가 우에다 아키나리(上田秋成)가 우리 곁을 떠나고 『검은 고양이(*The Black Cat*)』의 작가 에드거 앨런 포(Edgar Allan Poe)와 내가 은밀하게 좋아하는 러시아의 소설가 니콜라이 바실리에비치 고골(Nikolai Vasilievich Gogol)이 태어난 해이기도 하다. 여기까지만 들으면 1809년은 여느 해 못지않게 훌륭한 해이기는 하나 '참으로 대단한 해'이어야 할 까닭이 무엇일까 의아해 할 분들도 계실 것이다.

　내가 1809년을 특별히 대단한 해로 생각하는 이유는 다른 데 있다. 인류 역사의 방향을 송두리째 뒤바꿔 놓은 대표적인 두 인물, 에이브러햄 링컨(Abraham Lincoln)과 찰스 다윈이 태어난 해이기 때문이다. 음악과 문학이 인간의 삶에서 과학과 정치보다 덜 중요하다는 뜻은 결코 아니지만, 링컨과 다윈은 분야를 초월하여 인류사에 가장 거대한 족적을 남긴 위인들이라는 점에 토를 달 사람은 아무도 없을 것이다. 공교롭게도 이 두 사람은 1809년 2월 12일 같은 날에 태어났다.

링컨은 우리가 초등학교 시절 하도 들어서 잘 아는 대로 미국 켄터키의 통나무집에서 태어났고 다윈은 대서양 건너 영국 슈루즈베리에서 태어났다. 두 사람은 모두 어려서 어머니를 여의고 50대에 들어서야 이른바 '출세'를 했다는 공통점을 갖고 있다. 다윈이 그 위대한 『종의 기원』을 출간한 해가 그의 나이 50세 되던 1859년이었고, 링컨은 51세에 제16대 미국 대통령으로 취임했다.

얼마 전 인터넷에서는 이 두 사람 중 누가 인류사에 더 큰 영향을 미쳤는가를 두고 공방이 벌어졌다. 링컨이 없었더라면 노예 해방이 아예 일어나지 않았거나 상당히 늦어졌을 것이고, 그랬다면 아마 2009년 흑인이 미국의 대통령이 되는 사건은 벌어지기 어려웠을 것이다. 인권 평등의 거대한 흐름을 불러일으킨 링컨 대통령이 인류 역사상 가장 위대한 인물 중의 하나임을 부정하기는 어렵다. 하지만 다윈이 아니었더라면 인간을 포함한 자연의 모든 생물이 태초 생명의 늪에서 우연히 발생한 지극히 단순한 하나의 생명체로부터 분화되어 나온 진화의 산물이라는 사실을 깨닫지 못했을 수도 있다. 인간이라는 동물도 결국 이 세상 다른 모든 생물과 근본적으로 한 가족이라는 사실처럼 우리를 철저하게 겸허하게 만드는 개념이 또 있을까? 다윈은 우리에게 생명의 평등을 일깨워 준 사상가이다. 링컨과 다윈은 우리로 하여금 진정한 인간으로 거듭나게 해 준 위대한 인물들이다.

다윈이 『종의 기원』을 일부러 나이 쉰이 될 때까지 기다렸다가 낸 것은 아니지만 그의 탄생과 대표 저서의 출간이 200과 150이라는 딱 떨어지는 숫자로 묶이는 바람에 2009년 세계 곳곳에서 이른바 '다윈의 해'를 기념하는 온갖 행사와 사업이 진행되었다. 이를 계기로, 그리고 이 책을 통해 인간 다윈과 그가 우리 삶에 미친 영향을 함께 짚어 볼 수 있기를 바란다. 우리 주변에는 아직도 다윈을 그저 자연 선택론(theory of natural selection)에 입각하여 진화적 현상을 설명하려 했던 영국의 한 생물학자로만 알고 있는 이들이 적지 않다. 그가 사상가로서 우리 현대인의 의식 구조에 얼마나 큰 영향을 미쳤는가를 인식하는 사람들은 그리 많지 않은 것 같다. 하지만 서양에서는 이미 오래전부터 다윈에 대한 재평가가 활발히 이루어져 왔다. 지난 밀레니엄이 끝나 가던 즈음 『1,000년』이란 책이 출간되었다. 미국의 몇몇 언론인들이 학자와 예술가들을 상대로 지난 1,000년 동안 인류에게 가장 큰 영향을 미친 인물이 누구인가를 묻는 설문 조사를 하고 그 결과를 바탕으로 1,000명을 선정하여 발표했다. 이 책에서 다윈은 갈릴레오 갈릴레이(Galileo Galilei)와 아이작 뉴턴(Isaac Newton)에 이어 전체 7위에 선정되었다. 만일 우리나라에서 똑같은 설문 조사를 한다면 다윈은 과연 몇 위에 오를까? 나는 왠지 그가 100위 안에도 들지 못할 것이라는 불길한 예감이 든다. 이처럼 다윈에 대한 우리와 선진국의 인식 차이는 엄청나다.

서양의 2,000년 사상사의 기반을 제공한 사람은 누가 뭐래도 플라톤(Platon)이다. 흔히 본질주의(essentialism) 또는 예표론(typology)으로 불리는 플라톤의 사상 체계에 따르면 이 세상은 영원불변의 완벽한 이데아(idea) 또는 전형(type)으로 이루어져 있다. 그러한 전형으로부터의 변이(variation)는 진리의 불완전한 투영에 불과하다. 따라서 생물의 종들은 영원불변의 존재들일 수밖에 없다. 금이 은으로 변할 수 없듯이 한 종이 다른 종으로 변할 수는 없다.

　　이 같은 관념은 훗날 기독교 신학을 통해 더욱 굳건히 서양인들의 사고 방식에 뿌리내리게 된다. 「창세기」 1장에 기록되어 있는 대로 이 우주는 물론 거기 사는 생명 모두 하느님에 의해 창조되었다는 믿음은 생물 종의 불변성에 자연스럽게 부합하는 개념이었다. 다윈은 놀랍게도 플라톤이 진리의 불완전한 그림자로 규정한 변이야말로 이 세상에 실존하며 변화를 일으키는 주체라는 전혀 새로운 설명을 내놓았다. 지극히 쉬운 말로 표현하면 '너와 나의 다름'이란 완벽하지 못하다는 자성의 대상이 아니라 그로부터 삶의 새로움이 잉태되는 원동력이라는 것이다.

　　진화란 한마디로 변화를 의미한다. 그중에서도 특히 세대 간에 일어나는 생명체의 형태와 행동의 변화를 뜻한다. DNA의 구조에서 사회 생활에 이르기까지 생물의 형질은 세대를 거치면서 조상의 형질로부터 변화한다. 다윈의 자연 선택론은 이 모든 변화 과정을 설명하는 이론으로 전혀 손색이 없다. 학문의 세계에서 다윈의 진화론만큼 혹독한 시련을 겪은 이론은 아마 없을 것이다. 하지만 150년간의 담금질 덕분에 다윈의 진화론은 이제 생명의 의미와 현상을 설명하는 가장 훌륭한 이론으로 확고하게 자리를 잡았다. 일찍이 위대한 유전학자 테오도시우스 도브잔스키(Theodosius Dobzhansky)는 "진화의 개념을 통하지 않고서는 생물학의 그 무엇도 의미가 없다."라고 했다. 그러나 이제 다윈의 진화론은 생물학의 범주를 넘어 다른 많은 학문 영역들은 물론 우리 일상 생활에도 폭넓게 영향을 미치고 있다.

그래서 나는 이제 감히 이렇게 말하련다. 지나친 보편적 다윈주의 (universal Darwinism)라고 비난받을지 모르지만, "진화의 개념을 통하지 않고서는 우리 삶의 그 무엇도 의미가 없다."라고.

훌륭한 학술 이론이 갖춰야 할 속성으로 흔히 단순성(simplicity)과 응용성(robustness), 그리고 직관적 아름다움(intuitive beauty)을 든다. 이론 자체가 너무 복잡하면 우선 활용도가 떨어지고 의미 전달에도 어려움이 많다. 수식으로 표현되는 수학적 이론들이 지니기 쉬운 결점이 바로 이 부분이다. '다윈의 해'를 기념하기 위해 미국 하버드 대학교의 진화 생물학자 에드워드 윌슨 교수가 편집하고 서문을 쓴 책이 2006년 노턴 출판사에서 출간되었다. 윌슨 교수는 그 책의 제목을 『그토록 단순한 시작으로부터(*From So Simple a Beginning*)』라고 붙였다. 다윈이 『종의 기원』에서 한 다음과 같은 말에서 따온 것이다. "그토록 단순한 시작으로부터 가장 아름답고 가장 화려한 수많은 모습의 생명들이 진화했고 지금도 진화하고 있다니." 사실 더욱 놀라운 것은 그토록 단순한 시작으로부터 이렇게 엄청난 생명의 다양성이 진화한 과정을 설명하는 이론이 어쩌면 이렇게도 단순할 수 있을까 하는 점이다. 그래서 나는 이 장의 제목을 "진화론, 그 간결미(So Simple a Beginning, So Simple a Theory)"라고 붙였다. 다윈의 진화론이 갖고 있는 가장 큰 매력은 우선 간결함이다.

게다가 이처럼 간결한 이론이 설명하지 못할 현상이 거의 없다는 것은 더욱 큰 놀라움을 준다. '살아 있는 다윈'으로 칭송받다가 2005년 전에 돌아가신 하버드 대학교의 에른스트 마이어(Ernst Mayr) 교수는 우리말로 번역된 그의 저서 『이것이 생물학이다(*This is*

Biology)』한국어판 서문에서 다음과 같이 적었다. "진화를 이해하지 않고는 이 신비로운 세상을 이해할 수 없다. 진화는 이 세상을 설명하는 가장 포괄적인 원리다." 진화론은 이제 생물학뿐만 아니라 사회학, 경제학, 인류학, 심리학, 법학 등의 인문 사회 과학 분야는 물론 음악, 미술 등의 예술 분야에 이르기까지 폭넓게 영향을 미치고 있다. 최근 각광 받고 있는 진화 심리학, 진화 게임 이론, 진화 윤리학, 다윈 의학 등은 모두 다윈이 뿌린 작은 겨자씨들이 만들어 내고 있는 화려한 이파리들과 꽃들이다. 이 책에서 나는 진화론이 키워 낸 지식 생태계의 다양함을 찬미하고 그 눈부신 아름다움을 하나하나 벗겨 갈 것이다. 과학자 다윈, 사상가 다윈, 그리고 인간 다윈을 만나기 바란다.

자연 선택의 「원리」

지금은 생명 과학이 속된 표현으로 '잘 나가는' 분야로서 각광을 받고 있지만 20세기 후반에 들어서기 전까지 과학의 꽃은 의심의 여지 없이 물리학이었다. 수학적 논리를 바탕으로 이론과 실험 모두에서 이른바 '정확한 과학(exact science)', 혹은 '경성 과학(hard science)'의 표상으로 군림했던 물리학의 위용은 실로 대단했다. 당시 대부분의 물리학자들은 그런 자신들의 신분과 지위를 숨기지 않았다. 상대적으로 말랑말랑한 과학인 생물학이 물리학 사자들의 가장 손쉬운 먹이가 되었다. 잔뜩 주눅이 든 생물학자들 사이에는 한때 '물리학 선망(physics-envy)'이라는 표현이 공공연하게 쓰이기도 했다.

물리학자들이 생물학자들에게 던지던 힐난은 유치한 것에서 심각한 것에 이르기까지 다양했다. 아이작 뉴턴과 알베르트 아인슈타인(Albert Einstein)의 확인되지 않은 IQ 수치를 들먹이며 생물학자로 그들에 대적할 만한 사람이 있느냐는 물리학자들의 유치한 집안 자랑에 생물학자들은 속수무책으로 당해야 했다. 보다 심각한 도전은 생물학에 진정 물리학처럼 자연 현상의 고유한 속성을 일반화하는 원리(principle)가 있기나 하냐는 질문이었다. 온갖 수준의 원리들로 중무장한 물리학과 달리 생물학은 태생적으로 원리를 앞세워 사물의 특성이나 현상을 가지런히 정리하기보다는 다양한 관찰 결과들을 풍성하게 쌓는 걸 더 좋아한다. 생물의 세계는 서둘러 원리로 정리하기에는 너무나 복잡하고 다양하다.

굳이 생물학에도 원리가 있다고 밝히려는 것은 아니지만 다윈의 진화론은 원리라고 일컫기에 아무런 손색이 없기에 설명해 보고자 한다. 1858년 앨프리드 러셀 월리스(Alfred Russel Wallace)와 함께 영국 린네 학회(Linnean Society)에서 발표한 논문에서 다윈은 진화가 일어나기 위한 조건으로 다음의 네 가지를 들었다.

첫째, 한 종에 속하는 개체들은 각자 다른 형태, 생리, 행동 등을 보인다. 즉 자연계의 생물 개체들 간에 변이가 존재한다.

둘째, 일반적으로 자손은 부모를 닮는다. 즉 어떤 변이는 유전(heredity)한다.

셋째, 환경이 뒷받침할 수 있는 이상으로 많은 개체가 태어나기 때문에 먹이 등 한정된 자원을 놓고 경쟁(competition)할 수밖에 없다.

넷째, 주어진 환경에 잘 적응하도록 도와주는 형질을 지닌 개체들이 보다 많이 살아남아 더 많은 자손을 남긴다. (자연 선택)

첫째 조건인 변이에 관하여 잠시 살펴보자. 자연계에 존재하는 거의 모든 형질(character)에는 대체로 변이가 존재하기 마련이지만 만일 변이가 없다고 가정한다면 선택의 여지도 없다. 형질이 동일한 개체들 간에는 아무리 빈번한 선택이 벌어진다 해도 변화가 일어날 수 없기 때문에 자연 선택은 변이를 가진 형질에만 적용된다. 고등학교 시절 수학 시간에 "주머니 속에 검은 공 X개와 흰 공 Y개가 있는데 무작위로 Z개의 공을 꺼낼 때 검은 공과 흰 공의 비율이 W : V일 확률은 얼마인가?" 따위의 문제를 풀던 기억이 나는가? 그런데 만일 이 문제를 "주머니 속에 검은 공만 X개가 있는데 그중에서 무작위로 Z개를 꺼낼 때 그 공들이 모두 검은 공일 확률 또는 흰 공일 확률은 얼마인가?"로 바꾼다면 어찌 되겠는가? 다윈은 변이가 바로 변화를 일으키는 실체라고 설명한다.

이러한 변이 중 유전하는 것만이 자연 선택의 대상이 된다는 것이 둘째 조건이다. 다세포 생물은 기능적으로 서로 다른 두 가지 종류의 세포들로 구성되어 있다. 하나는 몸의 구조를 이루는 체세포(somatic cell)이고 다른 하나는 번식을 담당하는 생식 세포(reproductive cell)이다. 한 생명체가 생애를 통해 아무리 많은 변화를 겪는다 해도 그것이 생식 세포 내의 변화가 아니면 다음 세대로 전해질 수 없다. 체세포의 변화는 당대에만 나타날 뿐 자손에는 전달되지 않는다. 이것이 바로 장 바티스트 라마르크(Jean Baptiste Lamark)의 '획득 형질의 유전' 개념의 맹점이다. 당신이 만일 금발의 딸을 원한다면 '금발 유전자'를 지닌 북구의 여인과 결혼해야지 미용실에서 금색으로 머리를 염색한 한국 여성과 결혼할 일은 아니라는 말이다.

셋째 조건은 다윈이 경제학자 토머스 맬서스(Thomas Malthus)의 『인구론(An Essay on the Principle of Population)』(1798년)을 읽고 깨달은 개념이다. 다윈이 태어나기 이미 10여 년 전에 발표된 이 논문에서 맬서스는 만일 환경적인 제한 요인이 없다면 인간을 포함한 모든 생물이 기하급수적으로 성장한다는 것을 관찰했다. 맬서스의 영향으로 수학을 끔찍하게 싫어했다는 다윈도 "고통을 감수하며" 『종의 기원』에서 다음과 같은 계산을 했다.

코끼리는 대개 30세가 되어야 번식을 시작하여 100세 정도에 멈추는데 암컷 한 마리가 평균 여섯 마리의 새끼를 낳는다. 만일 코끼리 한 쌍이 750년 동안 번식을 한다면(그리고 일단 태어난 코끼리는 아무도 죽지 않는다고 가정하면) 거의 1900만 마리의 코끼리가 태어날 것이다.

내가 번역하여 내놓은 메이 베렌바움(May R. Berenbaum)의 『벌들의 화두(Buzzwords)』에는 20세기 초 두 사람의 곤충학자가 다음과 같은 계산을 해낸 것이 소개되어 있다.

4월에 활동을 시작한 한 쌍의 파리의 자손이 만일 모두 살아남는다면 8월쯤에는 파리가 191,010,000,000,000,000,000마리나 될 것이다.

한 마리의 파리가 어림잡아 2세제곱센티미터의 공간을 차지한다고 가정하면 이는 지구 전체를 14미터의 높이로 뒤덮는 수치이다. 현대 생태학의 발달에 누구보다도 큰 공헌을 한 생태학자 로버트 맥아더(Robert MacArthur)는 훨씬 더 자극적인 계산을 했다.

만일 20분마다 세포 분열을 하는 세균이 있다고 가정하자. (태어난 세균은 아무도 죽지 않으며 자원도 무한정 공급된다고 가정하면) 36시간 후면 세균의 살이 지구의 표면을 한 자가량 뒤덮을 것이다. 그 후 1시간이면 우리 모두의 키를 넘길 것이고, 몇천 년 후면 어느 생물이든지 그 무게가 우주의 무게와 맞먹을 것이며 그 부피는 저 우주를 향해 빛의 속도로 팽창할 것이다.

실험실 배양 접시에서 자라는 세균이 한없이 성장하여 꿀꺽꿀꺽 넘쳐흐르지 않는 이유는 바로 한정된 자원 때문이다. 영양분을 계속 공급하기만 하면 공상 과학 영화의 외계 생물이 우리 몸 안에서 성장하여 구멍마다 뚫고 기어 나오듯 넘쳐흐를지도 모른다. 죽음이 생명을 허락한다. 맬서스가 밝힌 대로 어느 개체군이건 대부분의 개체들이 번식기에 이르지 못하고 죽기 때문에 다른 개체들이 살아남아 번식을 할 수 있는 것이다.

자연 선택의 넷째 조건은 셋째 조건의 자연스러운 귀결로 나타난다. 어느 개체군이건 태어나는 모든 개체가 번식의 기회를 갖는 것은 아니다. 대부분의 개체는 번식기에 이르기 전에 죽어 사라지고 주어진 환경에 보다 잘 적응할 수 있도록 도와주는 형질들을 지닌 개체만이 살아남아 자손을 남기게 된다. 아무리 변이가 존재하고 또 유전한다고 하더라도 모든 개체가 번식기에 이르러 똑같은 수의 자손을 남긴다면 그 개체군의 유전자 빈도에는 아무런 변화도 일어나지 않을 것이다. 따라서 진화란 유전자들이 자신들이 몸담고 있는 개체들의 번식을 도와 자신들의 복사체를 보다 많이 퍼뜨리려는 경쟁의 결과로 나타나는 현상이다.

진화 생물학에서는 이 네 가지를 묶어 흔히 진화의 필요 충분 조건이라 부른다. 왜냐하면 이 네 가지 조건이 모두 함께 갖춰져야 진화가 일어날 수 있고 또 모두 갖춰지기만 하면 진화는 반드시 일어날 수밖에 없기 때문이다. 이런 관점에서 볼 때 나는 "인간은 진화하기를 멈췄다."라고 주장한 스티븐 제이 굴드(Stephen Jay Gould)의 궤변을 용서할 수 없다. 그렇지 않아도 도시에 사는 현대인들은 우리 인간이 더 이상 발가벗은 채로 자연에 노출되어 있는 게 아니기 때문에 다른 동물들처럼 자연 선택의 영향을 받지 않을 것이라는 오해를 하고 있는데 그걸 누구보다도 훤히 알고 있으면서 자신의 논리를 관철시키기 위해 거짓을 말한 그를 학자로서 존경하기 어렵다.

자연 선택의 '자연'은 '인공'의 반대 개념이라기보다는 오히려 '인위'의 반대 개념으로 쓰인 것이다. 저 산과 들의 자연에서 벌어지는 선택 과정이라는 뜻보다는 누군가가 의도적으로 조정하는 과정이 아니라 구성원들 간의 자연스러운 관계 속에서 필연적으로 일어나는 현상을 설명하는 메커니즘이다. 우리 인간이 더 이상 저 대자연속에서 살고 있지 않기 때문에 진화를 멈췄다고 생각한다면 큰 오산이다. 앞서 열거한 진화의 네 가지 필요 충분 조건을 다시 한번 훑어보자. 우리 사이에는 분명히 충분한 변이가 존재하고 그런 변이들의 상당수는 유전하며 여전히 치열한 경쟁을 거쳐 제가끔 다른 수의 자식을 남긴다.

경제학에 거시 경제학(macro-economics)과 미시 경제학(micro-economics)이 있듯이 진화학에도 대진화(macro-evolution)와 소진화(micro-evolution)가 있다. 하나의 종이 오랜 세월 동안 많은 변화를 거쳐 새로운 종으로 분화하는 것이 대진화라면 시간에 따른 개체군의 유전자 빈도의 변화, 즉 세대를 거듭하며 개체들의 형태, 생리, 행동 등에 변화가 일어나는 것을 소진화라고 한다. 세대가 아주 짧은 미생물의 경우에는 우리가 실제로 종의 분화를 목격할 수 있지만 인간을 포함한 대부분의 다세포 생물의 대진화를 관찰하기에는 우리 자신의 수명이 턱없이 짧다.

사람들은 흔히 대진화를 진화의 전부로 착각한다. 그래서 진화가 멈췄다는 궤변에도 귀를 기울이게 되지만 소진화는 결코 멈출 수 있는 것이 아니다. 내가 이 글을 쓰고 있는 이 순간, 그리고 여러분이 이 글을 읽고 있는 동안에도 지구상 어딘가에서 새 생명이 탄생하고 있다. 그 아기가 갖고 태어나는 유전체(genome)* 때문에 우리 인류 전체의 유전자군(gene pool)**의 구성은 미세하지만 분명히 변화했다. 이것이 진화의 현장이다. 진화의 필요 충분 조건 네 가지가 모두 일어나야 하지만 그중 어느 하나라도 일어나지 않을 확률은 거의 없다. 진화는 결코 멈출 수 있는 게 아니다.

다윈의 진화론을 아직도 '자연 선택설'이라고 부르는 사람들이

---

* Genome은 그동안 '게놈' 또는 '지놈' 등으로 번역되어 불려 왔으나 원래 영어 용어가 유전자(gene)와 염색체(chromosome)의 합성어인 만큼 '유전체(遺傳體)'라고 부르면 더할 수 없이 훌륭할 것 같다.

** 이 영어 용어를 처음 우리말로 번역한 사람이 누구인지는 모르지만 너무 경솔한 번역이었다. '유전자 풀'이란 말은 '유전자'라는 우리말과 '풀(pool)'이라는 영어 단어를 소리 나는 대로 적은 게 결합된 말이다. 그래서 나는 이제부터 '유전자군(遺傳子群)'으로 부를 것을 제안한다.

있지만 앞으로는 그런 실례를 범하는 일이 없기를 바란다. 다윈의 자연 선택에 관한 설명은 더 이상 가설(hypothesis)의 수준에 머물러 있는 게 아니다. 지난 150년 동안 혹독한 검증 과정을 거쳐 당당히 이론(theory)의 지위를 획득했다. 그래서 이제부터는 반드시 '자연 선택론' 또는 '자연 선택의 원리(principle of natural selection)'라고 부를 것을 주문한다. 앞에서 열거한 네 가지 조건만 갖춰지면 진화란 반드시 일어날 수밖에 없다는 점에서 보면 자연 선택은 사물에 근거하여 성립하는 근본 법칙, 즉 원리라고 해도 지나침이 없다.

03

돌연변이 맹신의 허점

다윈의 자연 선택론에 대한 오해 중 가장 뿌리 깊은 것은 아마 변이의 생성과 소멸에 관한 의문일 것이다. 다윈과 윌리스가 말한 진화의 필요 충분 조건의 으뜸이 바로 '변이의 조건'이다. 변이가 없으면 선택도 없다. 다행히 자연계에 현존하는 형질에는 충분한 변이가 존재한다. 유전자를 복제하여 만들어 낸 생물이나 일란성 쌍둥이가 아니라면 우리는 서로 어딘가 조금은 다르다. 주변을 둘러보라. 참으로 별의별 사람들이 다 있지 않은가?

다윈의 자연 선택론은 등장하는 순간부터 변이의 문제로 곤욕을 치렀다. 자연 선택이 진정 여러 변이 중 보다 우수한 것을 선택하는 과정이라면, 그런 과정이 여러 차례 거듭됨에 따라 그 개체군에서는 궁극적으로 '나쁜' 변이들은 다 사라지고 '좋은' 변이들만 남으리라고 생각할 수 있다. 만일 궁극적으로 좋은 변이들만 남는다면 그들을 가지고 무슨 선택이 가능할 것인가? 이처럼 자연 선택은 오히려 개체군에서 변이를 제거하는 과정이라는 비난을 받아 왔다. 스스로 제 살을 깎아 먹는 자기 모순적 이론이라는 낙인이 찍힌 것이다.

우리나라에 다윈의 진화론이 처음 전해졌을 때에도 바로 이 문제 때문에 '자연 선택'이 아니라 '자연 도태(自然淘汰)'의 개념으로 소개되었다. 여기서 도태는 '쌀 일 도(淘)'와 '일 태(汰)'가 합쳐진 말로서 '물에 넣고 일어 쓸데없는 것들을 가려낸다.'는 뜻을 지닌다. '선택'이라는 개념이 선택자, 즉 조물주의 존재를 상정해야 할 것 같다는 게 부담스러워 우리나라의 초기 진화학자들이 '도태'를 '선택'한 까닭을 이해 못 할 바는 아니지만 한번 잘못 들어선 길에서 헤어 나오는 일은 생각보다 쉽지 않았다.

생물의 삶을 규정하는 두 기본 요소는 '생존(survival)'과 '번식(reproduction)'이다. 모름지기 생물은 우선 살아남아야 한다. 그래야 번식의 기회도 얻을 수 있다. 그래서 지구 생물은 모두 치열한 '생존 투쟁(struggle for existence)'의 마당에 뛰어든다. 하지만 아무리 잘 살아남았어도 번식을 하지 않으면 진화의 관점으로는 살지 않은 것과 크게 다르지 않다. 물론 간접적으로 자신의 유전자를 후세에 남기는 길이 없는 것은 아니지만 어떤 형태로든 번식을 하지 않고 삶을 마감하는 생명체는 애당초 태어나지 않은 것과 마찬가지다. 스스로 번식을 포기하는 행위를 진화적으로 이해하기 어려운 까닭이 여기에 있다. '자연 선택'이 번식에 초점을 맞춘 개념이라면 '자연 도태'는 생존에 더 큰 비중을 둔 개념인 듯싶다.

자연 선택 과정이 오히려 변이의 소멸을 부추긴다는 공격 중 가장 뼈아픈 것은 실제로 다윈의 진화론에 '새로운 종합(evolutionary synthesis)'을 가능하게 해 준 학문인 개체군 유전학(population genetics)으로부터 날아왔다. 지나치게 서술적이어서 성숙한 자연 과학의 대

다윈 지능

접을 제대로 받지 못하던 진화론을 정량적인 과학으로 승격시켜 준 바로 그 학문이 가장 날카로운 비수를 꽂은 것이다. 수학적 모형을 앞세우고 거세게 몰아친 이 같은 비판은 전통적인 진화 생물학자들을 오랫동안 상당히 곤혹스럽게 만들었다. 그러나 개체군 유전학자들의 가정에는 결정적인 오류가 있었다. 그들의 모형에서 '환경'은 변수(variable)가 아니라 이를테면 상수(constant)로 취급되었다. 만일 환경이 항상 일정하게 유지된다고 가정한다면 자연 선택을 통한 진화도 오랫동안 한 방향으로 일어날 수 있을 것이다. 그러면 동일한 형태의 선택 과정이 반복될 것이고 그 결과 정말 좋은 변이들만 남을 수도 있을 것이다.

그러나 지질학 연구를 통해 명백하게 밝혀진 대로 지구의 환경은 늘 변해 왔다. 생물의 환경은 세대마다 급변하는 것은 아니더라도 얼마간 비교적 일정하게 유지되다가 갑자기 예기치 못한 방향으로 변화하곤 한다. 여기서 말하는 변화란 반드시 천재지변 수준의 큰 변화만을 의미하는 것은 아니다. 어떤 생물에게는 그다지 큰 변화가 아닌 작은 환경 변화들도 다른 생물에게는 엄청난 도전이 될 수 있다. 늘 변화하는 환경 속에서 어떤 변이가 선호될지는 아무도 예측할 수 없다.

그렇다면 변이는 어떻게 생성되는 것인가? 학창 시절 생물학을 조금이라도 배워 본 사람이라면 누구나 조금도 주저하지 않고 "돌연변이(mutation)"라고 답할 것이다. 생물학을 한번도 접하지 않은 사람들에게도 생물학과 관련하여 가장 먼저 떠오르는 단어 역시 돌연변이일 가능성이 높다. 돌연변이가 어떻게 이처럼 막강한 권좌를 차지하게 되었는지를 분석해 보는 것도 자못 흥미로울 것 같다.

예전에는 존재하지 않았던 새로운 유전적 변이를 만들어 낼 수 있는 것은 분명 돌연변이밖에 없다. 돌연변이란 간단히 말해 유전 물질에 마구잡이로 발생하는 유전 가능한 변화를 뜻하는데 그런 마구잡이 변화가 언제나 생명체에게 유리한 방향으로 발생하리라고 기대하기는 대단히 어렵다. 실제로 돌연변이의 대부분은 적응에 전혀 유리하지 않다. 돌연변이는 DNA가 복제되는 과정에서 발생하는 오류로 인해 유전자 자체가 변형되는 유전자 돌연변이(gene mutation)와 DNA의 실타래인 염색체 일부가 소실(deletion)되거나 중복 복제(duplication)되거나 뒤집힘(inversion)을 일으키거나 서로 자리바꿈(translocation)을 하는 바람에 벌어지는 비교적 큰 규모의 염색체 돌연변이(chromosome mutation)의 형태로 나타난다.

지구에 존재하는 모든 공정 중 품질 관리 면에서 단연 최고 점수를 차지하는 것이 바로 생물의 세포 분열 메커니즘이다. 태초부터 지금까지 그 수많은 생명체에서 쉬지 않고 일어났음에도 불량품을 만들어 낸 경우는 극히 적다. 우리 몸에서 세포들이 분열할 때 품질 관리가 잘되지 않아 번번이 조금이라도 다른 모양을 한 세포들이 만들어진다면 아침에 일어나 거울을 마주하기가 겁날 것이다. 돌연변이는 그리 자주 일어나지도 않으며 일어나서 그리 좋을 게 없는 현상이다. 아주 드물게나마 요행히 생존이나 번식에 유리한 돌연변이가 나타나 개체군 내에 어렵사리 자리를 잡는 것이다. 진화가 만일 바람직한 변이의 출현을 기다리며 돌연변이에만 목을 맸다면 지금과 같이 현란한 생물 다양성은 나타나지 않았을 것이다.

다윈 지능

돌연변이 맹신 현상은 진화의 개념을 잘 이해하지 못하는 일반인들에게만 국한된 것이 아니다. 내가 알고 있는 거의 모든 진화 생물학 교과서가 무덤덤하게 이 같은 실수를 반복하고 있다. 돌연변이는 결코 어느 특정한 지역의 생물 개체군에 변이를 제공하는 유일한 원천이 아니다. 진화의 역사 전체를 놓고 보면 돌연변이의 기여도가 결코 적지 않겠지만 나는 돌연변이가 진화를 견인한 대표 주자라고는 생각하지 않는다. 바로 이런 변이에 대한 포괄적인 이해를 제대로 전달하기 위해 나는 사실 오래전부터 전혀 새로운 구성의 진화 생물학 교과서를 집필하고 싶었다. 나무랄 것은 나의 게으름뿐이다.

돌연변이 맹신의 신화는 진화의 현장에 대한 명확한 이해 부족에서 생겨난 것이다. 대부분의 진화 생물학자는 그저 막연하게 모든 생물 종의 진화가 그 종이 분포하는 전 지역에서 동시에 일어난다고 생각한다. 실제로 그렇게 생각하느냐고 물으면 그렇다고 답할 사람은 아무도 없겠지만 이 문제를 명확하게 짚고 넘어가질 않고 있다. 한 종에 속하는 모든 개체가 한곳에 모여 완벽한 의미의 임의 교배를 하는 생물은 이 세상에 없다. 한때 미국 대륙과 유럽의 강에 서식하는 모든 뱀장어들이 대서양 버뮤다 군도 근방에 모여 그야말로 '성의 향연(sexual orgy)'을 펼친다는 가설이 있었지만 2001년에 《네이처(Nature)》에 게재된 논문에 따르면 적어도 유럽의 뱀장어들은 임의 교배를 하고 있지 않는 것 같다. 대서양 연안의 장어들에 대한 부정적인 연구 결과에도 아랑곳하지 않고 일본의 해양 생물학자들은 오늘도 남태평양을 이 잡듯 뒤지고 있다. 태평양 연안의 장어들은 다를 것이라고 믿고 남태평양 어딘가에 한데 모여 암컷들은 알을 낳고 수컷들은 그 위에 정액을 흩뿌리는 기다란 물고기들의 거대한 난교 현장을 급습할 꿈을 버리지 못하고 있다. 문제의 그곳만 발견하면 강어귀마다 진을 치고 기다려 귀향하는 작은 치어들을 포획해야 하는 번거로움을 면할 수 있기 때문이다. 일본 학자들에게는 미안한 얘기지만 나는 태평양 장어들이 대서양 장어들과 그리 다르지 않을 거라고 생각한다.

생물 진화의 현장은 대체로 국지적인 개체군이다. 그래서 돌연변이보다는 오히려 다른 개체군으로부터 새로운 유전자 변이가 유입되어 변화를 일으키는 빈도와 규모가 훨씬 클 것이다. 요즘은 좀 뜸한 것 같은데 한때 너도나도 머리에 기상천외한 물감을 들이는 게 유행이었다. 개인적으로는 빨간 머리칼이 주는 자극이 가장 짜릿했다. 나는 1979년 여름 난생 처음 미국 땅을 밟았을 때 시카고 오헤어 공항 로비 저만치에서 내 쪽으로 걸어오던 불타는 빨강 머리의 여인을 잊지 못한다. 도대체 인간의 머리카락이 어떻게 그토록 진한 붉은색을 띨 수 있는지 어안이 벙벙했다. 그런데 내가 만일 빨강 머리를 가진 딸을 낳고 싶다면 우리나라 여성과 결혼하는 방법으로는 거의 가망이 없을 것이다. 우리 민족의 유전자군에는 머리카락을 빨갛게 만들어 주는 유전자 변이가 없다. 기댈 수 있는 것은 돌연변이뿐인데 어느 세월에 빨강 머리 변이가 나타날 것인가? 그보다는 한때 우리 텔레비전에서도 방영이 되어 폭발적인 사랑을 받았던 「내 사랑 루시(I love Lucy)」의 주연 배우 루실 볼(Lucille Ball) 집안의 여성과 결혼하는 편이 훨씬 빠를 것이다.

교통 수단의 발달이 변이의 역학에 엄청난 변화를 일으키고 있

다윈 지능

다. 그 옛날 평생 서로 그림자조차 볼 수 없었던 핀란드 여성과 한국 남성이 이제는 어렵지 않게 만나 자식을 낳을 수 있다. 유조선이 기름을 싣고 왔다가 돌아가는 길에 물을 채워 가는 바람에 해양 플랑크톤의 분포가 혼란스러워지고 있다. 그런가 하면 태풍에 떠밀려 우연히 외딴 섬에 고립된 한 떼의 잠자리들은 또다시 그런 일이 벌어지지 않는 한 오랫동안 자기들끼리만 유전자를 섞을 수밖에 없다. 저 먼 대륙에 두고 온 고향의 잠자리들과는 변이의 양과 폭부터 달라지고 그로 인해 겪게 될 진화의 방향도 달라질 것이다.

오해의 소지가 있어 거듭 강조하건대 나는 결코 돌연변이가 중요한 진화 요인이 아니라고 말하는 게 아니다. 다만 돌연변이의 중요성을 맹신하는 듯 보이는 사뭇 안이한 분위기를 지적하고 싶은 것이다. 진화의 요인은 다양하다. 그리고 그 경중의 정도도 다양하게 나타난다.

04

변이, 변화의 원동력

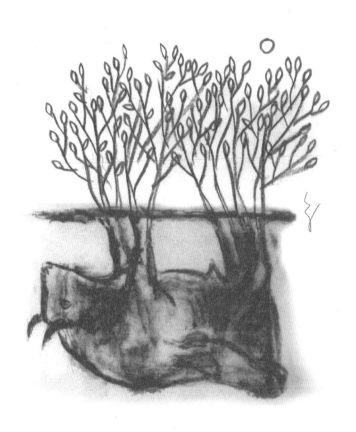

나는 1장에서 플라톤에 의해 '전형으로부터의 일탈 또는 편향'으로 취급되던 변이가 다윈을 만나 진화의 원동력으로 재조명받게 된 경위를 설명한 바 있다. 변이는 더 이상 천덕꾸러기가 아니라 생명의 역사 한복판에서 변화를 주도하게 되었다. 변이가 없으면 애당초 선택도 없다. 자연 선택은 변이를 먹고산다.

　염색체에는 각각의 유전자가 앉는 자리(locus)가 있다. 인간을 포함한 생물들은 각 세포 안에 한 쌍의 동일한 크기와 모양을 가진 상동 염색체들을 갖고 있다. 인간은 하나의 세포 안에 모두 23쌍, 즉 46개의 염색체를 지니고 있다. 우리는 난자와 정자를 만들려고 감수 분열(meiosis)을 하기 전에는 언제나 염색체를 쌍으로 갖고 있는 배수체(diploid) 생물이다. 이 때문에 각각의 유전자 자리마다 하나 또는 두 종류의 대립 인자(allele)를 지닌다. 만일 두 상동 염색체의 동일한 유전자 자리에 동일한 대립 인자를 갖고 있으면 동형 접합(homozygous) 상태라고 하고 다른 대립 인자들이 앉아 있으면 이형 접합(heterozygous) 상태라고 한다. 따라서 한 개체는 각 유전자 자리에 최대 두 종류의 대립 인자까지 지닐 수 있지만 개체군 전체를 놓고 보면 그 유전자 자리에 앉을 수 있는 대립 인자는 두 종류 이상일 수 있다. 한 유전자 자리에 앉을 수 있는 대립 인자의 수가 많을수록 유전적 변이가 다양한 것이다. 이처럼 서로 다른 종류의 대립 인자들의 총합이 바로 유전자군을 이룬다.

자, 달랑 한 문단으로 일반 유전학 강의를 서둘러 마쳤으니 본격적으로 변이의 중요성에 대해 논의해 보도록 하자. 언제부터인가 저녁 텔레비전 뉴스에서 흰 옷을 입은 '천사'들이 살아 있는 닭들을 땅속에 생매장하는 장면을 보는 게 연례 행사처럼 되어 버렸다. 몇 년 전부터 거의 해마다 벌어지고 있는 조류 인플루엔자 방역에 우리 보건 당국은 엄청난 규모의 국고를 쏟아붓는다. 그러곤 연신 철새들에게 곱지 않은 시선을 보내고 있다. 철새 도래지에서 그리 멀지 않은 곳에서 조류 인플루엔자가 발발하고 그 지역을 찾은 철새들의 분변(糞便)에서 조류 인플루엔자 바이러스가 검출되었다는 연구 결과가 나오면 그 두 사건 간의 인과 관계에 대한 결정적인 확증도 없는 상태에서 철새들은 속수무책으로 혐의를 뒤집어쓰고 만다. 그래서 나는 몇 년 전 직접 신문에 기고할 능력이 없는 그들을 대신하여 「철새들을 위한 변호」라는 제목의 칼럼을 쓰기도 했다.

조류 인플루엔자 바이러스가 철새들의 분변에서 검출되었다는 사실은 전혀 놀랄 일이 아니다. 철새는 물론 텃새들도 수천, 수만 년 동안 늘 인플루엔자 바이러스와 함께 살아왔을 것이다. 그리고 해마다 몇 마리씩은 죽었을 것이다. 다만 그들 세계에서는 사회적인 문제가 되지 않을 뿐이다. 엄청난 규모의 집단 죽음은 좀처럼 일어나지

다윈 지능

않기 때문이다. 하지만 인간이 만든 닭장 속 상황은 다르다. 우리는 닭 한 마리만 비실거리기 시작해도 순식간에 닭장 안의 모든 닭이 감염될 수 있다는 걸 경험적으로 잘 알고 있기 때문에 아직 멀쩡해 보이는 닭들까지 몽땅 끌어다 묻는 것이다. 그렇다면 왜 야생에 사는 새들에게는 문제가 되지 않는 일이 우리가 기르는 닭들에게는 이처럼 치명적인 결과를 가져오는 것일까? 이 문제의 핵심에 바로 변이의 중요성이 있다.

야생 조류의 개체군은 유전적으로 다양한 개체들로 이뤄져 있기 때문에 그들 중 한두 마리가 감염되어도 좀처럼 전체로 번지지 않는다. 그 바이러스에 대한 면역력이 부족한 개체들 일부가 죽어 나갈 뿐 유전적으로 다른 대부분의 개체들은 살아남아 자손을 퍼뜨려 죽은 개체들이 비워 준 공간을 메우며 살아간다. 그러나 우리가 기르는 닭은 오랜 세월 특별히 알을 잘 낳는 닭들을 가려내는 인위 선택(artificial selection) 과정을 거치는 바람에 비록 유전자 복제 기술을 통해 만들어지진 않았어도 거의 '복제 닭' 수준의 빈곤한 유전적 다양성을 갖고 있다. 그래서 일단 조류 인플루엔자 바이러스가 닭장 안으로 진입하기만 하면 모든 닭이 감염되는 건 시간 문제일 뿐이다.

우리가 지금 기르고 있는 닭은 원래 동남아시아 열대림에 서식하는 붉은멧닭(red junglefowl)을 가축화한 것인데 이제는 더 이상 자연계에 존재하는 동물이라고 보기 어렵다. 그들은 그저 알 낳는 기계일 뿐이다. 알이란 닭들이 우리 식탁에 올려 주기 위해서가 아니라 병아리, 즉 자식을 얻기 위해 낳는 것이다. 도대체 자식을 하루에 하나씩 낳는 동물이 이 세상천지 어디에 또 있단 말인가. 닭은 오랜 세월 우리 인간이 인위적으로 만들어 낸 '괴물'이다. 그 괴물이 이제 우리의 생명을 위협하고 있다. 그들을 공격하던 바이러스가 언제부터인가 인간도 공격하기 시작했다. 조류 인플루엔자를 우리가 이처럼 두려워하는 것은 그들이 바로 사람과 동물을 모두 감염시킬 수 있는 인수(人獸) 공통 바이러스이기 때문이다.

몇 년 전 나는 조류 인플루엔자에 관한 토론회에서 이 같은 생물학적 사실을 설명하고 매년 예산 낭비를 되풀이할 게 아니라 기초 연구를 통해 근본적인 방제 대책을 마련해야 한다고 역설한 바 있다. 하지만 장기간의 기초 연구라면 두드러기 증상을 보이는 우리 정부 관계자들의 득달에 즉시 사용 가능한 방안을 하나 제시할 수밖에 없었다. 구체적인 방법은 어찌 되었든 닭장 안의 유전적 변이를 높이는 게 하나의 좋은 대안이 될 수 있다. 야생에 사는 새들처럼 닭장 안의 닭들도 유전적으로 다양한 변이를 갖게 된다면 바이러스가 유행한다고 해도 실제로 바이러스에 감염되어 죽어 가는 닭들만 제거하면 될 뿐 닭장을 통째로 초토화할 필요는 없을 것이다. 유전적 변이가 개체군의 건강을 담보한다. 섞여야 건강하다.

조류 인플루엔자는 이미 벌어지기 시작한 문제이지만 조만간 머지않은 미래에 벌어질 가능성이 매우 커 보이는 또 다른 문제를 짚어 보자. 유전자 과학이 빠른 속도로 발달하며 이른바 '맞춤 유전자'에 대한 기대감이 높아지고 있다. 질병의 위험을 미리 제거한 맞춤 난자와 맞춤 정자로 맞춤 아기가 탄생했다는 뉴스가 심심찮게 들려오고 있다. 그 정도까지는 아니더라도 다음과 같은 시나리오가 대부분의 예비 부모에게 현실로 나타나리라는 것쯤은 그리 어렵지 않게 상상할 수 있다.

지금은 초음파 사진을 보고 심장 박동 소리를 듣는 게 고작이지만 그리 머지않은 장래에는 태어날 아기의 유전자 지도 전모를 볼 수 있게 될 것이다. 스크린 가득 끝없이 반복되는 A, G, T, C 등 유전자 염기 부호들을 가리키며 의사 선생님이 말한다. "아주 예쁜 따님을 얻으셨습니다. 축하드립니다." 영어 알파벳으로 적혀 있는 염기의 서열이 도대체 무얼 의미하는지 알 길조차 없는 부모들에게 의사 선생님의 설명이 이어진다. "따님은 아주 건강합니다. 다만 이 부분이 조금 마음에 걸리긴 합니다만……." 복잡한 염기 서열의 어느 한 부분을 붉은색으로 강조하며 의사 선생님은 말꼬리를 흐린다. "너무 걱정하실 바는 아닙니다만, 따님이 중년이 되셨을 때 희귀한 유전병에 걸릴 확률이 아주 적게나마 있어 보입니다. 억지로 수치를 대라면 0.02퍼센트 정도밖에 되지 않는 것이니 거의 발병하지 않을 것이라고 봅니다만……." 0.02퍼센트라면 1만분의 2의 확률이 아닌가? 하지만 이 순간에 통계학적 분석에 입각하여 이성적인 판단을 내릴 부모가 과연 몇이나 있겠는가?

실제로는 거의 일어나지 않을 일이고 그런 일이 일어나기 전에 교통 사고로, 또는 벼락을 맞아 죽을 확률이 더 높을지라도 이 세상 모든 부모의 마음은 한결같을 것이다. 지푸라기라도 붙들고 싶다는 마음으로 의사에게 매달릴 것이다. 제발 우리 아기를 살려 달라고. "저희 병원에 따님이 갖고 계신 문제의 유전자와 치환할 수 있는 맞춤 유전자가 있긴 합니다만…… 가격이 좀……." 이 순간에 돈 때문에 포기하고 싶은 부모 또한 별로 없을 것이다. 빚을 얼마를 내건 내 아기를 완벽하게 만들어 주고 싶을 것이다.

또 다른 시나리오를 가상해 보자. 서울의 어느 종합 병원에서 갈아 끼우기만 하면 수명을 건강하게 20년이나 연장해 줄 맞춤 유전자를 개발해 냈다는 뉴스가 보도되었다고 하자. 그 병원의 홈페이지는 접속 폭주로 인해 작동을 멈출 것이고 다음날 그 병원 근처 교통은 완전히 마비될 것이다. 가격이 좀 세다고 치자. 하지만 비싸다고 유전자 치환을 포기할 리는 없다. 건강하게 20년을 더 산다면 그 정도의 돈은 충분히 벌 수 있을 테니까. 하늘이 내린 운명을 거역하기 싫다는 식의 철학적 신념의 문제가 아니라면 이런 유전자 치환을 거부할 까닭이 없어 보인다. 그렇지 않아도 지독하게 남 따라 하기 좋아하는 우리 사회에서는 새로운 맞춤 유전자가 나올 때마다 전 국민이 그걸로 갈아 끼우는 유행이 광풍처럼 몰아칠 것이다.

여기에 기막힌 모순이 도사리고 있다. 문제의 소지를 갖고 있는 유전자를 기능적으로 훨씬 우수한 맞춤 유전자로 갈아 끼운 개인은 개선된 것이 분명한데, 이렇게 개선된 개인들로 구성된 사회, 즉 개체군의 상황은 어떤가? 각 개인은 확실히 더 우수해졌는데 모두가 동일한 유전자를 지니게 되었다? 어디서 많이 들어 본 상황이 아니던가? 예전에 비해 훨씬 알을 잘 낳는 닭, 즉 훨씬 개량된 닭들이 모여 있는 닭장과 다를 게 과연 무엇일까 생각해 보라. 만일 우리 국민 전원이 하나의 맞춤 유전자로 치환된 상태에서 공교롭게도 그 유전자만을 골라 공격하는 치명적인 바이러스가 한반도에 상륙한다면 과연 무슨 일이 벌어질 것인가? 조류 인플루엔자 바이러스가 닭장 전체를 순식간에 삼키듯 대한민국도 하루아침에 쑥대밭이 되어 무너

다윈 지능

질 수 있다.

참으로 기막힌 모순이다. 유전자 치환은 개체는 보다 탁월하게 만들어 줄지 모르지만 개체군은 더없이 취약한 상황으로 내몰 수 있다. 자연은 태초부터 지금까지 끊임없이 유전자를 섞어 왔다. 유전적으로 단순한 그러나 탁월한 개체군은 환경이 안정적으로 유지되는 동안에는 성공적으로 영역을 넓혀 갈 수 있다. 그러나 환경은 늘 예기치 못한 방향으로 변해 왔다. 변화하는 환경 속에서 살아남는 개체군은 바로 유전적 변이를 풍부하게 지니고 있는 것들이다. 진정 섞여야 건강하다.

05

진화의 도박,
유전적 부동

Be Balance !

이 땅의 60대 남성들이 20대 시절 영화「로미오와 줄리엣(Romeo And Juliet)」(1968년)의 올리비아 핫세(Olivia Hussey)에게 마음을 빼앗겼다면 50대는 「블루 라군(The Blue Lagoon)」(1980년)의 브룩 실즈(Brooke Shields)에 눈이 멀었던 기억이 있을 것이다. 얼마 전 텔레비전에서 「블루 라군」을 방영해 주기에 오랜만에 다시 보았다. 에메랄드 빛 바다를 배경으로 브룩 쉴즈의 청순함이 다시 봐도 눈이 부셨다.

남태평양을 항해 중이던 범선이 화염에 휩싸여 선원 하나와 어린 남자아이, 여자아이가 구명 보트를 타고 표류하게 된다. 우여곡절 끝에 무인도에 도달하지만 선원은 죽고 아이들만 남아 섬의 환경에 적응하며 살아간다. 아이들은 성에 관한 이렇다 할 지식이 없었건만 자라면서 섹스의 신비를 터득하여 아기까지 낳는다. 영화는 결국 줄곧 아들을 찾아 헤맨 남자의 아버지에 의해 구출되는 걸로 끝이 나지만, 이 글에서는 이들이 끝내 발견되지 않고 오랫동안 무인도에서 살아남았다고 가정해 보자.

현대 사회에서는 절대 금기로 되어 있지만 이들의 아들딸이 또 자식을 낳고 그 자식들이 또 자식을 낳으며 여러 세대가 흘렀다고 하자. 이렇게 형성된 개체군의 특징을 살펴보면 무엇보다도 유전적 변이가 거의 없다는 사실이 두드러질 것이다.

단 둘이 시작한 초기 개체군이나 제법 숫자가 늘어 수십 명이 된 개체군이나 유전자군의 기본 구성에는 변함이 없다. 그저 동일한 유전자들이 여러 번 복제되어 부풀려져 있을 뿐이다. 이 가문의 시조인 브룩 실즈와 크리스토퍼 앳킨스(Christopher Atkins)의 외모가 워낙 출중해 자손들 대부분이 외형적으로는 상당히 매력적이겠지만 지적 능력, 질병에 대한 저항성 등 다른 유전적 성향도 탁월할지는 장담하기 어렵다. 만일 실즈와 앳킨스의 유전체에 치명적인 결함 유전자가 들어 있다면 이 집안은 자손 대대로 그 유전자의 저주에서 벗어날 재간이 없다. 아주 운 좋게 필요한 돌연변이가 일어나지 않는 한.

실제로 자연 생태계에는 소수의 개체들, 심지어는 정자를 품은 한 마리의 암컷에 의해 시작되는 개체군들이 적지 않다. 이처럼 다양하지 못한 유전자군으로 시작된 개체군에서 일어나는 각종 유전적 성향을 '창시자 효과(founder effect)'라고 한다. 영화 「블루 라군」의 경우처럼 정말 저 먼 외딴 섬에 몇 마리의 새 또는 곤충이 바람에 실려 이주해 새로운 개체군을 형성하는 경우도 있지만 육지에서도 때로 서식지가 단절되어 졸지에 적은 수의 개체들이 새로운 개체군을 시작하게 되는 경우도 있다. 생태학자들은 이처럼 조각 나 고립된 서식지를 '서식지 섬(habitat island)'이라 부르는데 정작 물 위에 떠 있는 섬이 지닌 속성들과 그리 다르지 않다. 지난 100여 년을 돌이켜 볼 때 물 위의 섬들은 그리 많이 생기지 않은 듯하나 서식지 섬들은 엄청나

다윈 지능

게 늘어났다. 우리 인간의 활동 영역이 넓어짐에 따라 자연 생태계는 점점 더 잘게 쪼개지며 많은 개체군이 아예 절멸(extinct)하거나 절멸할 가능성이 농후한 병목(bottleneck) 상태에 빠졌다.

　　무분별한 사냥으로 1890년대에는 겨우 스무 마리 정도밖에 남지 않았던 북아메리카 대륙의 북방코끼리바다표범(northern elephant seal)이 오랜 복원 노력 끝에 3만 마리 이상으로 증가하여 이제는 캘리포니아 주민들과 바닷가 모래밭을 두고 만만찮은 신경전을 벌이고 있다. 바닷가에서 한가롭게 해수욕과 일광욕을 즐길 권리를 되찾고자 하는 주민들은 걷잡을 수 없으리만치 늘어난 북방코끼리바다표범을 이제 또다시 인위적으로 솎아 낼 때가 되었다고 주장한다. 그러나 북방코끼리바다표범은 수적으로만 늘었을 뿐 유전적 다양성은 여전히 위험 수준을 벗어나지 못하고 있다. 1970년대에 수행된 어느 분자 유전학 연구에 따르면 조사된 24개의 유전자 자리 어디에도 변이가 존재하지 않는 것으로 나타났다. 이는 역사적으로 심각한 병목을 경험하지 않은 남아메리카 대륙의 남방코끼리바다표범(southern elephant seal)의 유전적 변이 수준에 비하면 확실히 비정상적인 것이다. 북방코끼리바다표범은 덩치만 커졌을 뿐 체질은 여전히 허약한 개체군을 유지하고 있는 셈이다.

　　포식 동물 중 가장 우아한 몸매와 최고의 순간 속도를 자랑하는 치타도 지금 심각한 병목 상태에 처해 있다. 유전적 변이의 저하가 정자 수의 감소로 나타나고 있다. 그래서 치타 수컷들은 아무리 열심히 짝짓기를 해도 쉽사리 암컷을 수태시키지 못한다. 세계 여러 나라의 생물학자들이 함께 치타의 보전 생물학 연구를 벌이고 있지만 결코 간단한 문제가 아니다. 비록 수적으로는 복원에 성공한다 하더라도 북방코끼리바다표범의 경우처럼 유전적 변이가 일정 수준으로 복원되지 않는다면 치타의 운명은 아무도 장담할 수 없다. 어쩌면 그리 머지않은 장래에 이 지구 생태계에서 치타를 영원히 볼 수 없게 될지도 모른다. 우리는 2008년 2월 우리나라 국보 1호인 숭례문이 불에 타 무너져 내리는 것을 보며 가슴이 찢어질 듯 아파한 경험을 갖고 있다. 숭례문은 이제 다시 옛 모습을 되찾았지만 치타는 일단 사라지면 현재 우리의 복원 기술로는 되돌릴 수 없다.

호랑이를 비롯한 대형 포유동물들은 상당히 넓은 행동권(home range)을 지키며 살아간다. 충분한 행동권을 유지해야 충분한 먹이를 확보할 수 있기 때문이다. 그런데 이런 영역 행동이 개체군의 밀도가 낮아지면 심각한 번식 장애를 초래한다. 아무르호랑이(Amur tiger)의 상당수는 언제부터인가 아무리 돌아다녀도 서로 짝을 만나지 못하는 상황에 처해 있다. 예전에는 서로의 행동권이 만나거나 겹치는 부분에서 암수가 만나 짝짓기를 할 수 있던 것이 이제는 워낙 수가 줄어들어 서로 얼굴은커녕 냄새조차 맡기 어려워졌다. 생태학에서는 이 같은 현상을 '앨리 효과(Allee effect)'라고 부르는데 아마 상당수의 동식물이 겪고 있을 것으로 짐작된다. 혼기의 여성을 보기조차 힘든 우리 농촌의 남성들은 몇 년 전부터 비행기를 타고 다른 나라로 날아가 아내를 맞아들이고 있지만, 아무리 꽃가루를 날려 보내도 사정 거리 안에 암꽃이라곤 찾기 힘든 식물들은 장차 어찌 할꼬?

그런데 이처럼 치명적인 병목의 창시자 효과를 비웃기라도 하듯 몸속에 정자를 비축한 암컷들이 성공적으로 새로운 서식지를 공략하는 종이 있어 소개한다. 고층 아파트에 사는데도 거실 한가운데로 줄지어 행군하는 작은 개미를 보곤 하는 이들이 적지 않다. 집에서 사는 집개미 중에서 아주 작다고 하여 애집개미라는 이름을 얻은 개미다. 영어 이름은 '파라오개미(pharaoh ant)'인데 이집트에서 처음 발견되었다 해서 그리 부르기로 한 것이다. 개미들의 제국은 본래 어느 따뜻한 날 서로 다른 군락으로부터 날아 나온 공주개미들과 왕자개미들이 이른바 혼인 비행을 하며 짝짓기를 한 다음 충분한 정자를 비축한 차세대 여왕개미가 양지바른 곳에 굴을 파는 식으로 건설된다. 그런데 애집개미의 공주들은 오라버니들과 잠자리를 같이하여 정자 주머니 가득 정자를 채운 다음에는 그저 여행 가방이나 이삿짐에 올라타 어디든 새로운 곳으로 이동하기만 하면 그곳에서 애써 같은 종의 수컷을 찾아야 하는 번거로움 없이 곧바로 나라를 건설할 수 있다. 이런 방법으로 애집개미는 지금 전 세계 거의 모든 나라의 아파트를 석권했다. 자연계에는 모든 상황에서 언제나 불리하거나 유리한 전략이란 존재하지 않는다.

생물 개체군의 운명은 단순히 눈에 보이는 개체의 수가 아니라 실제로 번식에 참여하는 개체의 수, 즉 '유효 개체군의 크기(effective poppulation size)'에 따라 결정된다. 러시아 어느 자연 보전 지역에 호랑이가 모두 1,000마리가 살고 있다 하더라도 행동권이 충분히 인접하여 실제로 번식이 가능한 개체가 100마리밖에 안 된다면 아무르호랑이의 유효 개체군 크기는 그저 100마리일 뿐이다. 유효 개체군은 또한 짝짓기 체제(mating system)의 속성에 따라 더 작아질 수 있다. 예를 들어 일부다처제를 시행하고 있는 북방코끼리바다표범의 경우에는 수컷의 20퍼센트 미만이 번식 기회를 얻기 때문에 그만큼 유효 개체군의 크기는 더 줄어든다.

진화에서 유효 개체군의 크기가 중요한 것은 유효 개체군이 작을수록 개체군 내의 대립 유전자 빈도가 임의로 변화하는 현상인 '유전적 부동(genetic drift)'의 영향이 커지기 때문이다. 자연 선택과 유전적 부동은 진화의 양대 메커니즘이다. 자연 선택이 다분히 결정론적인 작위적 과정이라면 유전적 부동은 개체군 내의 대립 유전자 빈도가 말 그대로 임의로 변하는 무작위적 메커니즘이다. 따라서 유전적 부동은 종종 자연 선택이 애써 다듬어 놓은 적응 체계(adaptive system)를 해체시켜 버린다. 자연계의 진화가 방향성을 지니기 어려운 이유가 바로 여기에 있다. 통계학적 개념으로 보면 유전적 부동은 다름 아닌 '표본 오차(sampling error)'에 지나지 않는다. 무작위적인 표본 추출로는 결코 훌륭한 적응 체계를 만들어 낼 수 없지만 하릴없이 변화하는 유전자 빈도, 그것 또한 엄연한 진화의 모습이다.

바닷가 좁은 방파제 위를 걸어가는 주정뱅이를 상상해 보라. 용케 물에 빠지지 않고 걷는 걸 보면 신기하기도 하지만, 그 방파제가 끝없이 길다면 주정뱅이는 언젠가는 물에 빠지고 만다. 논리학자들은 이를 가리켜 '무작위 걸음(random walk)'이라고 한다. 이는 또한 '도박사의 파산(gambler's ruin)' 모형의 기본 개념을 제공한다. 한정된 판돈을 가지고 거대한 자본의 카지노를 상대로 도박을 하면 언젠가는 파산하게 되어 있다. 유명한 컨트리 웨스턴 가수 케니 로저스 (Kenny Rogers)는 그의 노래 「도박사(The Gambler)」에서 훌륭한 도박사는 "언제 접어야 하는지를 알아야 하고, 언제 털고 일어서야 하는

다윈 지능

지를 알아야 한다."라고 노래한다. "왜냐하면 어느 판이든 딸 수도 있고 어느 판이든 잃을 수도 있기 때문이다."

　　주정뱅이가 방파제의 어느 쪽으로 떨어질지, 가진 돈을 몽땅 걸었을 때 과연 딸지 잃을지는 아무도 모른다. 따라서 유전적 부동의 효과도 개체군마다 전혀 다르게 나타날 수 있다. 수많은 대립 유전자들이 진화의 긴 역사 속에서 유전적 부동의 영향으로 속절없이 사라져 갔다. 충분히 긴 시간이 주어지면 한 개체군에 있는 유전자들의 계보는 결국 그 옛날 단 하나의 공통 조상으로부터 유래된 것으로 드러난다. 시작 단계에서 아무리 많은 유전자 사본이 존재했더라도 시간이 흐르면서 하나둘씩 소멸되고 결국 한 사본의 후손들만 남게 된다. 세계 여러 인류 집단의 미토콘드리아 DNA를 분석하여 지금 지구에 살고 있는 모든 인류가 동북아프리카에 살았던 한 여성으로부터 유래했다는 사실을 밝혀냈다. 남성의 Y 염색체 염기 서열에 대한 분석도 비슷한 결과를 나타냈다. 이 결과들이 당시 인류 집단이 그 두 남녀 한 쌍으로 이뤄져 있었다고 말하는 것은 아니다. 당시 함께 존재했던 다른 미토콘드리아와 Y 염색체가 모두 진화의 도박판에서 손을 털렸고 가장 노련한 도박사의 후손들만 살아남았다는 얘기다. 물론 진화의 도박판이든 태백의 도박판이든 누가 궁극적으로 가장 노련한 도박사로 남을지는 아무도 모른다.

06

진화는 진보인가 ?

『종의 기원』은 1859년 11월 24일 영국 런던의 존 머리(John Murray) 출판사에 의해 처음으로 출간되었다. 판매용으로 찍은 1,170권의 초판은 꺼내 놓기가 무섭게 당일로 몽땅 팔려 나가는 진기록을 세우며 당시 빅토리아 시대 영국 사회에 엄청난 파장을 몰고 왔다. 우주의 생성과 생명의 탄생이 창조주의 은총과 의지에 의해서 이루어진 게 아니라 자연의 법칙에 따라 저절로 그리고 우연히 나타난 결과라는 주장은 그야말로 도발 그 자체였다.

『종의 기원』 출간 소식을 접한 두 백작 부인의 얘기가 당시 상황을 잘 전해 준다.

"얘기 들으셨어요? 다윈 선생이 『종의 기원』이라는 책을 냈다는데, 글쎄 원숭이가 진화하여 우리가 되었다고 했다네요."

"어찌 그리 남세스러운 말이 있답니까? 제발 그게 사실이 아니길 바랍시다. 만일 혹시 그것이 사실이라도 절대로 남들이 모르게 합시다."

1844년 1월 11일 다윈은 그의 절친한 친구인 식물학자 조셉 후커(Joseph Hooker)에게 보낸 편지에서 갈라파고스 제도의 생물 분포와 남아메리카 대륙에서 발견한 화석 자료 그리고 비글 호 항해에서 돌아온 후에 수집한 온갖 자료들을 바탕으로 생물의 종은 결코 불변의 존재가 아니라는 결론에 도달했다고 말하며 "마치 살인을 고백하는 것 같은" 심경이라고 썼다.

　　조물주의 존재를 부정하는 『종의 기원』의 불온한 사상에도 불구하고 다윈에게 가해진 종교적 또는 사회적 탄압은 사실 그리 심하지 않았다. 영국 성공회는 다윈의 주검을 웨스트민스터 사원에 모시는 것에 대해 그리 크게 고민하지 않았다. 보다 나은 형질이 자연적으로 선택되는 것이 진화의 메커니즘이라면 자연 선택의 궁극적인 결과로 신의 선택을 받은 '완벽한' 종인 인간이 진화한 것은 너무나 당연한 일이라고 생각했다. 당시 영국의 종교계는 다윈의 이론을 신의 인간 창조를 뒷받침하는 이론으로 이해하고 자연 선택의 메커니즘을 다분히 진보의 개념으로 받아들인 것이다.

　　2009년 다윈의 해를 맞이하며 영국 성공회는 "우리가 그동안 당신을 오해한 것에 대해 사과한다."라는 공식 성명을 발표했다. 듣기에 따라서는 다윈의 이론을 제대로 이해하지 못한 것에 대해 사과한다는 것인지, 아니면 종교에 관한 다윈의 속뜻을 오해한 것 같다고 말하는 것인지 분명하지 않다. 하지만 시대적 분위기로 볼 때 성공회의 의도는 당연히 전자일 것으로 생각한다. 로마 교황청도 다윈의 이론에 관한 심포지엄을 열었다. 이참에 종교와 과학 간의 진솔한 비움, 귀 기울임, 그리고 받아들임이 일어나길 기대해 본다. 실제로 우리 학계에서는 2009년 그런 기대에 부응한 사건이 있었다. 안수를 받은 목사이자 호남 신학 대학교의 교수인 신학자 신재식 교수, 종교 문화학자인 한신 대학교 김윤성 교수, 그리고 가천 대학교 창업 대학의 과학 철학자 장대익 교수가 긴 숨의 이메일을 주고받으며 종교와 과학에 대한 진지한 대화를 나눈 기록이 『종교 전쟁』이라는 책으로 출간되었다. 종교와 과학이 이 땅에서 서로 한 발짝씩 성큼 다가선 귀한 사건이었다.

생명의 역사를 돌이켜 보면 복잡한 생물이 보다 단순한 생물로부터 진화한 것은 사실이나 모든 생물의 구조가 언제나 단순한 데에서 복잡해지는 방향으로 진화하는 것은 아니다. 시간이 흐름에 따라 전보다 복잡한 생물도 등장한 것이지 결코 모든 생물이 좀 더 복잡하게 변화하는 방향성 같은 게 존재하는 건 아니라는 것이다. 단세포 생물 중에도 태초부터 지금까지 이렇다 할 변화도 겪지 않고 살아남은 것들이 있는가 하면 비교적 최근에 분화된 것들도 있다. 이렇듯 진화에는 방향성이 없다.

2002년에 타계한 하버드 대학교의 고생물학자 스티븐 제이 굴드는 그의 저서 『생명, 그 경이로움에 대하여(Wonderful Life)』에서 만일 우리가 지구의 역사가 담긴 영화를 다시 돌린다고 할 때 마지막 장면에 우리 인간이 또다시 등장할 확률은 거의 0에 가깝다고 설명한다. 한 종의 인간을 꽃피우기 위해 봄부터 소쩍새가 그렇게 운 것도 아니고 천둥이 먹구름 속에서 또 그렇게 운 것도 아니다. 인간은 이 지극히 무계획적이고 무도덕적(amoral)이며 비효율적인 자연 선택 과정의 우연한 결과물에 지나지 않는다.

다윈의 자연 선택론이 보편적으로 받아들여지기 전까지 서양인의 자연관은 기본적으로 아리스토텔레스(Aristoteles)의 *Scala Naturae*, 즉 '거대한 존재의 사슬(Great Chain of Being)'이라는 개념에 기초를 둔 것이었다. 거대한 사다리의 저 밑바닥에는 박테리아와 원생생물 등 이른바 단세포 생물이 있고 위로 올라가면서 곤충, 어류, 양서류, 파충류, 포유류가 나오고 드디어 맨 꼭대기에는 인간이 서 있다고 믿었다. 다윈 자신은 원래 '미리 예정되어 있는 것을 펼쳐 보인다.'는 의미를 지닌 그리스 어 evolvere에서 파생되어 나온 evolution이란 용어의 사용을 꺼려 했다. 대신 그는 "세대 간 돌연변이(transmutation)" 또는 "수정된 상속(descent with modification)"이라는 표현을 주로 썼다.* 『종의 기원』이 판을 거듭하며 다윈은 결국 너무나 굳어 버린 용어인 'evolution'을 받아들이지만, 일기에서는 이 세상의 온갖 생명체들을 논할 때 "나는 결코 어느 것이 하등하거나 고등하다고 쓰지 않겠다."라고 다짐하기도 한다.

진보라는 말 속에는 목적 또는 목표의 개념이 내포되어 있다. 하지만 진화에는 목적성이 없다. 만일 진보가 '향상'이라는 개념으로 쓰인 것이라면 거의 모든 생물들이 나타내 보이는 적응 현상들은 다 나름대로 예전 상태보다 향상된 상태를 의미한다. 개선이나 효율의

---

* 참고로 장대익 교수는 「드디어 다윈」 시리즈의 첫 책으로 『종의 기원』을 옮기면서 descent with modification을 "변형을 동반한 계승"이라고 옮겼다. 이 책에서 나는 『종의 기원』의 원문을 인용할 때 대체로 장 교수의 번역을 따랐지만 문맥에 따라 내 말투에 따라 조금씩 다르게 옮겼다.

다윈 지능

관점에서 진보를 얘기하려면 각각의 생물이 처해 있는 환경 내에서 분석해야 한다. 인간의 지능이라는 잣대에 맞춰 다른 동물들의 능력을 비교할 수는 없다. 어둠 속에서 방향을 잡는 능력을 비교하면 초음파를 보낸 후 그것이 물체에 부딪혀 되돌아오는 것을 분석하는 방법을 개발한 박쥐들이 한 치 앞도 분간할 수 없는 인간보다 훨씬 진보했다고 평가해야 옳을 일이다. 따라서 진화의 역사에서 객관적인 진보의 흔적을 찾을 수 없다는 것이 현대 진화 생물학의 관점이다.

이 같은 진보 개념을 인간 사회에 직접적으로 적용한 것이 바로 사회 진화론(Social Darwinism)이다. 허버트 스펜서(Herbert Spencer)의 사회 철학이나 프랜시스 골턴(Francis Galton)의 우생학은 사실 언명만으로 당위 언명을 이끌어 내는 이른바 자연주의적 오류의 언저리를 위험하게 넘나들었다. 다윈 자신은 그의 이론을 인간사에 적용하는 일보다 진화의 메커니즘 자체에 훨씬 더 집중했음에도 불구하고 어떤 의미에서는 지나치게 의욕적이었던 그의 '전도사들'의 성급한 진보주의로 인해 뜻하지 않게 이데올로기와 가치 논쟁에 휘말린 것은 안타까운 일이다.

자연 선택을 통한 진화란 철저하게 상대적인 개념이다. 생물은 절대적인 수준에서 미래 지향적인 진보를 거듭하는 존재가 결코 아니라 주어진 환경 속에서 제한된 자원을 놓고 경쟁하고 있는 다른 개체들보다 조금이라도 낫기만 하면 선택받는 과정을 통해 진화한다는 다분히 상대적인 개념이 진화론의 기본 원리다.

친구와 함께 곰을 피해 달아나던 한 철학자(어떤 이들은 수학자라고 말하기도 한다.)의 이야기가 좋은 비유가 될 것이다. 우리는 자칫 곰이 무척 느린 동물이라고 착각하지만 평지나 내리막길에서 곰은 우리보다 훨씬 빨리 달릴 수 있다. 한참 헐레벌떡 달리던 철학자(또는 수학자)가 홀연 걸음을 멈추고 신발끈을 고쳐 매기 시작하자 곁에 있던 친구가 다음과 같이 말했다고 한다. "다 쓸데없는 일일세. 우린 결코 저 곰보다 빨리 달릴 수 없네." 그러자 그는 "내가 저 곰보다 빨리 달릴 필요는 없네. 그저 자네보다 빨리 달리기만 하면 되니까."라고 대답했다고 한다.

2021년 우리말로 번역된 프랑스 파리 사회 과학 고등 연구원의 역사 철학자 다니엘 밀로(Daniel S. Milo)의 책 『굿 이너프(*Good Enough*)』는 내가 『다윈 지능』의 초판을 낸 후 가장 쓰고 싶었던 주제를 다룬 책이다. 그래서 무척 반가웠고 동시에 많이 아쉬웠다. 밀로와 내가 그려 내는 자연의 진화는 2011~2012년에 방영된 「나는 가수다」라는 텔레비전 프로그램에서 마치 실제처럼 펼쳐졌다. 매주 일곱 명의 내로라하는 가수들이 경연을 하면 일반인 500명으로 구성된 평가단의 심사를 거쳐 한 명이 탈락하고 다음 주에는 또 한 사람의 가수가 충원되는 방식으로 진행됐다. 만일 이 프로그램이 평가단으로부터 가장 높은 점수를 받은 가수 한 명만 살아남고 매주 여섯 명씩 충원되는 방식을 채택했다면 경연이 끝난 다음 탈락한 동료 가수 곁에 모두 모여들어 마치 본인이 탈락한 것처럼 슬퍼하는 장면은 결코 연출되지 않았으리라. 경연이 모두 끝나던 맨 마지막 날에는 사회자가 홀연 "오늘은 탈락자를 발표하지 않습니다. 프로그램이 종료되어 아무도 탈락하지 않습니다."라고 말해 모두를 안심시켰다. 밀로와 내가 관찰하는 자연은 이런 곳이다. 가장 잘 적응한 개체 하나만 살아남고 나머지 모두가 제거되는 게 아니라 가장 적응하지 못한 자 혹은 가장 운 나쁜 자가 도태되고 '충분히 훌륭한' 대부분은 살아남는다. 「나는 가수다」 마지막 회처럼 모두 운 좋게 살아남을 수도 있다. 자원이 풍족한 시절에는 '특별히 나쁘지 않은(not bad)' 개체라면 모두 생존할 수 있는 가능성을 지닌다.

다윈의 자연 선택 메커니즘을 설명할 때 흔히 '적자 생존(survival of the fittest)'이란 표현을 쓴다. 그런데 이 표현은 다윈 자신의 표현이 아니다. 스스로 '다윈의 불도그'를 자처하며 다윈의 이론을 알리고 변호하던 스펜서가 1864년에 만들어 널리 퍼뜨린 이 말은 정확하게 번역하면 '최적자의 생존'이라고 해야 한다. 나는 이 표현이 알게 모르게 '최고', '일등', '유일' 등을 앞세우며 과열 경쟁을 부추긴 죄인 중의 하나라고 생각한다. 자연계에서 벌어지는 선택 과정에서 언제나 최고의 단 한 개체만이 살아남는 것은 결코 아니다. 개체군 내에 존재하는 변이의 스펙트럼 어느 지점에 자연 선택의 칼날이 내려칠지는 아무도 가늠할 수 없다. 함께 경쟁하는 다른 개체들보다 조금이라도 나은 상태를 유지하고 있으면 그만큼 생존과 번식에서 유리한 위치를 갖게 되리라는 의미에서 'survival of the fitter'라는 비교급의 개념으로 이해해야 할 것이다. 다윈은 뒤늦게 '적자 생존'이라는 용어와 거리를 두려 노력했고 사과까지 했지만 스펜서가 씌운 굴레를 걷어내기에는 역부족이었다. 나는 다윈이 최상급이 아니라 비교급을 제안하며 보다 적극적으로 대응해야 했다고 생각한다.

이를테면 하느님이 미리 예정해 놓은 것을 펼쳐 보인다는 의미를 지닌 영어 단어 evolution이 동양으로 건너오면서 얻은 번역어인

'진화(進化)'에는 아예 '나아갈 진(進)'이 포함되어 있다. 독일의 신학자 위르겐 몰트만(Jürgen Moltmann)은 그의 저서 『오시는 하느님(*Das Kommen Gottes*)』에서 미래를 'Futurum/Future'과 'Adventus/Advent'로 구분한다. 그에 따르면 Futurum은 아직 지나가지 않은 과거일 뿐이고, 기독교적인 시간인 Adventus는 미래에서 시작하여 현재를 거쳐 과거로 거슬러 올라가는 개념이다. 대학에서 신학을 전공한 다윈이 오랫동안 evolution이라는 용어 사용을 꺼린 데는 상당히 깊은 신학적 이해가 깔려 있었던 것 같다. 서양의 이 같은 심란한 단어를 동양에서는 너무 쉽게 처리하는 바람에 진화와 진보의 관계를 더욱 혼란스럽게 만들었다. 언제부터인가 우리 언론에서는 '진화'라는 단어를 '변화'의 대용어쯤으로 사용하는 경향이 있다. 그러면서 은연중에 '바람직한 변화', 즉 '진보적 변화'를 말할 때 진화라는 단어를 사용하는 듯이 보인다.

비록 나는 이 글에서 진화는 결코 진보적 변화가 아니라고 역설하고 있지만 사실 진화 생물학계는 이 문제를 두고 두 진영으로 갈려 있다. 다윈도 이 문제에 있어서는 어느 정도 양 진영을 왔다 갔다 한 것처럼 보인다. "인간은 만물의 척도"라고 말했던 로마의 철학자 프로타고라스(Protagoras)처럼 지금도 일부 진화 생물학자들은 지성이나 감정 이입 등 우리 스스로 가장 특별하게 생각하는 인간의 속성들은 진보적 진화의 결과일 수밖에 없다고 주장한다. 나의 스승인 하버드 대학교의 에드워드 윌슨 교수는 생물의 진화를 전체적으로 바라봤을 때 엄연히 진보하는 방향으로 진화해 왔다고 믿는 쪽이다. 하지만 그의 제자인 나는 적어도 이 문제에 관해서는 굴드 진영에 가깝다.『풀하우스(*Full House*)』에서 굴드는 진화란 단순한 진보가 아니라 다양성이 증가하는 방향으로 변화해 온 과정이라고 정의한다.

이전 글을 읽은 독자라면 내가 얼마나 굴드를 불편해 하는지 잘 알 것이다. 하지만 그의 모든 게 싫은 것은 아니다. 그는 분명 진화 이론의 발달에 여러모로 공헌했다. 진화와 진보의 관계에 대한 그의 명쾌한 설명도 그중 하나다.

07

everyday earthday!

적응과 자연 선택

새 밀레니엄이 열리던 2000년 벽두에 아프리카 콩고의 밀림에서 말라리아에 감염되어 영국으로 급송되었으나 끝내 깨어나지 못하고 돌아가신 윌리엄 해밀턴(William D. Hamilton)은 흔히 다윈 이래 가장 위대한 다윈주의자라고 불린다. 그와 더불어 유전자 관점의 진화론을 정립하는 데 가장 큰 공헌을 한 진화 생물학자가 누구냐고 물으면 나는 주저 없이 조지 윌리엄스(George C. Williams)라고 답할 것이다. 그가 1966년에 출간한 책『적응과 자연 선택(*Adaptation and Natural Selection*)』은 현대 진화론을 새로운 단계로 끌어올린 명저이다.

조지 윌리엄스 박사는 여러 해째 알츠하이머병을 앓다가 2010년 9월 8일에 세상을 떠났다. 진화학계는 또 하나의 거인을 잃었다. 그나마 다행인 것은 1993년 학술 진흥 재단 동서양 고전 번역 사업의 일환으로『적응과 자연 선택』이 전중환 경희 대학교 교수의 번역으로 출간되었다는 것이다. 현대 진화 생물학의 문을 열었다고 해도 지나침이 없는 이 책이 왜 이렇게 늦게 번역되어야 했는지 이해하기 힘들다. 그리고 이제는 책이 번역되어 나왔어도 정작 윌리엄스 박사는 아무런 감흥도 느끼지 못하실 거라 생각하면 또다시 안타까운 마음이 든다. 그는 또한 미시간 대학교 의과 대학의 랜덜프 네스(Randolph Nesse) 교수와 함께 다윈 의학 또는 진화 의학이라는 새로운 학문 분야를 열기 위해 『인간은 왜 병에 걸리는가(Why We Get Sick)』라는 책을 썼다. 이 책에서 그는 인간의 정신도 육체와 마찬가지로 진화의 산물임을 설득력 있게 설명했다. 그런 그가 말년에 정신 질환으로 고통을 겪었다는 사실이 묘한 아이러니를 불러일으킨다.

적응(adaptation)은 진화 생물학에서 가장 중요한 개념이다. 진화 생물학에서 말하는 적응은 우리가 일상 생활에서 흔히 얘기하는 적응, 즉 새로운 환경 조건에 서서히 익숙해지는 과정과는 다른 것이다. 진화적 적응은 그것을 지닌 생명체로 하여금 보다 잘 생존하고 번식할 수 있게 해 주는 유전적 특징을 말한다. 1996년 윌리엄스는 "진화적 적응은 오로지 자연 선택을 통해서만 가능하다."라고 단언했다. 1859년 『종의 기원』 6장에서 다윈이 했던 다음 말을 이어받은 것이다. "만약 수많은 연속적인 사소한 변화들을 통해서는 형성될 수 없는 어떤 복잡한 기관이 존재했다는 것을 증명할 수 있다면, 나의 이론은 완전히 뒤엎어질 것이다." 하지만 다윈은 그의 이론에 대한 확신을 다음 문장에서 표현한다. "그러나 나는 그러한 경우를 단 하나도 보지 못했다."

윌리엄스는 진화적 적응은 자연 선택을 통해서가 아니면 절대로 만들어지지 않지만, 그렇기 때문에 "함부로 사용되어서는 안 될 특별하고도 성가신 개념이며, 우연이 아니라 분명히 설계에 따라 만들어진 게 아니면 어떤 효과라도 기능이라고 일컬어서는 안 된다."

라고 강조했다. 그는 바다에 사는 날치를 예로 들어 적응의 개념을 설명했다. 날치는 물을 박차고 날아올라 상당한 거리를 전진할 수 있다. 하지만 결국 중력의 영향으로 인해 물로 떨어진다. 물로 돌아오는 것은 분명 날치에게 도움이 되는 일이다. 그렇지 않고 공중에 너무 오래 머물면 생명에 지장이 생긴다. 하지만 날치가 물로 돌아오는 행동은 적응이 아니다. 그것은 단순히 중력의 법칙에 따라 일어나는 물리적 결과일 뿐이다. 이 과정의 어느 순간에도 자연 선택이 개입해 날치로 하여금 중력의 법칙을 따르도록 압력을 가하지 않았다. 생명체에게 도움이 된다고 해서 모두 자연 선택을 통한 진화적 적응으로 간주할 수 없다.

대부분의 생물학 연구는 사실상 생물의 어떤 특징이 적응적인가를 밝히려는 노력이라고 해도 과언은 아닐 것이다. 하지만 지나치게 맹목적으로 생명 현상의 모든 것이 진화적 적응의 결과일 것이라고 전제하는 연구 자세 역시 옳은 것은 아니다. 자칫 이른바 '적응주의적 연구 프로그램'에 매몰되어 '그렇고 그런 이야기(just-so story)'를 쏟아 내곤 한다는 비난을 들을 수 있기 때문이다.

1979년 스티븐 제이 굴드와 리처드 르원틴(Richard Lewontin)은 「산 마르코 성당의 스팬드럴(The spandrels of San Marco)」이라는 논문에서 적응주의 연구에 통렬한 비판을 가했다. 건물의 사각 구석에 둥근 아치형 구조를 표현하려면 필연적으로 2개의 아치 사이에 삼각형 모양의 공간이 만들어진다. 유럽의 옛 성당 건물에는 이 같은 스팬드럴이 빈번하게 나타난다. 스팬드럴은 아치형 구조물을 만드는 과정에서 자연스럽게 생겨나는 부산물일 뿐 그 자체가 어떤 특별한 기능을 갖도록 창조된 것이 아니라는 점을 들어 굴드와 르윈틴은 생물학자들이 적응적 설명을 남발하고 있다고 비판했다. 이 논문은 많은 생물학도에게 엄청난 영향을 미쳤다. 어떤 의미에서는 적응 연구를 지나치게 위축시킨 면도 없지 않다. 이에 철학자 대니얼 데닛은 좀 더 꼼꼼하게 들여다보면 스팬드럴도 나름대로 명확한 기능을 지니고 있다고 반박했다. 나는 2009년 하버드 대학교를 방문한 길에 윌슨 교수와 대담을 가졌는데, 그는 "생물학뿐 아니라 모든 학문은 다 그렇고 그런 얘기로 시작하는 것"이 아니냐고 반문했다. 그런 질문이 그렇고 그런 얘기에 머물지 않도록 하는 것이 학자의 임무라고 그는 강조했다.

　　2009년 5월 4일 이화 여자 대학교에서는 네이버의 후원을 얻어 교육 과학 기술부 WCU 사업의 일환으로 에코 과학부와 에코 과학 연구소가 "피터 크레인 경과 최재천 석좌 교수의 다윈 진화 탐구"라는 행사를 열었다. 어린이날을 하루 앞둔 즈음이라 전반부에서는 「진화 퍼즐, 다윈을 살리자(Hang Darwin)」 등 흥미로운 게임을 통해 다윈 진화론의 진수를 전달하려 노력했다. 나는 여기서 아이들이 깜짝 놀랄 정도의 다윈 분장을 하고 보다 생생하게 다윈의 이론을 전달하려 노력했다. 이어진 후반부에서는 크레인 경이 식충 식물에 관한 다윈의 연구를 소개했고 나도 "과학자 다윈, 사상가 다윈, 인간 다윈"이라는 제목으로 강연을 했다. 크레인 경은 식물 화석을 바탕으로 식물의 진화를 연구하는 세계 최고 권위의 학자이다.

　　"다윈과 식물계의 포식자들의 진화"라는 제목으로 크레인 경이 펼친 강연은 대가다운 면모와 지식, 흥미 모두를 고루 갖춘 참으로 멋진 강의였다. 다윈은 자신의 자연 선택 이론의 토대를 더욱 굳건히 하기 위해 풀기 어렵지만 일단 풀어내면 결정적인 증거를 제공할 수 있는 온갖 적응 현상들을 끊임없이 연구했다. 식충 식물도 그런 연구의 하나였다. 하지만 연구 자체는 사뭇 우연한 계기로 시작되었다.

『종의 기원』이 출간된 지 6개월 후 다윈은 온갖 논란을 뒤로하고 부인 에마와 일곱 자식을 데리고 영국 남부의 하트필드에 있는 엠마의 자매들이 살고 있던 '리지(The Ridge)'라는 이름의 대저택으로 비교적 긴 휴가를 떠났다. 이 지역은 당시에는 물론이거니와 지금도 상당 부분 자연 생태의 아름다움을 유지하고 있는 곳이다. 여기서 다윈은 우연히 커다란 끈끈이주걱(common sun-dew) 군락을 발견하고 그들의 신기한 형태와 생태를 연구하기 시작했다. 1860년 6월 29일 그의 절친한 친구인 식물학자 조셉 후커에게 보낸 편지를 보면 다윈은 그해 9월 다운 하우스(Down House)로 돌아올 때 끈끈이주걱을 가져와 연구를 계속했다. 1861년 봄 후커는 또 다윈에게 큐 영국 왕립 식물원에 있던 비너스파리지옥(Venus's flytrap)을 보내 다윈의 식충 식물 연구를 지원해 주었다. 다윈은 이 연구를 오랫동안 계속해 그의 말년인 1875년에 『곤충을 잡아먹는 식물들(Insectivorous Plants)』이라는 제목의 책으로 출간했다.

다윈이 특별히 식충 식물에 관심을 보인 까닭은 그들의 기이한 삶이 자연 선택을 통한 진화적 적응 현상을 설명하는 데 매우 적합할 것으로 기대했기 때문이었다. 다윈은 끈끈이주걱과 파리지옥을 가지고 참으로 많은 실험들을 수행했다. 이 식물들에게 곤충은 물론 고깃덩어리, 종이, 심지어는 자신의 가래까지 뱉어 넣어 보며 어떤 메커니즘으로 육식을 하는지를 연구했다. 양쪽으로 펼쳐져 있는 파리지옥의 잎몸(leaf lamina) 안쪽 표면에는 세 개의 가느다란 감각모 (sensitive hair)가 나 있는데 그중 두 개를 건드리면 두 잎몸이 순식간에 오므라드는 반응이 시작된다. 실험에 따르면 감각모 하나만 건드려서는 반응이 시작되지 않고, 반드시 두 번째 털에 접촉이 생겨야 오므라들기 시작한다. 이것 또한 아마 허구한 날 먹이도 아닌 것들이 공연한 반응을 불러일으키는 걸 막기 위한 적응일지 모른다.

지금까지 식충 식물은 8과, 15속의 630종이 알려져 있다. 이는 35만 종의 현화식물 중 극히 일부에 지나지 않으며 그나마 있는 것도 날로 감소하고 있다. 서식지 파괴와 생태계의 질소 풍부화가 가장 중요한 감소 원인으로 보인다. 하트필드 지역에는 지금도 다윈이 연구하던 끈끈이주걱이 군락을 이루고 있지만 그 규모가 많이 줄어 있고, 비너스파리지옥의 유일한 자연 서식지인 미국 노스캐롤라이나 주와 사우스캐롤라이나 주의 생태계 파괴는 파리지옥을 멸종의 위기로 내몰고 있다. 기후 위기로 노스캐롤라이나에서 더욱 빈번하게 일어나는 산불이 파리지옥의 서식지를 강타할 수 있어 근심이 깊어지고 있다. 다행히 식충 식물에 대한 많은 애호가들의 호기심 덕택에 완벽한 절멸은 벌어지지 않겠지만 다윈 자신이 연구했던 진화적 적응의 진수가 그 비밀을 다 보여 주지 못한 채 서서히 우리 곁을 떠나고 있음은 안타까운 일이다.

다윈 지능

08

완벽한 진화란 없다

다윈 자신의 연구에서도 보듯이 식충 식물의 적응은 거의 완벽에 가까워 보인다. 그밖에도 온갖 적응 현상들을 들여다보노라면 오랜 세월 자연 선택을 통해 다듬어지면 생명체는 결국 완벽에 가까워지는 방향으로 진화할 것처럼 느껴진다. 빅토리아 시대의 영국 종교계도 다윈의 자연 선택 이론이 궁극적으로 신이 당신의 형상대로 창조한 '완벽한' 인간이 탄생하는 과정을 설명하는 이론이라고 생각해 큰 반발 없이 다윈을 받아들인 것이다. 그렇다면 자연 선택은 생명체를 완벽하게 만들어 주는 메커니즘인가? 나의 답은 "결코 아니다." 이다. 그럼 지금부터 왜 자연 선택이 생명체를 완벽한 존재로 만들지 못하는지 그 이유를 살펴보기로 하자.

첫째, 자연 선택이 작동하는 환경이 언제나 일정하지 않기 때문에 완벽을 추구하기 어렵다. 지구 온난화가 무서운 속도로 진행되고 있는 이 시점에 물론 그럴 능력은 없지만 만일 어느 생명체가 자신의 자손을 더운 날씨에 잘 견디는 방향으로 '진보'시키는 작업을 하고 있다고 하자. 아주 오랜 세월 지구 온난화가 지속된다면 어쩌면 성공적인 전략이 될 수도 있겠지만, 지구가 종종 기온이 오르는 듯하다가 졸지에 빙하기를 맞았듯이 몇 년 후 갑자기 기온이 뚝 떨어지면 더위에 잘 견디도록 준비시킨 자손들은 하루아침에 절멸하고 말지도 모른다.

대부분의 국가마다 가장 거대한 슈퍼 컴퓨터는 대개 기상청에 있다. 그런데도 기상청은 여전히 바로 내일의 날씨를 예보하는 일도 어려워한다. 우리나라 기상청은 국제 기준에 비춰 볼 때 상당히 정확한 편이다. 다만 완벽할 수 없을 뿐이고 가끔 틀릴 때마다 우리는 용서에 지극히 인색한 게 사실이다. 미래 예측이란 애당초 엄청나게 어려운 일이다. 당장 내일 날씨도 예측하기 어려운데 하물며 다음 세대의 환경 조건을 예측해 그에 맞도록 진화한다는 것은 상상할 수조차 없는 일이다. 지구의 역사를 돌이켜 보면 얼마간은 환경이 그런대로 일정하게 유지되다가도 홀연 급변해 온 것을 알 수 있다. 끊임없이 변화하는 환경 속에서 제 아무리 자연 선택이라도 완벽한 작품을 만들어 내는 일은 한마디로 불가능하다.

둘째, 생물의 진화에는 온갖 형태의 제약들이 있다. 우리 인간에게는 영원히 풀지 못할 '이카루스의 열등 의식'이 있다. 우리가 진정 완벽한 생물이라면 적어도 날개 정도는 있어야 할 것 같다. 하지만 우리는 아무리 원해도 날개를 갖지 못한다. 날개를 만들어 주는 유전자가 우리 유전체 안에는 존재하지 않기 때문이다. 이른바 유전적 제약(genetic constraint)의 결과다. 인공 비행체를 만들어 어느 정도 한은 풀었지만 날개가 없는 우리 인간을 자연계의 다른 동물들이 가장 완벽한 동물로 인정할 리는 결코 없다고 본다.

다윈 지능

생물의 기관 중 가장 탁월한 기관으로 흔히 척추동물의 눈을 든다. 생리학자들은 척추동물의 눈을 인간이 개발한 가장 훌륭한 사진기에 비교하며 감탄해 마지않는다. 아무리 좋은 사진기라도 두 줄 세 줄로 서 있는 사람들의 얼굴을 모두 완벽하게 구분하고 초점이 맞도록 찍을 수는 없다. 하지만 우리 눈은 어떤가? 아무리 교실 가득 학생들이 여러 줄로 앉아 있어도 모두를 완벽하게 초점 맞춰 볼 수 있다. 신학자들도 인간의 눈을 칭송하며 이처럼 완벽한 기관은 오직 하느님만이 만들 수 있다고 주장한다. 다윈의 자연 선택과 정면으로 충돌하는 설명을 내놓은 신학자 윌리엄 페일리(William Paley)는 그의 저서 『자연 신학(Natural Theology)』에서 다름 아닌 인간의 눈을 예로 들어 신의 위대함을 설파했다. 아무리 좋게 평가하려 애써도 전혀 지적이지 않은 이른바 '지적 설계(intelligent design)'라는 새로운 포장을 들고 나온 현대판 자연 신학자들도 어김없이 눈의 기능적 탁월함을 신의 영역으로 돌린다.

그런데 정말 척추동물의 눈은 완벽한 구조를 지니고 있는가? 공교롭게도 척추도 없는 무척추동물 중에도 우리와 상당히 비슷한 구조의 눈을 가진 동물들이 있다. 바로 오징어, 문어, 낙지 등 연체동물이다. 오징어의 눈과 인간의 눈을 위아래로 잘라 단면을 비교해 보면 놀라울 정도로 흡사하다. 서로 전혀 다른 진화의 역사를 거쳤음에도 불구하고 신기할 정도로 비슷한 구조와 기능을 갖게 된 이른바 '수렴 진화(convergent evolution)'의 좋은 예다. 그런데 오징어의 눈과 우리 눈을 좀 더 자세히 들여다보면 금세 한 가지 뚜렷하게 다른 점을 발견할 수 있다. 하나는 시신경과 실핏줄이 망막의 뒷면에 붙어 있는

데 비해 다른 하나는 망막에 구멍을 뚫고 시신경과 실핏줄을 동공 안으로 끌어들여 망막의 내벽에 붙여 놓았다. 도대체 왜 멀쩡한 스크린에 구멍을 뚫고 깨끗한 상이 맺혀야 하는 스크린의 앞면에 그것들을 덕지덕지 붙여 놓은 것일까? 과연 오징어와 인간 중 누가 그런 어리석은 구조를 가진 눈의 소유자일까? 답은 뜻밖에도 우리 인간이 그렇게 비합리적으로 설계된 눈을 가졌다는 것이다.

인간은 누구나 시각적 맹점(blind spot)을 갖고 있다. 시신경 다발을 눈 속으로 끌어들이기 위해 뚫어 놓은 구멍에 간상세포와 원추세포가 존재할 수 없기 때문이다. 지우개가 달린 연필을 눈높이에 들고 왼쪽 눈을 감고 오른쪽 눈으로만 지우개 끝에 초점을 맞춘 다음 눈의 방향을 고정시킨 채 연필을 서서히 오른쪽으로 움직여 보라. 연필이 시선 방향으로부터 20도 정도 움직인 지점에 이르면 지우개가 보이지 않을 것이다. 왼쪽 눈도 마찬가지로 중앙선에서 약 20도 왼쪽 지점에 맹점을 가지고 있다.

망막 위에 분포하는 혈관들도 그들의 그림자 때문에 작은 맹점을 여럿 만든다. 어쩌다 혈관들을 망막 위에 붙여 놓는 바람에 생긴 이 문제 때문에 비유를 하자면 진화의 역사 내내 엄청난 소비자 진정이 있었던 모양이다. 그래서 할 수 없이 '리콜(recall)'을 해서 문제 해결을 위해 노력한 결과 우리 눈은 순간순간 조금씩 다른 각도를 보려고 끊임없이 가볍게 흔들리고 있다. 이같이 엄청난 양의 정보가 두뇌에 전달되어 끊임없이 분석 종합되는 덕분에 우리는 우리 시야에 있는 영상을 지속적으로 보고 있다고 느낄 뿐이다. 잘못된 설계를 근본적으로 뜯어 고치지는 못하고 그저 보완책을 강구한 것이다.

이 같은 이른바 역망막(inverted retina) 현상은 단순한 시각 감손은 물론 각종 심각한 임상 문제들을 일으킨다. 대수롭지 않은 출혈도 망막에 커다란 그림자를 만들어 심각한 시각 장애를 불러올 수 있다. 또 간상세포와 원추세포가 망막으로부터 쉽게 분리되어 눈 안으로 떨어지기 십상이다. 일단 이런 증상이 발생하면 그 진행 속도가 점진적으로 증가하기 때문에 빠른 시일 내에 수술을 받지 않으면 시각을 완전히 잃을 수도 있다. 안과 의사들이 가장 많이 하는 수술이 백내장 수술이고 다음이 바로 망막 박리 방지 수술이다. 이런 여러 설계상의 문제점을 고려해 보면 오징어의 눈이 인간의 눈보다 훨씬 더 합리적으로 설계되어 있는 셈이다. 만일 완벽한 눈을 설계하는 사람에게 상금 1억 원을 주는 공모전이 벌어진다면 멀쩡한 망막에 구멍을 내는 설계도를 제출할 사람은 이 세상에 아무도 없을 것이다.

왜 인간의 눈은 이렇게도 불합리하게 만들어졌는가? 자연 선택은 왜 좀 더 완벽한 설계를 만들어 내지 못했는가? 문제는 바로 인류가 거쳐 온 진화의 역사에 있다. 뒤집힌 망막의 설계는 인간만의 문제가 아니라 거의 모든 척추동물들이 공통적으로 가지고 있는 문제이다. 척추동물의 눈은 작은 조상 동물들의 투명한 피부 밑에 있던 빛에 민감한 세포들로부터 발달했다. 당연히 이 세포들에 혈관과 신경이 연결되어 있었고, 그 상태에서는 다분히 합리적인 설계였을 것이다. 하지만 수억 년이 흐른 오늘에도 빛은 어쩔 수 없이 혈관과 신경을 지나쳐야만 시각 세포에 도달할 수 있다. 조상으로부터 물려받은 설계는 마음에 들지 않는다고 해서 하루아침에 바꿀 수 있는 게 아니다. 진화에는 이처럼 역사적 제약(historical constraint), 또는 계통적 제약(phylogenetic constraint)이 있다.

어처구니없는 역사적 제약 때문에 애꿎게 해마다 수많은 사람이 음식물로 기도가 막혀 목숨을 잃는다. 갓 앞니가 나온 아이들이 특별히 자주 희생 제물이 되는데 소시지나 당근을 앞니로 끊어 삼키다가 변을 당하는 일이 심심치 않게 일어난다. 미국에서는 해마다 몇 차례씩 저녁 뉴스 시간에 이른바 하임리히(Heimlich) 응급 처치를 훌륭하게 해내며 기도가 막혀 숨을 쉬지 못하는 엄마의 목숨을 구한 꼬마들이 등장한다. 기도에 음식물이 막혀 캑캑거리는 엄마의 명치를 주먹을 쥔 채 순간적으로 압박하여 막혀 있던 음식 덩어리가 튀어나오게 한 꼬마에게 기자가 마이크를 들이대며 어디에서 배웠느냐고 물으면 한결같이 유치원 또는 캠프에서 배웠다고 대답한다. 우리나라에서도 방영된 영화 「사랑의 블랙홀(Groundhog Day)」의 도입부에는 하임리히 응급 처치로 인명을 구하는 멋진 장면이 나온다. 텔레비전 기상 통보관으로 나오는 빌 머리(Bill Murray)가 음식점에서 기도가 막혀 캑캑거리는 사람을 별 감흥도 없이 하임리히 방법을 사용해 구한다. 이런 뉴스와 영화를 보며 나는 우리도 하임리히 응급 처치 방법을 가르칠 필요가 있다는 생각을 종종 한다.

그런데 도대체 왜 음식물이 가끔 기도를 막는 일이 발생하는 것일까? 문제는 우리 몸의 배관에 있다. 코로 들이마신 공기와 입으로 들어온 음식물이 목 부위에서 무슨 까닭인지 애써 교차하며 서로 자기 관을 찾느라 힘쓰는 과정에서 벌어지는 이를테면 교통 사고다. 입보다 위에 있는 코를 통해 들어온 공기가 애써 목의 앞쪽 관으로 올 필요가 없도록 기도가 식도 뒤에 위치하면 아무런 문제가 없을 텐데

다윈 지능

우리 몸은 어찌 보면 식도와 기도의 위치가 뒤바뀐 것처럼 보인다. 반면 코 밑에 있는 입을 통해 들어온 음식물은 억지로 기도의 뒤에 위치하는 식도로 방향을 잡아야 한다. 이 문제 역시 소비자들의 빗발치는 원성에 못 이겨 거의 눈가림 수준의 해결책을 내놓았는데, 그게 바로 후두개(喉頭蓋, epiglottis)다. 후두개는 우리가 음식을 삼킬 때는 기도를 막았다가 숨을 들이마실 때 열어 주는 역할을 하기로 되어 있는데 때로 실수를 해서 음식물이 기도를 막게 되는 것이다.

이 어처구니없는 구조적 결함 역시 다 조상 탓이다. 그 옛날 우리가 물고기였을 시절에는 물속에서 아가미로 호흡을 했다. 입으로 물을 들이마신 다음 아가미를 통해 빠져나갈 때 산소를 걸러 마시던 물고기들 중 일부가 뭍으로 올라가기 위해 숨쉬기 운동을 시작했다. 숨쉬기 운동을 하려고 생겨난 콧구멍이 배에 있는 물고기보다 등에 있는 물고기들이 훨씬 유리했을 것은 너무도 당연한 일이다. 우리는 이때 엇갈린 두 관의 위치를 바꾸지 못한 채 대대로 물려받아 오늘에 이른 것이다. 경제적인 문제를 고려할 필요가 없다면 무슨 재료라도 가져다 가장 합리적이고 효율적인 기계를 만들 수 있는 공학자와는 달리 자연 선택은 이처럼 조상으로부터 물려받은 것들을 가지고 그저 최선을 다할 뿐이다.

09

2009년 나는 드디어 『이기적 유전자(*The Selfish Gene*)』의 저자 리처드 도킨스를 만났다. 에드워드 윌슨, 대니얼 데닛, 그리고 돌아가신 윌리엄 해밀턴 등 우리 둘이 함께 아는 지인은 여럿 있지만 그동안 서로 만날 기회를 한번도 찾지 못했다. 『이기적 유전자』는 우리나라 과학 출판계의 영원한 베스트셀러다. 흥미로운 새 책이 나오면 한두 주 권좌를 양보했다가 이내 다시 복권한다. 나는 도킨스에게 『이기적 유전자』의 장기 집권에 내가 기여한 바가 적지 않다고 쑥스러운 공치사를 했다. 나는 어느 수업이든 수강하는 학생들에게 『이기적 유전자』를 읽지 않고 감히 내 수업을 들었노라 말하지 말라며 거의 협박 수준의 필독 강요를 서슴지 않는다.

지난 10여 년간 '대중의 과학화'에 나름대로 적지 않은 노력을 기울인 덕에 나에게는 종종 '한국의 윌슨' 또는 '한국의 도킨스'라는 별명이 따라다닌다. 하지만 나는 내가 유일하게 직접 번역한 도킨스의 책 『무지개를 풀며(*Unweaving the Rainbow*)』의 옮긴이 서문에서 다음과 같은 고백을 한 바 있다. 흔히 '다윈의 불도그'라 불렸던 토머스 헉슬리를 떠올리며 스스로 '도킨스의 불도그'로 행세하고 싶지만, 그건 좀 과한 것 같아 소박하나마 '도킨스의 푸들'을 자처한다고. 조지 부시(George W. Bush) 전 미국 대통령의 푸들이라는 비난을 받곤 했던 토니 블레어(Tony Blair) 전 영국 총리를 생각하면 좀 불편하긴 하지만, 다윈을 제외하고 도킨스만큼 내 강의에 자주 등장하는 이름도 별로 없을 것 같다.

2009년 5월 11일 오전 도킨스의 옥스퍼드 자택에서 인터뷰를 마치며 나는 그에게 본인이 저술한 책 중 가장 아끼는 책이 있느냐고 물었다. 내 예측은 적중했다. 그는 잠시 생각하더니 이내 『확장된 표현형(The Extended Phenotype)』이라고 대답했다. 나는 그에게 그럴 줄 알았다며 미리 준비해 온 책을 꺼내 사인을 받았다. 『확장된 표현형』은 그의 고유한 생각들이 가장 풍부하게 담긴 역작이다. 사실 나는 그를 만나러 가기 전에 『확장된 표현형』과 또 다른 책 한 권을 들고 고민했다. 과연 그가 어느 책을 자신의 최고 역작으로 생각하고 있을까 하는 질문에서 나를 망설이게 한 다른 책은 『눈먼 시계공(The Blind Watchmaker)』이었다. 제목만 놓고 본다면 단연 압권이다. 윌리엄 페일리가 『자연 신학』에서 복잡한 물건은 반드시 설계자가 있게 마련이라며 예로 든 것이 바로 시계와 시계공인데, 그걸 도킨스가 받아 진화 과정에 만일 설계자가 존재한다면 그는 필경 눈이 먼 시계공이리라고 꼬집은 것이다. 시계가 망가져 수리 센터에 가져갔는데 내 시계를 건네받는 수리공의 눈이 멀어 있다면 과연 그 시계가 제대로 고쳐지리라 기대할 수 있겠는가?

도킨스에 따르면 자연 선택의 결과로 태어난 오늘날의 생명체들은 마치 숙련된 시계공이 설계하고 수리한 결과처럼 보이지만, 실제로는 앞을 보지 못하는 시계공이 나름대로 고쳐 보려 애쓰다가 번번이 실패만 거듭하다 포기한, 그런데 어느 순간 갑자기 정말 가끔 요행으로 째깍거리며 작동하는 시계 같은 존재라는 것이다.

1965년 자크 모노(Jacques Monod), 앙드레 르보프(Andre Lwoff)와 함께 노벨 생리 의학상을 수상한 프랑스의 유전학자 프랑수아 자코브(Francois Jacob)는 그의 명저 『가능과 실제(The Possible and the Actual)』 (1982년)에서 이 같은 자연 선택의 모습을 "진화적 땜질(evolutionary tinkering)"이라고 표현했다. 그렇다면 자연 선택이 이처럼 눈이 먼 시계공마냥 행동할 수밖에 없는 이유는 무엇일까? 자연 선택이 만일 미세한 시계 구조를 더 잘 볼 수 있도록 멀쩡한 두 눈도 모자라 한쪽 눈에 렌즈까지 끼고 일하는 시계공이라 하더라도 생명체를 결코 완벽하게 만들 수 없는 까닭은 과연 무엇인가? 나는 이미 지난 장에서 몇 가지 어려움에 대해 설명한 바 있다. 이 장에서는 그에 덧붙여 몇 가지 이유를 더 소개하고자 한다.

자연 선택이라는 시계공이 다루는 시계 부품은 다름 아닌 유전자다. 그런데 가지고 일할 유전자들이 모두 일편단심(一片丹心)이라면 좋겠는데 실제로는 대부분 일구이언(一口二言)을 하기 때문에 그들과 함께 일관성 있는 작업을 도모하기란 거의 불가능할 수밖에 없다. 나는 지금 '다면 발현(pleiotropy)'과 '다인자 발현(polygeny)'이라는 유전학 개념에 대해 말하고 있다. 이 둘은 유전형과 표현형의 관계를 설명하는 핵심 개념이라서 나는 생물학 수업에서 이 둘을 비교해 설명하라는 문제를 아주 자주 내곤 한다. 전자는 하나의 유전자가 여러 형질의 발현에 관여한다는 것이고 후자는 한 형질의 발현에 여러 유전자가 관여한다는 것이다. 하나의 형질 발현에 여러 유전자가 관여하려면 자연히 그 유전자들 대부분은 한 가지 형질 발현만이 아니라 여러 가지의 형질 발현에 관여하게 될 것이다. 만일 한 유전자가 한 형질 발현만을 책임진다면 대부분의 생물이 어마어마한 수의 유전자를 필요로 할 것이다.

세계적으로 2,800명의 과학자들이 동원되어 무려 13년 동안 30억 쌍의 인간 DNA의 염기 서열을 해독한 인간 유전체 프로젝트(Human Genome Project)가 2004년 드디어 우리 인간의 유전자 수를 발표했다. 참으로 뜻밖에도 인간의 유전자 수는 초파리(약 1만 3000개)나 꼬마선충(1만 9000개)보다는 많지만 작은 현화식물인 애기장대(2만 5000개)보다도 조금 적은 2만~2만 5000개로 밝혀졌다. 처음이 소식을 접한 사람들은 그야말로 자존심이 상한다는 반응을 보였다. 아니 어떻게 우리가 이 보잘것없는 생물들과 어깨를 나란히 해야한단 말인가? 하지만 어찌 하랴? 최근 연구 결과에 따르면 매일 우리의 배를 든든하게 채워 주는 쌀(벼)이 우리의 두 배 이상인 5만~6만개의 유전자를 갖고 있단다. 다행인지 불행인지 포유동물들은 거의 모두 비슷한 수의 유전자를 가지고 있다.

하지만 이 같은 수치가 우리 인간을 비참하게 만들 이유는 없다. 다면 발현과 다인자 발현의 관점에서 보면 이는 우리 인간의 유전자들이 특별히 융통성 많은 유전자들이라는 사실을 말해 준다. 실제 유전자 구성에서도 인간은 다른 동물과 그리 다르지 않다. 인간의 DNA 염기 서열은 침팬지와 98.7퍼센트가 동일하고 쥐와도 거의

다윈 지능

90퍼센트가 일치한다. 문제는 유전자 자체가 아니라 유전자의 조절과 조합이다. 『본성과 양육(*Nature via Nurture*)』의 저자 매트 리들리에 따르면 윌리엄 셰익스피어(William Shakespeare)는 한 작품에서 평균 3만 1534개의 단어를 사용했다고 한다. 「맥베스(Macbeth)」, 「리어왕(King Lear)」, 「오셀로(Othello)」에 가장 빈번하게 등장하는 10개의 단어들도 the, and, I, to 등 대체로 비슷하다. 그럼에도 불구하고 이들이 모두 다른 작품으로 구분되고 우리에게 전혀 다른 감흥을 주는 것은 사용 단어들의 순서와 조합이 다르기 때문이다.

이처럼 다양한 기능을 갖고 있는 유전자들을 일사불란하게 통제하는 일은 애당초 불가능한 일이다. 『적응과 자연 선택』의 저자이자 다윈 의학의 창시자이기도 한 조지 윌리엄스는 1957년 국제 학술지 《진화(*Evolution*)》에 발표한 논문에서 아주 좋은 예를 들어 이를 설명했다. 칼슘의 대사를 조절하는 유전자가 있다고 가정해 보자. 이 유전자는 사고로 부러진 당신의 뼈에 부지런히 칼슘을 공급해 빠른 시일 내로 뼈가 다시 붙을 수 있도록 돕는다. 하지만 이건 당신이 젊었을 때 얘기고 나이가 들어 어쩌다 골반에 금이라도 갈라치면 젊었을 때처럼 그리 활발하게 돕지는 않는 것 같다. 그러면서도 연신 동맥 구석구석마다 칼슘을 쑤셔 넣는 짓에는 열심을 다해 결국 심각한 심혈관 질환을 유발하며 호시탐탐 당신의 목숨을 노린다. 한 유전자가 한편으로는 생명을 연장하는 데 도움을 주다가 다른 한편으로는 우리를 죽음의 벼랑으로 떠미는 것이다. 이처럼 표리부동(表裏不同)한 유전자들을 데리고 생명체를 완벽하게 만드는 일은 결코 쉽지 않으리라.

나는 앞에서 자연 선택이 생명체를 완벽하게 만들 수 없는 첫째 이유로 환경 변화를 꼽았다. 생물의 환경이 늘 변한다고 말할 때 '환경'은 온도, 습도, 일조량 등의 이른바 물리적 환경(physical environment)이다. 하지만 생물의 환경에는 물리적 환경뿐 아니라 함께 사는 다른 생물들이 형성하는 생물 환경(biotic environment)도 있다. 생물 환경에 대비해 물리적 환경은 다른 말로 비생물 환경(abiotic environment)이라고도 한다. 비생물 환경과 생물 환경 간에는 결정적인 차이가 하나 있다. 생물 환경은 그것이 둘러싸고 있는 생물과 함께 변화한다는 점에서, 즉 공진화(coevolution)한다는 점에서 어떻게 보면 물리적 환경보다 더 중요할 수 있다.

공진화의 가장 잘 알려진 예는 단연 현화식물과 그들에게 꽃가루받이(pollination) 서비스를 제공하고 그 대가로 꿀을 얻는 벌, 나비, 박쥐, 새 등의 동물이 맺고 있는 관계다. 꽃가루받이는 서로 이득을 주고받는 상리 공생(mutualism) 형태의 공진화지만 서로 쫓고 쫓기는 관계인 포식(predation)과 기생(parasitism)의 상대들도 끊임없이 밀고 당기며 함께 진화한다. 날로 속도가 느는 치타의 추격을 따돌리려 영양도 점점 빨라지고, 늘 새로운 무기를 개발해 공격하는 기생 생물에 대항해 기주 생물(host)도 새로운 유전자 조합으로 면역력을 키운다. 이 관계는 마치 옛날 (구)소련과 미국이 벌였던 군비 경쟁을 방불케 한다. (구)소련이 새롭고 더 강력한 미사일을 개발하면 미국은 그걸 공중에서 격침시킬 수 있는 요격 미사일을 개발하곤 했다. 진화 생물학자들은 이와 흡사하게 자연계에서 벌어지는 군비 경쟁을 진화적 군비 경쟁(evolutionary arms race)이라고 부른다.

이 같은 현상에 인문학 향기가 듬뿍 밴 멋진 개념어를 제공한 사람은 미국 시카고 대학교의 괴짜 생물학자 리 밴 베일런(Leigh van Valen)이었다. 그는 탁월한 진화 이론가면서 공룡들의 구애 노래를 들었다며 그걸 흉내 내는 참 별난 학자다. 그는 진화적 군비 경쟁 관계를 '붉은 여왕 효과(Red Queen effect)'라는 개념으로 설명했다. 여기서 '붉은 여왕'이란 다름 아닌 서양 장기의 말을 뜻한다.

우리 모두 학창 시절 읽었어야 하는 고전 가운데 하나인 루이스 캐럴(Lewis Carroll)의 『이상한 나라의 앨리스(Alice's Adventures in Wonderland)』의 속편 『거울 나라의 앨리스(Through the Looking-Glass and What Alice Found There)』를 보면 앨리스가 붉은 여왕에게 손목을 잡힌 채 큰 나무 주위를 도는 장면이 나온다. 한참을 헐레벌떡 뛰어도 항상 제자리에 서 있는 걸 이상하게 여기는 앨리스에게 붉은 여왕은 여기서는 주변 세계가 함께 움직이기 때문에 같은 자리에 있으려면 있는 힘을 다해 달려야 한다고 말한다. 밴 베일런이 바라보는 진화는 다분히 비관적인 개념이다. 진화란 제법 보다 나은 미래를 위해 기획하고 준비하는 게 아니라 뒤처지지 않기 위해 그저 최선을 다하는 과정이다. 치타보다 빨리 달릴 수 없거나 새로운 무기로 공격하는 병원균을 이겨 내지 못하면 절멸하고 마는 것이다. 리들리는 그의 저서 『붉은 여왕(The Red Queen)』에서 이 개념을 상세하게 설명하고 있다.

자연 생태계의 얽히고설킨 관계망 속에서 무수히 많은 다른 생물들과 공진화하며 어느 한 방향으로 일관성 있는 적응 체계를 만들어 낸다는 것은 확률적으로 불가능하다. 19세기 영국의 작가 피터 미어 래섬(Peter Mere Latham)은 다음과 같은 말을 남겼다. "완전한 계획을 세우려는 것은 쇠퇴의 징조이다. 흥미로운 발견이나 발전이 이루어지는 동안에는 완벽한 연구실을 설계할 시간이 없다." 자연의 강은 완벽의 정상을 향해 거슬러 오르지 않는다. 그저 구불구불 흘러갈 뿐이다.

10

진화의 현장

『종의 기원』에서 다윈은 "자연 선택은 오직 끊임없이 이어지는 사소한 변이들을 취함으로써만 작용할 수 있기 때문이다. 자연은 절대로 도약할 수 없으며, 다만 짧고 느리게 한 걸음 한 걸음을 내딛으며 전진할 뿐이다."라고 적었다. 이 문장은 훗날 닐스 엘드리지(Niles Eldredge)와 스티븐 제이 굴드로 하여금 진화의 속도가 늘 일정하게 느린 게 아니라 때로는 상당히 빠를 수도 있다는 지극히 당연하고 하찮은 얘기를 침소봉대하여 단속 평형(punctuated equilibrium)이라는 사뭇 유치한 이론으로 과대 포장할 수 있는 빌미를 제공했다. 지질학자로 학문의 세계에 입문했고 유전자의 속성에 대해 이렇다 할 지식을 갖고 있지 않은 상태에서 자연 선택을 통한 진화를 설명하려던 다윈으로서는 때로 상당히 빠른 속도로 일어나는 진화의 현장을 상상하기 어려웠을 뿐이다.

다윈 자신은 물론 다윈의 추종자들이 제시한 예들은 모두 진화의 결과들이었고 자연 선택은 그런 일이 어떻게 해서 일어났는지에 대한 결과 설명 수준에 머물러 있었다. 자연 선택이 개체군 내의 유전자 빈도의 변화를 일으키는 메커니즘이자 실제로 벌어지는 과정임을 보여 줄 수 있는 확실한 실험적 증거가 필요했다.

다윈주의 진화 생물학자들이 기다리던 결정적인 증거는 『종의 기원』이 출간된 지 거의 정확하게 100년이 흐른 뒤에야 나타났다. 1955년부터 출간되기 시작한 옥스퍼드 대학교의 곤충학자 헨리 버나드 데이비스 케틀웰(Henry Bernard Davis Kettlewell)의 회색가지나방(peppered moth, *Biston betularia*)에 관한 논문들은 진화의 현장을 생생하게 보여 준 최초의 연구 보고서였다.

회색가지나방이 일명 후추나방으로 불리는 까닭은 날개에 마치 후추를 흩뿌려 놓은 것 같은 무늬가 있기 때문이다. 그런데 사실 이 종에서 날개가 마치 숯검댕으로 뒤덮인 것 같은 검은 형태(dark morph)가 처음 발견된 것은 『종의 기원』이 출간되기도 전인 1848년의 일이었다. 당시 영국 맨체스터 지방의 곤충학자 로버트 스미스 에들스턴(Robert Smith Edleston)은 숯처럼 검은 날개를 지닌 희귀한 형태의 나방을 채집하여 비스톤 카르보나리아(*Biston carbonaria*)라고 명명했다. 검은 형태의 회색가지나방은 처음에는 희귀했지만 산업 혁명이 활발하게 진행되는 지역이면 어디서나 그 빈도가 급격하게 증가하여 어느덧 밝은 형태(light morph)보다 더 흔해지기 시작했다. 다윈이 살던 켄트 지방에서는 그의 생애 동안 한번도 검은 형태가 발견되지 않았지만 20세기 중반에 이르면 다윈의 생가가 있는 브롬리의 회색가지나방도 열 마리 중 아홉 마리가 검은 형태였다.

간단한 돌연변이로 생겨난 검은 형태의 빈도가 급속도로 늘어나는 현상에 대해 곤충학자 제임스 윌리엄 터트(James William Tutt)

는 1896년에 새들에 의한 포식과 그걸 피하기 위한 나방의 위장 (camouflage)이 선택압(selection pressure)으로 작용할 것이라는 가설을 내놓았다. 산업 혁명이 일어나기 전에는 지의류로 뒤덮인 나무껍질을 배경으로 밝은 형태의 회색가지나방이 훨씬 훌륭한 위장 효과를 지니기 때문에 새들의 포식을 피할 수 있었는데, 산업 혁명이 진행되며 나무껍질이 시커멓게 변하자 오히려 검은 형태의 나방들이 더 큰 위장 효과를 누리게 되어 그들의 개체군 내 빈도가 증가하게 되었다는 것이다.

이에 케틀웰은 오염된 지역과 청정한 지역 모두에서 실제로 새들이 나방을 잡아먹는 것을 관찰했다. 두 형태의 나방을 동일한 수로 나무에 풀어 줬더니 오염된 지역에서는 43마리의 밝은 형태가 새들에게 잡아먹히는 동안 검은 형태는 불과 15마리만 잡아먹혔다. 한편 청정한 지역에서는 각각 164마리의 검은 형태와 26마리의 밝은 형태의 나방들이 잡아먹혔다. 케틀웰은 생태학자들이 개체군의 크기를 측정할 때 흔히 사용하는 방법인 '표지-방사-재포획법(mark-release-recapture method)'을 사용해 두 형태에 미치는 포식압(predation pressure)의 차이를 조사했다. 밝은 형태의 나방은 청정 지역에서 모두 64마리가 방사되어 16마리(25퍼센트)가 재포획된 데 비해 오염 지역에서는 393마리 중 54마리(13.7퍼센트)가 재포획되었다. 반면, 검은 형태의 나방은 오염 지역에서는 154마리 중 82마리(53퍼센트)가 재포획된 데 비해 청정 지역에서는 406마리 중 겨우 19마리(4.7퍼센트)만 재포획되었다. 터트의 가설을 상당히 잘 지지하는 연구 결과였다.

케틀웰의 실험은 이 같은 개념적 간결함과 명확한 결과에 덧붙여 거의 모든 생물학 교과서에 등장하며 두 형태의 위장 효과를 극적으로 보여 주는 유명한 사진 덕택에 다윈의 자연 선택 이론에 가장 확실한 구원 투수로 자리 잡았다. 케틀웰은 『종의 기원』 출간 100주년에 맞춰 1959년 대중적인 과학 잡지인 《사이언티픽 아메리칸(Scientific American)》에 「다윈의 잃어버린 증거(Darwin's missing evidence)」라는 제목의 논문을 발표하며 탁월한 소통 감각을 발휘하기도 했다. 하지만 회색가지나방의 이야기는 일반 생물학 교과서와 일반인들을 위한 교양 과학 서적에서 끊임없이 재생산되고 있는 내용보다 훨씬 복잡하다.

우선 케틀웰이 그의 저서 『흑색증의 진화(The Evolution of Melanism)』 (1973년)에서 스스로 밝힌 바와 같이 회색가지나방에는 검은 형태와 밝은 형태의 두 종류만 있는 것이 아니다. 그 두 형태 사이에 다분히 점진적인 변화 정도를 나타내는 많은 중간 형태가 존재한다. 이런 중간 형태들이 여러 배경 환경에서 보이는 적합도(fitness)에 관한 연구는 수행되지 않았다. 케틀웰 자신도 100주년 기념 논문에서 이들에 대한 언급을 생략했다. 그래서 미네소타 대학교의 과학 철학자 더글러스 켈로그 올친(Douglas Kellogg Allchin)은 2001년 《대학 과학 교육 저널(Journal of College Science Teaching)》에 게재한 논문에서 이를 "케틀웰의 잃어버린 증거"라고 꼬집었다. 그럼에도 불구하고 진화 생물학자 존 엔들러(John Endler)는 그의 저서 『야외에서의 자연 선택(Natural Selection in the Wild)』(1986년)에서 이 같은 잃어버린 증거와 이야기의 단순화가 케틀웰의 연구가 지닌 가치를 훼손하는 것은 아니라고 평

다윈 지능

가한다.

회색가지나방의 자연 선택은 실제 상황에서도 장기간에 걸쳐 그대로 재현되었다. 20세기 중반부터 영국 정부가 시행하기 시작한 대기 오염 방지법 덕택으로 19세기 말 맨체스터의 경우 100마리 중 99마리가 검은 형태였던 상황이 점차 역전되기 시작했다. 21세기 초반 현재 영국이나 유럽의 경우 두 형태의 상대 빈도가 거의 산업 혁명 이전으로 복귀되었다. 진화 스스로 회귀의 길을 선택한 것이다.

하지만 따지고 보면 케틀웰의 연구가 우리 눈앞에서 벌어지고 있는 자연 선택의 최초 실험은 아니었다. 과학자가 치밀하게 설계한 실험은 아니지만 지금으로부터 약 1만 년 전 인류가 농사를 처음 짓기 시작한 이래 우리는 해충들과 줄기차게 전쟁을 벌여 왔다. 다만 그 과정에 자연 선택이 끊임없이 일어나고 있다는 사실을 미처 몰랐을 뿐이다.

기원전 2500년경에 메소포타미아 지방의 수메르 인들은 이미 유황 화합물을 살충제로 사용한 바 있으며, 중국인들도 기원전 1200년경에 균류와 해충을 구제하기 위해 수은 등의 화학 물질을 사용한 것으로 알려져 있다. 인류의 해충 구제 역사는 그야말로 전쟁의 역사다. 사용하는 용어 ─ 퇴치(eradication), 박멸(extermination), 섬멸(annihilation) 등 ─ 만 보더라도 전쟁터에서 사용하는 용어와 그리 다르지 않다. 이를 처음 발견한 사람은 카네기 멜런 대학교 역사학과 에드먼드 러셀(Edmund Russell) 교수다. 그는 미시간 대학교 박사 학위 논문에서 이 같은 분석을 내놓았는데 당시 그 대학 생물학과에 갓 부임한 나는 그의 박사 논문 심사 위원회에 초대되었다. 그는 내가 참여해 학위를 수여한 최초의 박사 과정생이다. 인간은 애초부터 그들과 함께 살 생각은 추호도 없었기 때문에 가차 없이 선전 포고를 하고 끝도 없는 전투를 계속하고 있는 것이다.

　DDT의 탁월한 살충 효과를 처음 발견한 것은 1939년이었지만 미국 정부가 시민들에게 무제한 사용을 허가한 것은 1945년이었다. 공교롭게도 시사 주간지 《타임(*Time*)》은 그해 8월 일본 히로시마에 투하한 원자 폭탄 사진을 표지에 내건 바로 그 호에 이 소식을 함께 전했다. 그 후 DDT는 농작물의 해충을 박멸하는 것에서 인간을 공격하는 기생충을 구제하는 것에 이르기까지 거의 만병통치약처럼 널리 사용되었다. 6.25 전쟁 때 미군 병사들이 우리 아이들의 머리 위로 DDT를 쏟아붓는 사진을 기억하는 이들이 많을 것이다. 그러나 1950년대와 1960년대를 거치며 DDT를 비롯한 각종 살충제에 저항성을 보이는 경우들이 속속 관찰되었고, 급기야 1962년에는 레이첼 카슨(Rachel Carson)의 그 유명한 『침묵의 봄(*Silent Spring*)』이 출간되었다.

　현재까지 개발된 그 어느 살충제도 100퍼센트의 효율을 나타내지는 못한다. 해충들의 유전적 다양성 때문에 아무리 강력한 살충제를 살포하더라도 그에 대한 내성을 지닌 개체들이 있게 마련이어서 거의 언제나 개체군의 일부는 살아남는다. 살충제로 제거된 개체들이 비워 준 공간은 내성을 지닌 개체들의 자손들로 메워지고 더 이상 같은 살충제로는 효과를 볼 수 없다. 그러면 우리는 더 독성이 강한 살충제를 뿌려야 하고 해충은 해충대로 점점 더 면역력이 강한 개체들만 살아남아 세대를 이어 가게 된다. 결과적으로 해충 개체군에서 내성이 강한 개체들이 가지고 있는 유전자의 빈도가 상대적으로 증가하는 것이다. 카슨이 지적한 이 같은 악순환은 지금 이 순간에도 세계 곳곳에서 여지없이 반복되고 있다. 나는 일찍이 진화, 좀 더 엄밀히 말해서 소진화를 "시간에 따른 개체군의 유전자 빈도의 변화, 즉 세대를 거듭하며 개체들의 형태, 생리, 행동 등에 변화가 일어나는 것"이라고 정의한 바 있다.

진화는 지난 수천 년 동안 우리 눈앞에서 늘 적나라하게 벌어지고 있었다. 구태여 실험을 설계하지 않아도 자연 선택은 항상 우리 주변에서 작동하고 있다. 숲 속이나 농촌뿐 아니라 병원, 회사, 학교 등 우리 사회 모든 곳에서 자연 선택은 펄펄 살아 움직이고 있다.

11

진화의 실험실, 병원

사람의 손때가 묻지 않은 자연 생태계와 해충의 전쟁이 끊이지 않는 논밭만이 진화의 현장은 아니다. 자의 반 타의 반 진화의 실험이 매일같이 일어나고 있는 곳은 바로 다름 아닌 병원이다.

20세기 의학의 발달에 가장 크게 기여한 사건으로 의사들은 알렉산더 플레밍(Alexander Fleming)의 페니실린(penicillin) 발견을 꼽는다. 1942년 11월 19일 미국 보스턴의 한 나이트클럽에서 일어난 화재로 심한 화상을 입은 환자에게 미국 정부는 당시 임상 시험 중이던 제약 회사 머크(Merck)의 페니실린 사용을 허락했다. 그때까지는 화상 등으로 인해 황색포도상구균에 감염된 환자는 패혈증으로 거의 모두 짧은 기간 안에 숨을 거둘 수밖에 없었다. 그런데 페니실린이 그야말로 기적을 이뤄 냈던 것이다. 페니실린은 그 후 매독, 임질, 폐렴 등으로부터 수많은 사람의 목숨을 구해 냈다.

페니실린을 비롯한 항생제들은 모두 곰팡이가 오랜 진화의 역사를 거치며 세균과 벌여 온 전쟁 중에 개발한 화학 무기다. 특정한 곰팡이가 특정한 세균을 상대로 개발한 화학 물질이기 때문에 인간에게는 피해를 주지 않고 그 특정한 종류의 세균에게만 효과를 보인다. 박테리아, 즉 세균들이 짧은 시간 내에 항생제에 대한 저항성을 획득할 수 있는 것은 그들이 우리 인간에게만 유독 심하게 반발해서가 아니라 곰팡이와의 오랜 전쟁에서 늘 해 오던 일이기 때문이다. 생물은 홀로 사는 것이 아니고 늘 다른 생물들과 함께 진화한다. 따라서 다른 생물들, 그중에서도 특히 병원균과의 경쟁에서 뒤처지게 되면 결국 멸종의 길을 걸을 수밖에 없다.

곰팡이로부터 전수받아 벌여 온 세균들에 대한 우리의 화학전은 결코 순탄하지 않았다. 상처 부위의 감염을 유발하는 포도상구균의 경우 1941년에는 그 계통의 거의 모든 세균이 페니실린을 통해 쉽게 제거되었으나 그로부터 불과 3년 만인 1944년에는 이미 몇몇 균주들이 페니실린을 분해하는 효소를 만들도록 진화했다. 오늘날에는 포도상구균의 거의 95퍼센트가 페니실린에 상당한 저항성을 나타내고 있다. 1950년대에 메티실린(methicillin)이라는 인공 페니실린이 개발되어 한동안 효과가 있었으나 세균들도 곧 이에 대한 방어책을 고안해 냈다. 1960년대에만 해도 임질은 페니실린으로 간단히 치료할 수 있었고 저항성을 보이는 균주라 할지라도 앰피실린(ampicillin)이면 처리할 수 있었다. 하지만 현재는 거의 대부분의 임질균이 앰피실린에도 끄떡하지 않는다.

한때 페니실린의 구원 투수로 각광 받던 메티실린에도 내성을 갖게 된 황색포도상구균은 주로 '병원 내 감염'으로 확산되고 있다. 일명 '죽음의 세균'이라 불리는 이들에 대항하기 위해 개발된 항생제가 바로 반코마이신(vancomycin)이다. 그러나 1996년 일본에서 반코마이신에도 내성을 보이는 이른바 '슈퍼 박테리아'가 등장했고 이 듬해인 1997년에는 드디어 우리나라에도 나타났다. 다행히 2001년 우리나라 과학자들이 반코마이신과 다른 페니실린 계열 항생제에 내성을 지닌 균주를 신속하게 검색할 수 있는 DNA 칩을 개발해 환 자를 감염시킨 특정 세균에 적합한 맞춤 항생제를 선택할 수 있게 해 주어 항생제 남용을 어느 정도 줄일 수 있게 되었다.

그럼에도 불구하고 우리나라는 지금 전 세계에서 항생제 내성 이 가장 강한 나라 중의 하나라는 오명을 안고 있다. 세균과의 전쟁 마지노선이 우리나라에서 무너질 확률이 높아 보인다. 2009년 6월 12일 보건 당국의 발표에 따르면 현재 우리나라의 메티실린 내성 황색포도상구균의 병원 감염률은 중소 병원 58.4퍼센트, 종합 병원 69.5퍼센트, 요양 병원 77.4퍼센트, 중환자실 89.7퍼센트로 상당히 심 각하다. 이에 당국은 2015년까지 30퍼센트 정도를 줄이겠다는 목표 를 세우고 보다 효율적인 감시 체계의 수립을 비롯한 관리 대책을 마 련하기로 했다.

그런데 나는 우리나라의 상황이 단순히 항생제 남용 때문만은 아니라고 생각한다. 남용과 오용 모두가 문제다. 예전에 미국에 살 때 열이 너무 심하게 오르거나 콧물이나 재채기가 멈추질 않아 병원 을 찾으면 우선 그런 증상을 유발하는 장본인이 세균인지 바이러스 인지를 가리기 위해 병원균 배양 시험부터 했던 걸로 기억한다. 그래 서 세균성으로 밝혀지면 항생제를 처방하지만 만일 바이러스가 원 인으로 판정되면 집에서 편히 쉬며 물을 많이 마셔 몸 안에 들어온 바이러스를 열심히 씻어 내라며 약도 주지 않고 돌려보낸다. 바이러스는 완벽한 의미의 생명체가 아니기 때문에 항생제로는 구제할 수 없다. 그런데 우리나라 환자들은 몸이 아파 병원을 찾았는데 주사도 놓아 주지 않고 약도 주지 않은 채 돌려보내면 의사가 돌팔이라며 몰아세운다. 그래서 단순한 감기 환자도 애꿎은 주사도 한 대 맞고 두툼한 약봉지를 손에 쥐어야 뿌듯한 마음으로 병원 문을 나선다. 그 주사액과 약 속에는 우리 몸을 편안하게 해 주는 성분이 들어 있다. 내일 아침 중요한 시험이 있어 지금 그 준비를 해야만 한다면 그런 약의 도움도 필요할 것이다. 하지만 연구에 따르면 이른바 '감기약'을 복용한 사람은 당장 몸은 조금 편할지 모르나 병은 하루나 이틀 정도 더 오래 앓는 것으로 밝혀졌다.

세균성으로 진단되어 항생제를 처방받는 과정에도 미국과 한국은 큰 차이가 있다. 미국 의사들은 대개 2주일 분량의 항생제를 주며 증상이 없어지더라도 반드시 끝까지 다 복용하라고 당부한다. 하지만 지금까지 내 경험에 따르면 우리나라 병원에서는 달랑 3일 치를 주는 게 고작이다. 미국 의사들이 2주일 치의 약을 주며 전부 복용하라고 하는 것은 우리 몸이 설령 증상을 느끼지 못할 정도로 편안해지더라도 잠입한 세균을 모두 제거한 것은 아닐 수 있기 때문이다. 이처럼 처방된 약을 끝까지 복용하는 것은 환자 자신에게도 좋은 일이지만 진화의 관점에서 볼 때 공동체 전체에도 좋은 일이다. 어느 정도 몸이 편안해졌다고 약을 끊은 채 외출해 콧물 훔친 손으로 이 사람 저 사람 손도 잡고 얼굴에 재채기를 해 대면 아직 채 박멸되지 않은 세균들이 감염되지 않은 다른 사람들에게 전달된다. 며칠 동안의 투약에도 끄떡없이 살아남은 세균들은 그만큼 내성이 강한 것들일 확률이 높으며, 이런 일들이 사회 전체에서 반복적으로 일어나면 결국 우리 주변에는 내성이 강한 균주들만 득시글거리게 되는 것이다. 우리의 무책임이 불리한 자연 선택을 부추기는 셈이다. 남용뿐 아니라 오용도 심각한 결과를 빚는다.

우리 몸에 질병을 일으키는 세균이나 바이러스 등은 생활사로 볼 때 모두 기생 생물이다. 기생은 관계하는 두 생물 중 한쪽이 다른 쪽에게 일방적으로 피해를 끼치며 이득을 취한다는 점에서 근본적으로 포식과 그리 다르지 않다. 다만 언뜻 보기에 포식 동물은 상대를 곧바로 죽이지만 기생 생물은 그렇지 않은 것 같다. 자기가 몸담고 있는 기주(基主, 숙주)를 죽이는 것은 스스로 삶의 터전을 파괴하는 어리석은 짓이기 때문에 기생 생물이 좀 더 신중한 것은 일리가 있어 보인다. 하지만 그렇다면 매년 전 세계적으로 300만 명에 달하는 목숨을 앗아 가는 말라리아는 도대체 어떻게 이해해야 하는 것일까?

오랫동안 벌새의 꽃가루받이 생태를 연구한 진화 생물학자 폴 이월드(Paul Ewald)가 쓴 명저 『전염성 질병의 진화(*Evolution of Infectious Disease*)』(1993년)의 출간과 더불어 우리는 병원균의 독성이 그 전염 메커니즘에 따라 전혀 다른 방향으로 진화한다는 사실을 알게 되었다. 감기 바이러스가 감염된 사람을 너무 아프게 만들어 전혀 외부 출입을 못하게 하면 다른 기주로 옮아 갈 경로를 스스로 막는 셈이 된다. 반면 직접 전파(direct transmission)에 의존해야 하는 바이러스와 달리 말라리아 병원균은 감염된 사람이 중간 숙주인 모기를 쫓을 기력조차 없을 정도로 아프게 만드는 게 더 유리하다. 말라리아에 걸린 환자가 파리를 맨손으로 때려잡는 버락 오바마(Barack Obama) 대통령처럼 민첩하면 말라리아 병원균은 다음 숙주로 전파되기 어렵다. 감기에 걸려 죽는 사람은 많지 않아도 말라리아는 여전히 우리 인류에게 가장 무서운 질병으로 남아 있는 까닭이 바로 간접 전파(indirect transmission)에 있다.

이처럼 진화의 관점에서 질병의 원인들을 재분석하고 적응과 조화의 치유법을 모색하자는 취지로 1990년대 초에 새롭게 등장한 의학 분야가 바로 다윈 의학(Darwinian medicine), 또는 진화 의학(evolutionary medicine)이다. 생물학의 기본은 다윈의 진화 이론이다. 그런데 무슨 까닭인지 생물학과 가장 가까운 학문인 의학, 특히 서양 의학에는 그동안 다윈의 그림자조차 보이지 않았다. 그러다가 1991년 국제 학술지《계간 생물학 리뷰(The Quarterly Review of Biology)》에 진화 생물학자 조지 윌리엄스와 미시간 대학교 의과 대학 정신과 교수 랜덜프 네스의 역사적인 논문「다윈 의학의 여명(The dawn of Darwinian medicine)」이 실리면서 의학에도 드디어 다윈의 해가 뜨기 시작했다. 네스와 윌리엄스는 1995년『인간은 왜 병에 걸리는가』라는 책을 출간해 본격적으로 다윈 의학의 시대를 열었고 나는 1999년에 이를 번역해 우리 의학계에 소개했다.

서양 의학은 우리 몸을 거의 기계 다루듯 한다. 삐걱거리는 자전거 바퀴에 기름을 치듯 손쉽게 약물을 투여하고 중고 자동차에 부품을 갈아 끼우듯 장기 이식 수술을 한다. 다윈 의학은 인간의 몸과 마음도 오랜 진화의 산물임을 강조한다. 자연 선택은 애당초 우리의 건강과 장수에는 별로 관심이 없다. 늘 병마에 시달리다 요절했어도 자식을 많이 낳은 사람의 유전자가 건강하게 오래 살았어도 자식을 낳지 않은 사람의 유전자보다 후세에 훨씬 더 많이 남는다. 건강과 장수는 번식에 유리한 한도 내에서만 자연 선택의 대상이 된다. 우리를 공격하는 병원균은 우리에게 건강의 중요성을 일깨워 주기 위해 이세상에 존재하는 게 아니라 그들 자신의 번식을 위해 우리와 경쟁하며 공진화하고 있다. 우리보다 세대가 훨씬 짧은 그들이 만들어 내는 새로운 무기에 우리는 종종 속절없이 당하고 만다.

이월드는 현재 전 세계적으로 3000만 명 이상의 사람들이 앓고 있는 에이즈(AIDS)도 병원균의 전파 메커니즘과 독성에 관한 진화 의학적 관계를 잘 이해하면 의외로 손쉽게 대처할 수 있다고 주장한다. 1980년대 초 에이즈를 유발하는 바이러스가 HIV(Human Immunodeficiency Virus)로 처음 밝혀졌을 당시 잠시나마 모기가 중간 매개체 역할을 하는 것은 아닐까 하는 공포의 시나리오가 사람들 입에 오르내린 적이 있다. 마약 중독자들이 주사기를 공유하며 HIV가 급속도로 전파된 것을 기억하며 '날아다니는 주삿바늘'의 가능성에 몸서리를 치기도 했다. 다행히 HIV는 전적으로 혈액, 정액, 모유, 그리고 각종 점액질 체액 등의 직접 접촉을 통해서만 전파된다는 사실이 밝혀져 사람들을 어느 정도 안심시켰으나 여전히 빠른 속도로 퍼져 나가 끝내 에이즈를 세계적인 대유행병으로 만들었다.

다윈 의학자 이월드는 HIV가 적어도 100년 이상 우리 인류와 공존해 왔다고 설명한다. 마약 중독자들의 주사기 공유와 더불어 사람들이 성에 대해 개방적인 태도를 갖게 됨에 따라 HIV 전파가 한결 용이해져서 독성이 강한 계통의 바이러스가 득세해 질병이 되었다는 것이다. 에이즈에 대한 그의 처방은 지극히 단순하다. 성 상대가 많은 사람은 반드시 콘돔을 착용하고 마약 중독자에게 깨끗한 주삿바늘을 제공하면 HIV의 전파 경로가 차단되어 독성이 강한 HIV는 이미 감염시킨 환자와 운명을 같이할 뿐 다른 사람에게 옮겨 가지 못한다. 그렇게 되면 자연스레 독성이 약한 바이러스만 돌아다니게 되어 HIV는 있으되 에이즈가 더 이상 질병이 아니었던 1970년대 이전으로 돌아갈 수 있다는 게 이월드의 논리이다.

이런 점에서 볼 때 최근 일명 '조류 독감', '돼지 독감' 등으로 불리는 인플루엔자 바이러스가 창궐할 때마다 과거 스페인 독감의 경우를 들먹이며 지나치게 공포를 조장하는 세계 보건 기구(Worl Health Organization, WHO)의 반응은 다윈 의학의 개념을 고려하지 않은 다소 무책임한 행동이다. 안심보다는 경고가 훨씬 안전한 전략임은 틀림없지만, 방역 체계가 확립되지 않은 상태에서 속수무책으로 당했던 스페인 독감 시절과 지금은 상황이 전혀 다르다.

2009년 전 세계를 뒤흔든 '신종 인플루엔자'의 국내 첫 감염자였던 어느 수녀님은 당신의 증상에 의구심이 생기자마자 스스로를 철저하게 격리하고 자발적으로 보건 당국에 신고했다. 이처럼 인플루엔자 바이러스의 전염 경로를 근본적으로 차단하면 독성이 강한 병원균은 자연적으로 도태되고 독성이 약한 것들만 돌아다니게 된다. 독성과 전염성은 서로 밀접하게 연관되어 있는 속성들이다. 남에게 폐를 끼치지 않으려는 민주 시민의 덕목만 잘 지켜도 악성 병원균의 횡포를 상당 부분 막을 수 있다.

언제부터인가 인플루엔자 바이러스의 독성이 그리 대단하지 않다는 보도에 긴장이 풀렸는지 정부의 방역 체계도 느슨해지고 사람들도 슬슬 귀찮은 격리를 피하려고 솔직한 답변을 꺼리는 바람에 감염자의 수가 급증하기도 했다. 하지만 기억해야 한다. 감염이 쉬워지면 독성이 다시 고개를 든다는 사실을!

우리는 자연계에서 유전자의 존재를 알아냈고 진화의 메커니즘을 이해하는 유일한 생물이다. 다른 모든 생물들은 그저 진화할 뿐 자신이 진화하고 있다는 사실은 모르고 있다. 리처드 도킨스가 『이기적 유전자』에서 우리는 유전자의 횡포에 항거할 수 있다고 말한 것처럼 다윈의 진화 이론을 잘 적용하면 훨씬 더 건강하게 오래 살 수 있는 시대가 열릴 것이다. 현명한 진화 실험을 기대한다.

12

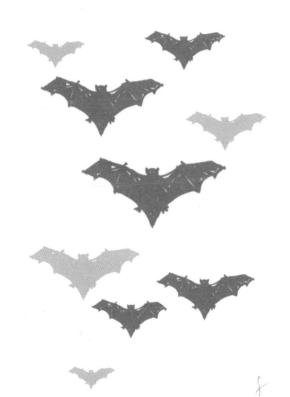

팬데믹과 공진화

2021년 10월부터 2022년 5월까지 나는 문재인 정부의 '코로나19 일상 회복 지원 위원회' 민간 위원장을 역임했다. 대형 병원 감염 내과 의사도 아니고 바이러스를 전문적으로 연구하는 바이러스 학자도 아닌 내게 어쩌다 이런 중책을 맡기는 것일까 의아했다. 하지만 돌이켜 보면, 나는 2020년 1월 20일 첫 감염자가 나타난 지 불과 2주일 후인 2월 4일 당시 《조선일보》 내 기명 칼럼 「최재천의 자연과 문화」에 「질병의 민주화」라는 글을 게재하는 것을 시작으로 글과 강연을 통해 줄기차게 팬데믹(pandemic, 질병의 범유행 또는 전 세계적 대유행)에 관한 진화 생태학적 분석을 내놓았다. 전염병에 관해 내가 사회적으로 공개 발언을 한 것은 사실 이때가 처음은 아니다. 2015년 메르스(MERS, 중동 호흡기 증후군) 상황이 불거졌을 적에도 메르스바이러스 자체보다 오해와 불신의 바이러스가 더 길길이 날뛰며 겨우 지펴낸 경제 불씨에 찬물을 끼얹는 사태를 보며 과학자로서 더 이상 묵과할 수 없어 쾌도(快刀)로 난마(亂麻)를 자르는 심정으로 분연히 일어섰던 기억이 난다.

호모 사피엔스(*Homo sapiens*)의 존재 역사 내내 온갖 바이러스가 죄다 우리를 공략하려 호시탐탐 기회를 엿보았을 것이다. 그 수많은 바이러스와 가진 '밀당(밀고 당기기)'에서 우리가 섬멸 혹은 박멸에 성공한 적은 단 한 차례도 없다. 굳이 따지자면 퇴치에 성공한 적은 한 번 있다. 천연두바이러스는 더 이상 우리 인류를 병들게 하지 못하도록 다스렸으니 성공적으로 퇴치한 셈이다. 최근 들어 멸종 사례가 흔해진 건 사실이지만 자연계에서 한 종이 다른 종을 완벽하게 절멸하는 것은 거의 불가능하다. 코로나19 사태 초기부터 어차피 공존할 수밖에 없다고 떠들어대는 진화 생물학자가 탐탁하지 않았겠지만 시간이 흐를수록 어쩔 수 없는 현실로 드러나는 바람에 결국 총괄 책임을 맡긴 것으로 보인다.

문제의 핵심은 지극히 간단명료하다. 앞에서 설명한 대로 감염성 질병이란 원래 독성과 전염력의 양면성을 지닌다. 이 둘은 결코 함께 갈 수 없다. 말라리아처럼 모기가 중간 매개체 역할을 해 주는 간접 감염의 경우에는 독성이 강할수록, 그래서 모기를 후려칠 기운조차 없을 정도로 아파야 더 손쉽게 번진다. 그러나 감기, 독감, 에이즈, 사스, 메르스, 그리고 코로나19 같은 직접 감염 질환의 경우에는 독성이 강하면 전염력이 떨어질 수밖에 없다. 독성이 지나치게 강한 바이러스는 이미 감염시킨 환자와 운명을 같이해 사멸하거나 중환자실에 갇혀 다음 사람을 감염시키지 못한다. 감염이 확인되는 즉시 곧바로 전파 경로만 차단하면 법정 전염병으로 확산되는 것을 능히 막을 수 있다. 초동 대응부터 우리가 조금만 더 지피지기(知彼知己)하면, 즉 병원체의 존재를 신속히 파악하고 그에 따라 현명하게 대응

다윈 지능

하면 전염병과의 전쟁은 조기에 확산을 막고 차분히 진압할 수 있다.

인류 역사상 가장 참혹했던 바이러스성 팬데믹은 제1차 세계 대전 중인 1918년에 발생해 당시 세계 인구의 3분의 1을 감염시키며 적어도 5000만 명의 목숨을 앗아 간 스페인 독감이었다. 전쟁터 참호 속에서 다닥다닥 들러붙어 있던 연합군 병사들이 바이러스에 감염된 줄도 모른 채 제가끔 비행기와 배를 타고 자기 고향으로 돌아가 애먼 사람들에게 옮기는 바람에 걷잡을 수 없이 번져 나갔다. 스페인 독감이 발생한 지 약 40년 후인 1957년에는 아시아 독감으로 인해 200만 명이 목숨을 잃었고, 그로부터 10여 년 뒤인 1968년에는 홍콩 독감이 발생해 또다시 100만 명의 목숨을 앗아 갔다. 그러나 21세기에 들어와 세계를 떠들썩하게 한 코로나바이러스의 경우에는 2002년 사스와 2012년 메르스로 인한 사망자가 각기 1,000명을 넘지 않았다. 생명 과학과 의학의 발달로 이제 우리는 매우 신속하게 상대가 누구인지 파악하고 대응책을 마련할 수 있게 되었다.

이번 코로나19의 경우는 사스와 메르스의 경우와 양상이 조금 달랐다. 코로나19 바이러스는 그리 쉽지 않은 조합의 성격을 갖췄다. 감염되고 처음 며칠 동안에는 증상을 느낄 수 없을 정도로 아주 조신하게 행동하는 바람에 우리는 감염된 줄도 모른 채 평소처럼 사람들을 만나며 바이러스를 널리 퍼뜨렸다. 그러나 일단 기관지나 허파 등 호흡기 내부로 진입하기 시작하면 돌연 무서운 속도로 증식해 감염된 사람을 중증에 빠트린다. 코로나19 바이러스의 이런 독특한 속성에도 불구하고 나는 이번 팬데믹은 상당 부분 인재(人災)라고 생각한다. 중국 우한(武汉) 정부의 초동 대응 실패와 중국 중앙 정부의 초기 은폐 시도가 사태를 감당하기 어려운 수준으로 키웠을 가능성을 배제할 수 없다. 게다가 그동안 선진국으로 대접받던 나라들의 저급한 시민 의식과 지적 수준은 믿을 수 없을 정도였다. 평범한 지역 유행병(epidemic)으로 막을 수 있었을 일을 전 지구적 대유행(pandemic)으로 키우고 말았다. "호미로 막을 것을 가래로 막는다."라는 옛말이 무색할 지경이다. 바이러스나 세균 등 우리 인간에게 병을 일으키는 병원체는 모두 혼자선 살 수 없는 기생 생물이다. 따라서 기생 생물과 기주가 서로에게 영향을 미치며 함께 진화하는 공진화 메커니즘을 이해하면 전염병을 다스릴 수 있다.

'공진화'라는 용어와 개념이 정식으로 등장한 것은 1960년대 중반이었다. 1964년 폴 에얼릭(Paul Ehrlich)과 피터 레이븐(Peter Raven) 교수의 나비와 식물의 공진화에 관한 논문과 1966년 수도머멕스(*Pseudomyrmex*) 개미와 아카시아의 공진화를 분석한 댄 잰슨(Dan Janzen) 교수의 논문이 공진화 연구에 물꼬를 터주었다. 생태학과 진화 생물학 분야의 당대 최고의 학자들이 제안했건만 당시 학계의 반응은 일단 싸늘했다. 어떻게 한 종이 다른 종의 진화에 영향을 끼칠 수 있겠느냐는 의구심은 쉽사리 가라앉지 않았다. 나도 그중 하나였음을 고백한다. 그러나 이제는 모든 생물이 서로 관계하며 함께 진화한다는 사실을 받아들이지 않는 생물학자는 없다. 나는 이제 거침없이 단언한다. 이 세상 모든 진화는 궁극적으로 공진화일 수밖에 없다고. 세상 그 어떤 종이 다른 종에게 아무런 영향을 끼치지 않고 생존할 수 있을까? 자연계에 서식하는 모든 생물은 어떤 형태로든 서로에게 영향을 미치며 복잡한 네트워크를 형성하고 있다. 그 구조를 우

다윈 지능

리는 생태계(ecosystem)라고 부른다. 하나의 생태계를 구성하고 사는 생물들은 어떤 형태로든 함께 진화하고 있다.

위대한 생태학자 조지 이블린 허친슨(George Evelyn Hutchinson) 교수의 책 제목처럼 "진화라는 연극은 생태 극장에서(The Ecological Theater and The Evolutionary Play)" 벌어진다. 생태(生態)는 말 그대로 '사는 모습'이다. 자연계에서 생물들이 어떻게 서로 관계 맺고 사는 지를 연구하는 학문이 생태학이므로 나는 종종 생태학을 '관계를 연구하는 학문'이라고 정의한다. 생물의 관계 맺음은 기본적으로 네 가지 형태로 일어난다. 경쟁하거나 공생하거나 포식하거나 기생한다. 이중에서 기생이 가장 최근에 개발된 관계다. 지금 이 순간에도 기생 생물들은 새로운 기주 생물을 찾아 두리번거리고 있다. 경영학에서는 새롭게 열려 아직 경쟁자가 많지 않은 덕택에 이득을 창출하기 좋은 시장을 '블루 오션(blue ocean)'이라 부른다. 기생은 진화 장터에서 가장 매력적인 블루 오션이다. 나는 2019년에 출간된 『동물 행동학 백과사전』의 총괄 편집장을 맡아 「생태 극장, 진화 연극, 행동 연기(The Ecological Theater, the Evolutionary Play, and the Behavioral Act)」라는 제목의 서문을 썼다.

코로나19는 개인 위생 준칙을 철저히 지키며 의심 증상이 나타나면 방역 당국에 신고하고 필요하면 검진받고 혹여 감염자로 판명되더라도 곧바로 치료를 시작하면 완쾌될 확률이 상당히 높은 전염병이다. 그렇다면 상황은 매우 간단하다. 바이러스의 전파 경로만 효율적으로 차단하면 큰 인명 피해 없이 마무리될 일이다. 성숙한 민주 시민으로서 합리적으로 행동하면 충분히 관리할 수 있다. 우리는 유전자의 존재를 알아차렸고 그들의 생태와 진화를 파악하기 시작했다. 이것이 바로 도킨스가 『이기적 유전자』에서 말한 "이 지구에서는 우리 인간만이 유일하게 이기적인 자기 복제자의 폭정에 거역할 수 있다."라는 말의 뜻이다. 코로나19가 한창 기승을 부리던 2020년 나는 실험실에서 제조하는 '생화학 백신'의 대안으로 '행동 백신 (behavior vaccine)'을 제안했다. 손 잘 씻고, 마스크 잘 쓰고, 거리두기 잘하면 바이러스의 감염을 상당 부분 막을 수 있다. 바이러스의 존재와 속성을 아는 인간만이 할 수 있는 행동 전략이다. 코로나19 상황에서 우리 국민이 행동 백신을 거의 100퍼센트 접종한 덕에 대한민국은 세계에서 가장 안전한 나라 중 하나로 남을 수 있었다.

자칫 에이즈에 대응할 수 있는 진화적 행동 전략을 제안했다 철저하게 무시당한 폴 이월드 교수 신세가 될까 두려웠지만, 나는 2020년 초반에 코로나19의 확산을 막을 수 있는 지극히 간단하고 확실한 방역 전략을 제안했다. 물론 실행에 옮기는 것은 결코 간단하지 않겠지만 적어도 이론적으로는 효과가 담보된 전략이었다. 사회가 유지되는 데 필요한 최소 인력만 투입하고 나머지 국민은 모두 2주간 완벽한 사회적 거리를 유지하자는 제안이었다. 그러면 코로나19 바이러스는 더 이상 새로운 사람에게 옮겨 가지 못하기 때문에 그 기간 동안 증상이 나타나는 사람들만 병원에 격리해 치료하고 접촉 여부를 추적하면 감염자 수는 현격하게 줄어들 것이다. 2주가 너무 길면 1주일만 해도 좋다. 코로나19 바이러스는 대개 사흘이면 본색을 드러낸다. 정부가 지정하는 필수 요원만 남고 전 국민이 1주일만 완벽한 사회적 거리 두기를 실시하면 바이러스의 대이동은 차단할 수 있다. 물론 기본 수칙은 따라야 하지만 이런 식으로 한 번 리셋(reset)을 시행하면 훨씬 홀가분하게 일상으로 복귀할 수 있다. 언제 끝날지 모를 지지부진한 고통에 비해 끝이 보이는 고통은 잠시 이 악물고 참을 수 있다. 참여하는 모두가 진화적 사고를 할 수만 있다면 충분히 가능한 일이다.

백신은 사회 구성원의 70~80퍼센트가 함께 접종해야 집단적인 효과를 볼 수 있다. 그러나 집단 면역(herd immunity)은 종종 걷잡을 수 없는 오해를 불러일으킨다. 2020년 9월 첫 주 스웨덴의 하루 평균 확진자 수가 100명대 초반으로 떨어지자 스웨덴 방역 당국의 집단 면역 정책이 나름 긍정적 효과를 나타내는 것인지 모른다는 보도가 잇따랐다. 하지만 같은 시기 우리나라의 확진자도 동일하게 100명대 초반이었는데 우리나라 일부 언론은 연일 우리 정부의 방역이 총체적으로 실패했다며 비난을 퍼부었다. 집단 면역은 두 가지 방법으로 성취할 수 있다. 안전하고 효율적인 백신을 개발해 접종하는 것이 가장 바람직한 방법이지만, 사회 구성원 대부분이 감염되었다가 회복되며 항체를 형성하는 방법도 있다. 예를 들어, 수두는 안전하고 효율적인 백신이 개발돼 대부분의 나라에서 접종하고 있지만, 합병증이 생기지 않는 한 그리 치명적이지 않아 감염에 의한 집단 면역도 충분히 가능하다. 2017년 기준으로 볼 때 세계에서 23개국은 모든 아동에게 백신 접종을 권장하고 있고, 12개국에서는 고위험군을 포함한 일부에게만 접종하고 있다.

그러나 코로나19는 사회적 감염에 의한 집단 면역을 시도할 수 있는 질병이 아니다. 많은 언론이 보도한 것과 달리 스웨덴 정부는 결코 집단 면역을 추구하지 않았다. 방역 전략의 3T에서 검사 (testing)와 추적(tracing)은 방역 영역이고 치료(treating)는 의료의 영역이다. 국가의 의료 체계 역량을 감안할 때 스웨덴 정부는 봉쇄와 격리에 기반한 방역 체계가 감당할 수 없다고 판단했다. 방역과 경제, 두 마리 토끼를 쫓는 상황에서 국가 정책의 균형추가 좀 더 경제 쪽으로 기울었을 뿐이다. 하지만 그 결과, 2020년 9월 19일 확진자 8만 8237명 중 5,865명이 사망해 치사율이 6.65퍼센트에 이르자 정책 수정이 불가피해졌다. 반면 우리나라는 같은 시기에 확진자 2만 2893명 중 378명이 사망해 1.65퍼센트의 낮은 치사율을 기록했다.

사회적 감염으로 집단 면역을 얻으려면 구성원의 50~90퍼센트가 감염되고 최소 60퍼센트가 면역돼야 하는데, 그 과정에서 필연적으로 상당히 많은 사람이 사망할 수밖에 없다. 사회적 집단 면역은 다분히 진화론적 발상이다. 야생 동물 집단에서는 수시로 벌어지는 일이다. 하지만 생명은 소중한 것이며 내 생명은 더욱 소중하다. 국가가 집단 면역 정책을 채택할 경우 사망하는 사람 중에 내가 포함된다면 나는 결코 그 정책을 따를 수 없다. 진화는 낭비를 선택했다. 엄청나게 많이 태어나 대부분이 죽고 극히 일부만 살아남아 번식에 이르는 게 냉혹한 진화의 현장이다. 그 어느 정부도 함부로 진화적 정책을 추진해 국민의 목숨을 낭비할 수는 없다.

코로나19를 겪는 와중에 생물학자들은 우리 인류의 존재감을 측정해 보기로 했다. 호모 사피엔스는 지금으로부터 약 25만 년 전 지구에 등장했는데, 존재의 역사 거의 대부분인 24만 년 동안 하찮은 존재로 살다가 1만여 년 전 농경을 시작하면서 갑자기 폭발적으로 숫자가 늘어난 동물이다. 여러 정황적인 증거들을 바탕으로 계산해 보니 지금으로부터 1만여 년 전에는 기껏해야 6000만~8000만 명의 사람들이 지구 전역에 흩어져 살고 있었던 것으로 추정된다. DNA 조사에 따르면 우리가 개를 기르기 시작한 것은 약 4만 년 전으로 거슬러 올라가고, 고양이는 약 3만 3000년 전부터 기르기 시작한 것으로 보인다. 그래서 당시 지구에 살던 포유동물과 새 전체의 중량에서 우리 인간과 개, 고양이의 무게가 차지하는 비율을 비교해 보니 1퍼센트도 채 되지 않았다. 그러던 것이 지난 1만여 년 동안 우리가 얼마나 성공적이었는지 이 계산을 지금 다시 해 보면 엄청나게 다른 상황이 나타난다. 거의 80억에 육박하는 호모 사피엔스의 무게에 개와 고양이를 비롯해 각 가정은 물론 사육장, 동물원, 실험실 등에서 우리가 기르고 있는 다양한 동물의 무게를 모두 합해 지금 현재 지구 생태계에 서식하는 모든 포유동물과 새 전체 중량에 비교해 보았더니 그 비율이 거의 99퍼센트에 달했다.

38억 년 지구 생명의 역사에서 일찍이 이런 반전은 없었다. 본디 1퍼센트 미만이었던 동물이 불과 1만여 년이라는 짧은 시간 동안 야생에 서식하는 동물들을 1퍼센트 남짓으로 줄여 버리고 완벽하게 지구를 장악했다. 호모 사피엔스는 지구 생명의 역사에서 지구 표면 전체를 뒤덮은 최초의 생물이다. 미생물과 식물의 경우를 뒤져 보면 버금가는 예를 찾을 수 있을지 모르지만 적어도 동물로는 처음이다. 북극곰은 북극 지방에 사는 곰이고 기린은 아프리카 초원에 서식하는 초식동물이다. 호모 사피엔스는 더 이상 어느 지역에 국한되어 사는 동물이 아니다. 생명의 역사를 통틀어 인간만큼 성공한 동물은 없다.

바이러스, 세균, 곰팡이로 이루어진 병원체들은 지금 그들의 존재 역사에서 일찍이 경험해 보지 못한 엄청난 호황을 누리고 있다. 그들은 생명의 역사 초기부터 존재했지만 집단적으로 모여서 서식하는 식물과 동물이 등장하기 전에는 그리 대단한 존재감을 드러내지 못했다. 동물의 경우에는 사회성 동물(social animal)의 진화에 발맞춰 그들이 발 빠르게 공진화 과정을 거쳤다. 그러던 중 사회성 동물 중에서도 유래를 찾기 어려운 성공을 거두고 있는 호모 사피엔스를 공략하는 데 성공하는 병원체는 그 또한 엄청난 성공을 거두게 된다. 이를 우리는 종종 팬데믹이라 부른다.

13

성의 진화

생명 현상의 메커니즘을 거의 완벽하게 설명해 낸 다윈에게도 고민은 있었다. 다윈이 숙고했던 문제가 어디 한둘이었으랴마는 그 많은 문제 중에서도 특별히 두 가지가 가장 두드러진다. 그중 하나는 벌이나 개미와 같은 사회성 곤충(social insect)에서 일벌 또는 일개미가 보이는 자기 희생, 즉 이타성의 문제이고, 다른 하나는 왜 같은 종 내에 암수가 따로 존재해야 하며 왜 그리도 달라야 하는지에 관한 문제이다. 전자에 관해서는 이 책의 뒷부분에서 상세하게 논의하기로 하고 이 글에서는 이른바 성적 차이 또는 성적 이형성(sexual dimorphism)에 관한 다윈의 고민과 해결안에 대해 얘기하고자 한다.

요즘에는 시내 한복판의 조그만 야산에서도 꿩을 심심찮게 볼 수 있다. 암컷인 까투리는 바로 곁에 있어도 알아보기 힘들 정도로 평범한 색을 띠는 반면 수컷인 장끼는 새소리라기보다는 그야말로 '돼지 먹따는' 소리를 내어 자신의 존재를 온 세상에 알리는가 하면 보호색은커녕 주변과 확연하게 드러나는 화려한 색깔의 깃털을 자랑하고 다닌다. 까투리와 장끼는 꿩의 암컷과 수컷으로서 분명히 같은 종의 개체들이건만 왜 이리도 다른 모습으로 진화한 것일까?

 꿩보다 더 깃털이 화려한 새인 공작의 경우도 마찬가지다. 사람들은 대개 공작 하면 으레 수컷(peacock)만 떠올릴 뿐 암컷(peahen)은 잘 기억하지 못한다. 암컷 공작은 사실 다른 많은 새의 암컷과 비교하면 퍽 아름다운 깃털을 지녔다. 너무도 잘 알려진 수컷 공작의 화려함에 빛을 발하지 못할 뿐이다. 나는 여러 해 전에 공작의 짝짓기 행동을 연구하는 일본의 동료 학자 하세가와 마리코(長谷川眞理子)와 하세가와 도시카즈(長谷川壽一) 부부를 따라 그들이 연구하는 야생 공작을 보러 간 적이 있다. 폭이 족히 200~300미터는 돼 보이는 계곡 건너편에서 꼬리깃털을 펼쳐 보이는 수컷의 '공연'을 지켜보며 내가 만일 포식 동물이라면 저처럼 쉬운 목표물이 또 있을까 하는 생각이 들었다. 그야말로 백주 대낮에 "날 잡아 잡수." 하며 대대적인 광고를 하는 꼴이었다. 어쩌자고 수컷들은 이처럼 어리석게 자신의 존재와 위치를 온 세상에 광고하며 스스로의 생존을 위태롭게 하는 방향으로 진화한 것일까?

 다윈은 1859년 『종의 기원』을 통해 자연 선택 이론을 내놓았지만 앞에서 언급한 이타성과 더불어 이 문제는 사실상 자연 선택의 메커니즘으로는 설명이 불가능했다. 그러나 여러 차례 설명을 시도했음에도 이타성과 관련해서는 결국 이렇다 할 성과를 거두지 못한 반면 성(性, sex)의 진화에 관한 수수께끼는 『종의 기원』 출간 12년 후인 1871년에 내놓은 『인간의 유래와 성 선택』에서 자연 선택에 덧붙여 성 선택(sexual selection)이라는 전혀 새로운 선택 메커니즘을 제안하며 말끔하게 해결했다.

생물의 형질에는 생존을 돕는 게 있는가 하면, 생존에는 그리 도움이 되지 않지만 번식에는 결정적으로 유리한 것들이 있다. 상반된 이미지를 가진 미국의 두 남자 배우를 대비해 설명해 보자. 미스터 유니버스 출신의 근육질 배우로 출발해 미국 캘리포니아 주의 지사가 되어 정치계로 진출까지 한 아널드 슈워제네거(Arnold Schwarzenegger)와 왜소한 체구를 지녔지만 지적인 이미지로 주옥같은 영화들을 만들어 낸 탁월한 배우이자 감독인 찰리 채플린(Charlie Chaplin)은 참으로 대조적인 남성들이다. 이 두 남성 중 생존의 차원에서는 아무래도 슈워제네거가 채플린보다 우월할 것으로 추측할 수 있지만, 그는 사실 여성들에게 그리 인기 있는 배우는 아니었다. 다행히 케네디 가문의 한 여성과 결혼해 가정도 꾸리고 정계에도 진출할 수 있게 되었지만, 선거 과정에서 드러난 것처럼 총각 시절 그는 주로 여성들에게 접근해 일방적으로 치근대기만 했을 뿐 그를 좋아한 여성은 그리 많지 않았던 것 같다. 그에 비하면 언뜻 보아 남성적인 매력이 넘치는 사람은 분명 아닌 것 같은 채플린은 평생 결혼을 네 번이나 했는데 번번이 나이가 훨씬 어린 여성들과 했으며 75세에 마지막 아들을 얻었다. 만일 그 어느 여인도 슈워제네거에게 단 한 번도 몸을 허락하지 않았다면 그는 비록 생존에는 다분히 유리한 형질을 지녔을지언정 그의 유전자를 후세에 남기는 일에는 어려움을 겪었을 것이다. 이것이 바로 성 선택이 중요한 이유다. 늘 생존의 위험을 안고 살아가는 수컷이라도 궁극적으로 번식에 성공하면 아무리 건강하게 오래 살았어도 후세를 남기지 못한 수컷에 비해 진화적으로 더 성공한 것이다.

진화는 결국 번식이 좌우한다. 마약 복용과 무절제한 생활로 스물일곱 살의 젊은 나이에 요절한 천재 기타 연주가 지미 헨드릭스(Jimi Hendrix)는 분명히 생존의 관점에서는 실패한 남성이지만, 그를 따라다니던 그 많은 여성 팬 중 적어도 수백 명과 잠자리를 같이한 것으로 알려져 있다. 세상에 알려진 자식만 해도 미국, 독일, 그리고 스웨덴에 적어도 세 명이 있지만 실제로는 그보다 훨씬 많을 것이라고 쉽게 짐작할 수 있다. 건강과 장수는 번식을 돕는 한도 내에서만 진화적 의미를 지닌다.

이처럼 생물의 형질은 대부분 생존과 번식 중 어느 하나에만 관련해 진화하는 게 보통이지만 어떤 형질은 그를 소유하고 있는 개체로 하여금 생존과 번식 모두에서 탁월하게 만들어 주기도 한다. 공작과 꿩의 수컷은 명백하게 생존에는 불리하더라도 번식에 유리하기 때문에 그처럼 화려한 깃털을 갖도록 진화했지만, 수사슴의 뿔은 생존과 번식 모두에 도움이 되는 것처럼 보인다. 크고 강력한 뿔은 다른 수컷들과 경쟁하거나 심지어는 포식 동물의 공격을 받을 때 자신을 성공적으로 보호해 줄 수 있다는 점에서 분명히 생존에 도움을 주는 것으로 보인다. 그런가 하면 특별히 가지도 무성하고 우람한 뿔을 가진 수컷이 암컷에게도 매력적으로 보인다면 짝짓기 과정에서 유리한 위치를 차지하게 되므로 번식에도 도움이 될 수 있다.

후세의 생물학자들은 다윈의 자연 선택과 성 선택을 두고 둘이 전혀 다른 메커니즘 또는 체제인지, 아니면 결국 성 선택이 자연 선택의 일부인지를 두고 끝없는 공방을 벌여 왔다. 다윈 자신은 둘을 별개의 체제로 본 것 같다. 하지만 생존과 번식이 서로 완벽하게 분리될 수 있는 게 아닌 것처럼 자연 선택과 성 선택을 완벽하게 다른 체제로 보는 견해에도 어느 정도 무리가 있어 보인다. 이런 점에서 나는 개인적으로 이 둘을 한데 묶어 '사회 선택(social selection)'으로 규정한 세계적인 말벌 연구가이자 탁월한 진화 이론가인 매리 제인 웨스트에버하드(Mary Jane West-Eberhard)의 분류를 선호한다. 그에 따르면 자연 선택은 주로 먹이, 은신처, 영역 등을 놓고 경쟁하는 것이고 성 선택은 배우자를 두고 경쟁하는 것이다. 따라서 어떤 사회적 맥락이냐에 따라 자연 선택과 성 선택은 같은 방향으로 작동할 수도 있고 전혀 반대 방향으로 치달을 수도 있다.

바로 이 배우자를 두고 경쟁하는 후자의 경우 그 대상이자 목표는 거의 언제나 암컷이며 경쟁의 주체는 주로 수컷이라는 점을 일깨워 준 사람이 바로 다윈이다. 더구나 그 경쟁의 결과가 궁극적으로는 암컷의 선택을 통해 이뤄진다는 것이다. 선택권의 소재는 결국 투자의 크기로 결정된다. 이른바 '개미 투자자'라고 불리는 소액 주주가 대주주를 제치고 선택권을 행사할 수는 없지 않은가? 그래서 소액 주주들이 힘을 모아 주주 총회에서 대주주의 전횡을 막아 보려 애쓰는 것이다.

유성 생식(sexual reproduction)을 하는 모든 생물에서 정자, 즉 수컷의 배우자(gamete)가 암컷의 배우자, 즉 난자보다 큰 경우는 절대로 없다. 만일 그런 경우가 발견된다면 최초의 발견으로 평가받을 일이 아니라 그 생물에서는 암수의 역할이 바뀌었거나 아예 암수를 새롭게 정립해야 할 것이다. 암수의 정의에 따르면, 수컷은 자신의 유전자를 정자라는 운반체에 실어 암컷에게 전달하는 쪽이고 암컷은 그 유전자를 받아 자신의 유전자와 섞어 새로운 생명체로 키워 내는 초기 발생의 임무를 띠는 존재이다. 이 세상 모든 생물에서 전혀 예외 없이 정자는 난자에 비해 엄청나게 작다. 자식을 돌보지 않고 수정란을 방치하는 생물도 난자와 정자의 크기로 드러나는 암컷과 수컷의 투자 차이가 엄청나다. 이 같은 투자의 불균형은 인간을 비롯한 포유동물에서 절정에 이른다. 암컷은 수정란을 상당 기간 몸속에 간직한 채 시간과 에너지를 투자하다가 출산하고 난 다음에도 오랜 기간 동안 젖을 먹여 키우며 온갖 정성을 다 쏟는다. 짝짓기와 번식에 관한 한 인간 남성이 조금이라도 할 말이 있다는 게 신기할 따름이다.

다윈의 성 선택론은 이제 동물 행동학과 진화 생물학 분야에서 가장 중요한 이론이 되었다. 매년 발표되는 논문 수로만 봐도 압도적인 부분을 차지하고 있다. 하지만 1871년 『인간의 유래와 성 선택』이 처음 출간되었을 당시 『종의 기원』이 출간되었던 1859년과 같은 열렬한 호응은 나타나지 않았다. 열렬한 호응은커녕 거의 반응이 없었다고 하는 게 더 옳을 것이다. 자연 선택 이론을 함께 주창했던 앨프리드 러셀 월리스와 벌인 논쟁을 제외하고는 신기할 정도로 조용했다. 모든 학자가 다 동의하는 것은 아니지만 나는 이 무반응이 실제로는 감당하기 어려울 정도의 충격에 따른 어쩔 수 없는 결과라고 생각한다. 끔찍한 사건일수록 우리는 종종 그 사건이 아예 일어나지도 않은 것처럼 은폐하려고 노력한다. 나는 남성이 압도적으로 많았던 당시의 학계가 암묵적으로, 혹은 어쩌면 조직적으로 『인간의 유래와 성 선택』의 존재 자체를 부정하는 작업을 벌인 건 아닐까 의심해 본다. 영어 표현을 빌리면 그들은 다윈의 성 선택론을 "양탄자 밑으로 쓸어 넣어 버린(swept under the carpet)" 것이다.

당시 빅토리아 시대 영국 남성들은 차라리 우리가 원숭이와 공통 조상을 지녔다는 것은 받아들일지라도 침대 위의 결정권이 여성들에게 있다는 주장은 생각하기조차 싫었던 모양이다. 당시 생물학자들은 동물들의 구애 행동이 엄청나게 길고 복잡한 까닭이 선천적으로 수컷의 손길을 두려워하는 암컷을 안심시키기 위해 진화한 데있다고 굳게 믿었을 정도였다. 우리는 이제 그것이 암컷의 간택을 얻어 내기 위한 수컷들의 처절한 몸부림이란 사실을 잘 알고 있다. 다윈의 성 선택 이론 덕분에.

『종의 기원』은 출간과 동시에 엄청난 사회적 충격을 불러일으켰지만 곧바로 그에 대한 과학적 연구가 시작되었다. 『인간의 유래와 성 선택』에서 소개된 성 선택 이론은 거의 100년의 동면기를 거친 다음 1960~1970년대에 이르러서야 본격적으로 연구되기 시작했다. 1960~1970년대가 어떤 시기인가? 바로 여성 운동이 새로운 전기를 맞던 시기가 아니던가? 여성의 인권 신장과 성 선택 이론의 부활이 절묘한 합주를 벌인 것은 아닐까 생각해 본다.

호혜성 이타주의 이론으로 유명한 로버트 트리버스(Robert Trivers)는 1980년대 초 미국 터프츠 대학교에서 한 강의로 내게 매우 강력한 인상을 남겼다. 강의를 시작하기 전에 그는 칠판에 큼지막한 글씨로 "자식(offspring)", "암컷(female)", 그리고 "수컷(male)"이라는 세 단어를 적었다. 그런데 글자의 위치가 절묘했다. 그는 "자식"이라는 단어를 칠판 한가운데 맨 위에 대문짝만 하게 적은 다음 바로 그 밑에 "암컷"을 적었다. 그러곤 "수컷"이라는 단어를 한참 아래 뚝 떼어서 조그맣게 적었다. 이어서 트리버스는 "이것이 바로 다윈이 본 세계 질서입니다."라는 말로 그의 강의를 시작했다. 그의 강의는 생물의 삶이란 어차피 후세에 유전자를 남기는 과정이므로 자식이 삶의 궁극적인 목표인 것은 너무도 당연하며 그 목표를 달성하게 해 주는 장본인인 암컷이 자식 못지않게 중요하다는 점을 강조한 일종의 행위 예술이었다.

여기서 주목할 것은 수컷의 지위다. 수컷의 최대 약점은 바로 스스로 자식을 낳을 수 없다는 것이다. 임신과 출산의 고통을 겪어 본 여성이라면 이 무슨 자다가 봉창 두드리는 소린가 하겠지만 진화의 관점에서 볼 때 그렇다는 이야기다. 삶의 궁극적인 목적이 자신의 유전자를 후세에 남기는 것일진대 그러자면 이 세상 모든 수컷은 결국 암컷의 몸을 빌려야 한다. 천하의 나폴레옹 보나파르트(Napoleon Bonaparte)도 마지막 순간에는 어쩔 수 없이 조제핀 보나파르트(Joséphine Bonaparte) 앞에 무릎을 꿇을 수밖에 없는 것이다. 『성경』의 「창세기」는 "아브라함은 이삭을 낳고 이삭은 야곱을 야곱은 유다와 그의 형제를 낳고 유다는 다말에게서 베레스를 낳고……"라고 적고 있지만 남자가 자식을 낳으면 그는 더 이상 남성이 아니다. 자식을 낳는 자, 그가 곧 암컷이다.

우리를 비롯한 자연계의 많은 생물은 모두 암수를 따로 갖도록 진화했고 그 모든 생물의 암수는 제가끔 크고 작은 차이를 지니고 있다. 이 같은 암수 또는 남녀의 차이를 설명하기 위해 제안된 수많은 가설 중에 다윈의 성 선택 이론만큼 일괄적이고 보편적인, 그리고 검증 가능한 이론은 없다. 나는 개인적으로 다윈의 두 선택 이론 중에서 성 선택 이론이 우리 삶의 보다 많은 부분을 설명해 준다고 생각한다.

나는 2003년에 『여성 시대에는 남자도 화장을 한다』라는 다분히 도발적인 제목의 책을 출간하며 다윈의 성 선택 이론이 호주제의 모순을 비롯한 우리 사회의 복잡한 남녀 관계에 얼마나 명확한 해답을 제공하는지에 대해 논한 바 있다. 제프리 밀러(Geoffrey Miller)의 『연애(The Mating Mind)』도 함께 읽기 바란다. 인류의 역사를 통틀어 볼 때 남녀의 관계가 언제나 지금과 같았던 것은 결코 아니다. 성의 진화는 계속되고 있다. 그것도 아주 빠른 속도로.

14

암수의 동상각몽

전적으로 다윈의 진화 이론을 바탕으로 태동한 사회 생물학(socio-biology)은 세상에 나오기 무섭게 페미니스트들의 무차별 공격을 받았다. 다분히 성급했던 몇몇 초창기 사회 생물학자들의 실수가 화근이었다. 『일부일처제의 신화(The Myth of Monogamy)』, 『보바리의 남자 오셀로의 여자(Madame Bovary's Ovaries)』 등으로 우리 독자들에게도 친숙한 미국 워싱턴 대학교 심리학과 교수 데이비드 버래시(David P. Barash)를 비롯한 일부 학자들이 야외에서 새들의 짝짓기 행동을 관찰해 얻은 얼마 되지 않은 데이터에 기반해 수컷의 바람기가 다분히 유전적인 근거를 지닌다는, 조금은 경솔하고 상당히 인화성이 높은 발언을 하는 바람에 페미니즘과 사회 생물학은 서로 첫 단추를 잘못 꿰는 불행의 역사를 시작하고 말았다.

2004년 우리 여성부가 성매매 근절을 위해 대대적인 캠페인을 벌였을 때 헌법 재판소의 여성 판사와 어느 남성 국회 의원이 한 발언은 묘한 여운을 남겼다. 문맥을 전혀 고려하지 않은 언론 보도만을 바탕으로 판단하면 이들의 견해는 대충 다음과 같았다. 남성들의 성

욕은 여성에 비해 본능적으로 훨씬 강한데 그에 대한 고려가 전혀 없는 단속 일변도의 정책은 현실성이 부족하다는 것이다.

당시 내게는 전문가의 의견을 묻는 기자들의 전화가 빗발쳤다. 나는 그들의 발언 배경과 발언 전문을 알지 않는 한 절대로 그 어떤 평가도 내리지 않겠다며 완강히 거절했다. 그렇다고 해서 내가 그들의 발언에 아무런 의견이 없었던 것은 아니다. 비록 문맥이 고려되지 않은 것은 사실이지만, 나는 그들의 발언에서 일종의 남성 비하를 느꼈다. 남성이라는 동물은 애당초 말초적인 자극의 유혹을 극복할 수 없는 존재로 간주되고 있다는 느낌을 강하게 받았다. 나는 적어도 그 같은 평가만큼은 결코 옳지 않다고 생각한다. 남성들도 나름대로 자신의 욕망을 자제할 수 있는 이성을 지니고 있으며 거기에는 그럴 만한 생물학적 이유가 있다.

여성(암컷)과 남성(수컷)이 성을 대하는 태도에서 서로 다른 전략을 취하도록 진화한 것은 사실이다. 하지만 우리 사회가 언제나 남성의 바람기만 얘기하는 것은 한번쯤 재고할 여지가 있어 보인다. 양손이 마주 부딪쳐야 소리가 나듯이 남성 혼자 바람을 피울 수는 없다. 우선 숫자 계산이 맞질 않는다. 만일 남성의 바람이 대부분 동성애적 바람이거나 극히 소수의 여성들이 그 많은 남성들을 모두 상대해 주는 것이 아니라면 절대로 성립할 수 없는 계산이다. 여성들도 남성들 못지않게 바람을 피우고 있다.

1980년대 미국 하버드 대학교 의과 대학의 연구자들은 대학 부속 병원 중 한 곳에서 태어난 아기들의 혈액형을 바탕으로 당시 미국 여성들의 바람기를 가늠해 보았다. 결과는 놀랍게도 그해 그 병원에서 태어난 아기들의 거의 3분의 1이 법적인 남편의 아이가 아닌 것으로 밝혀졌다. 이후 미국의 많은 주에서는 병원이 부모에게 아기의 혈액형을 가르쳐 주지 않아도 되는 법이 제정되었다. 병원이 아기의 혈액형 정보를 제공하면 병원에서 너무 자주 부부 싸움과 이혼 소송이 시작되기 때문이다.

오랫동안 전형적으로 일부일처제를 유지한다고 알려진 새들도 DNA 지문 분석법(DNA fingerprinting technique)을 사용해 조사해 보니 한 둥지에서 자라 날아 나오는 새끼들이 종종 '씨 다른 경우', 즉 아빠가 다른 경우가 속속 발견되었다. 미국 워싱턴 대학교의 동물 행동학자들이 가장 좋은 영역을 차지하고 있던 붉은날개지빠귀(red-winged blackbird) 으뜸 수컷(alpha-male)을 잡아 거세한 다음 돌려보내는 실험을 했는데 놀랍게도 그의 영역에 둥지를 튼 암컷들은 모두 아무 문제없이 알을 낳고 새끼를 길러 낸 것이다. 암컷들은 짝짓기는 변방의 수컷들과 하되 으뜸 수컷의 터와 재산을 이용해 자식을 길러 냈다.

성매매에 관해 남성들이 각성해야 하는 것은 사실이지만 무조건 남성들만 욕망의 노예로 낙인찍는 것은 불공평해 보인다. 2004년 여성부의 캠페인은 모든 남성을 잠재적인 성범죄자로 가정하고 세워진 정책이기 때문에 결과적으로는 남성의 자존심을 훼손하는 일이었다. 정상적인 인간이라면 누구나 원초적인 욕망을 자제하는 능력을 지니고 있다. 자제력의 차이 역시 엄연히 존재한다. 그 차이가 상당 부분 인격의 차이를 만든다. 고도로 조직화된 사회에서 사는 동물인 인간에게 욕망의 조절은 대단히 중요한 진화적 적응 현상이다.

욕망을 절제하지 못하는 남성은 현대 사회에서 살아남기 어렵다. 백악관 인턴과 부적절한 관계를 맺어 탄핵의 위기로 내몰렸던 빌 클린턴(Bill Clinton) 전 미국 대통령의 경우만 보더라도 성욕의 자제는 남성의 출세에 대단히 중요한 요소로 작용할 수 있다. 서양에는 다음과 같은 속담이 전해 온다. "사람들은 모두 탐나는 걸 보면 그걸 갖길 원한다. 그래서 법이 있는 것이다." 그러나 나는 우리에게 법이 있기 전에 우선 도덕과 종교가 있고 무엇보다도 생물학이 있다고 생각한다.

번식에 관한 암수의 전략에는 분명한 생물학적 차이가 있다. 『기네스북』에 따르면 이 세상에서 자식을 가장 많이 낳은 여자는 스물일곱 번의 임신을 통해 두쌍둥이, 세쌍둥이, 네쌍둥이 등을 포함해 평생 예순아홉 명을 출산한 19세기 러시아의 한 여인이다. 『기네스북』은 이 기록이야말로 절대로 깨지지 않을 것이라고 장담한다. 그런데 이 기록을 남성의 기록과 비교하면 놀랍도록 하찮아진다. 세계에서 가장 많은 자식을 낳은 남자로 『기네스북』은 '피에 굶주린 이스마일(Ismail the Bloodthirsty)'이란 별명을 가진 18세기 모로코의 황제를 꼽는다. 『기네스북』은 그가 무려 888명의 아들딸을 생산한 것으로 기록하고 있다. 60년간 매년 무려 열다섯 명의 자식들을 낳아야 계산이 되는 이 기록은 사실 얼마나 신빙성이 있는지는 문제의 소지가 있지만, 적어도 여성의 기록과는 차원이 다르다는 것만은 분명해 보인다. 역시 확인되지 않았지만 무려 3,000명의 궁녀를 거느렸다는 백제 의자왕에게는 과연 자식이 몇이나 있었을까 궁금해진다.

다윈의 성 선택 이론을 검증한 최초의 실험은 1948년에 영국의 유전학자 앵거스 존 베이트먼(Angus John Bateman)이 초파리를 가지고 한 실험이었다. 베이트먼은 실험실에서 초파리를 기르며 그들의 짝짓기 행동을 관찰해 암컷의 번식은 투자한 시간과 에너지의 제한을 받는 반면, 수컷의 번식력은 얼마나 많은 암컷과 교미할 수 있는가로 결정된다는 사실을 알아냈다. 이스마일 황제는 어마어마한 수의 후궁을 거느린 결과 그들의 몸을 빌려 엄청난 수의 자식을 얻을 수 있었다. 하지만 한 네트워크 이론가의 연구에서처럼 가장 큰 할리우드 섹스 네트워크의 허브로 알려진 여배우 기네스 펠트로(Gwyneth Paltrow)라 하더라도 제아무리 여러 남성과 잠자리를 같이 한들 낳을 수 있는 자식의 수는 제한되어 있는 것이다.

2006년 여름에 MBC는 자체 제작한 「일부일처제」라는 제목의 다큐멘터리를 방영했다. 나는 이 다큐멘터리의 제작 과정에 퍽 깊숙이 관여했다. 기획 단계에서부터 제작진이 내 연구실을 찾아와 다윈의 성 선택 이론에 관해 많이 물어 왔고 나는 외국 학자들 상당수를 섭외해 주었다. 기어코 나도 인터뷰를 해야 한다기에 거의 한 시간가량을 녹화했는데 정작 방송된 분량은 극히 짧았다. 그것도 앞뒤 문맥이 잘린 상황에서 방영되어 결과적으로 뭇 남성들의 마음을 많이 상하게 하고 말았다. 남성들은 흔히 일부다처제에 대해 막연한 기대를 품고 있는데 현실을 직시하고 꿈 깨라고 얘기한 부분만 방영이 된 것이다. 남성 대부분은 마치 일부일처제의 굴레가 벗겨지면 일부다처제의 수혜자가 될 것으로 착각하지만 사실은 훤칠하고 잘생긴 송승헌이나 조인성 같은 친구들이 수백 명의 여성들을 휩쓸어 가기 때문에 우리 평범한 남성들에게는 차례가 오지 않는다는 현실을 이해하지 못하고 있다. 대부분의 남성은 수혜자가 아니라 피해자가 될 확률이 훨씬 높다.

베이트먼의 실험을 시작으로 많은 연구에서 밝혀진 바에 따르면 일부다처제 동물의 경우에 암컷과 짝짓기에 성공하는 수컷은 종종 전체의 5~10퍼센트도 되지 않는다. 절대 다수의 수컷들은 이 세상에 태어나 암컷 근처에도 제대로 가 보지 못하고 삶을 마감하는 것이 자연계의 냉혹한 현실이다. 그나마 일부일처제가 법으로 보장되는 인간 사회에 살고 있다는 게 얼마나 다행한 일인지 모른다.

스스로 유전자를 후세에 남길 수 없는 수컷이라는 동물은 어찌 됐든 궁극에는 암컷의 몸을 빌려야 한다. 암컷의 간택이나 허락이 없이는 번식이 불가능하다. 물론 수컷에게는 강간이라는 최후의 수단이 있다. 나는 거의 30년간 미국과 한국의 대학에서 학생들과 다양한 주제를 놓고 토론 수업을 해 왔는데 대단히 흥미롭게도 대학생들이 가장 껄끄러워 하는 주제가 바로 강간이다. 미국 뉴멕시코 대학교의 행동 생태학자 랜디 손힐(Randy Thornhill)은 그의 동료 크레이그 파머(Craig Palmer)와 함께 2001년 『강간의 자연사(*A Natural History of Rape*)』라는 책을 출간했다가 페미니스트들로부터 엄청난 공격을 받았다. 손힐과 파머는 결코 일부 남성들의 강간 행위를 정당화하지 않았다. 다만 강압적인 교미 행동은 거의 모든 동물에서 관찰되는 자연계의 보편적인 양상인 만큼 진화적인 설명이 필요함을 강조하고 시도했을 뿐이다. 대학생들이 보이는 태도로 짐작건대 우리 사회는 아직 그런 논의를 할 준비가 되어 있지 않은 것 같다.

수컷에게는 결국 두 가지 선택지가 존재한다. 우선 어찌 되었든 매력적으로 태어나기만 하면 아무 걱정이 없다. 브래드 피트(Brad

Pitt)처럼만 멋지게 태어난다면야 애써 여성들 꽁무니를 따라다니며 "내 아를 나 도~." 하며 조를 까닭이 없다. 그저 그윽한 눈으로 바라만 보면 된다. 인간의 경우에는 문화적 진화(cultural evolution)가 유기적 진화(organic evolution)를 압도해 버렸지만, 자연계를 둘러보면 거의 모든 동물에서 수컷이 암컷보다 더 아름답고 노래도 더 잘하고 춤도 더 잘 춘다. 그것도 모자라 구애 선물(courtship gift)까지 바치는 수컷도 있다. 다윈은 이를 그의 성 선택 이론의 첫째 메커니즘인 암컷 선택(female choice) 또는 성 간 선택(intersexual selection)으로 설명했다. 짝짓기에 있어서 궁극적인 선택권은 거의 예외 없이 암컷에게 있기 때문에 수컷은 암컷의 선택을 얻어 내기 위해 아름답게 진화할 수밖에 없었다는 것이다. 짝짓기 과정의 선택권은 번식에 대한 암수 간의 투자 차이에 입각하여 철저하게 경제적인 판단에 따른다.

자연계에서 아주 드물게 수컷이 선택권을 행사하는 모르몬귀뚜라미(mormon cricket)의 경우에는 암컷에게 구애 선물로 바치는 정낭(spermatophore) 하나를 만드는 데 수컷 몸무게의 거의 27퍼센트가 소모된다. 하룻밤에 네 번만 정사를 나누면 그야말로 공중 분해를 면치 못하는 엄청난 수컷의 투자가 수컷으로 하여금 선택의 권한을 누리게 하는 것이다.

우리 주위를 한번 둘러보면 금방 알 수 있듯이 이 세상 모든 수컷이 다 매력적으로 태어나는 것은 결코 아니다. 미(美)가 받쳐 주지 않으면 다음으로 기댈 것은 결국 힘밖에 없다. 인간 사회를 포함해 자연계를 두루 둘러보면 허구한 날 대 놓고 힘겨루기를 하는 것들은 거의 예외 없이 수컷들이다. 암컷들도 물론 경쟁한다. 하지만 그들의 경쟁은 훨씬 은밀하다. 북방코끼리바다표범 수컷들은 그야말로 온몸에 피가 철철 흐를 정도로 치열하게 싸운다. 승리한 수컷은 한 해변을 모두 차지해 그곳에서 자식을 낳아 기르고 싶어 하는 암컷 100여 마리와 짝짓기를 할 수 있으니 그 싸움이 어찌 치열하지 않을 수 있겠는가? 다윈은 이 과정을 수컷 경쟁(male-male competition) 또는 성 내 선택(intrasexual selection) 메커니즘으로 분석했다.

자연계의 수컷들은 직접적인 힘겨루기인 대면 경쟁(contest competition)을 하기도 하지만 자원을 선점하려는 쟁탈 경쟁(scramble competition)에 더 자주 매달린다. 암컷들이 필요로 하는 좋은 영역을 차지하거나 먹이원 또는 둥지를 지을 수 있는 자리를 선점하느라 때론 눈에 보이지 않는 경쟁을 한다. 아프리카꿀잡이새(honeyguide)는 훌륭한 벌통을 선점하여 보호하며 꿀을 좋아하는 암컷들이 찾아오길 기다린다. 인간 사회에서 남성들이 돈을 많이 벌기 위해, 그리고 사회적으로 높은 지위를 얻기 위해 온갖 노력을 기울이는 것과 그리 다르지 않다. 시대가 약간 변하고 있기는 하지만 여성들의 경우에는 출세가 반드시 좋은 결혼으로 이어지는 것은 아니다. 지나친 출세는 때로 상대 남성군의 규모를 줄이는 역효과를 나타내기도 한다. 하지만 남성에게는 입신양명(立身揚名)이 번식 성공도(reproductive success)와 상당히 밀접한 관련을 가질 수 있다. 남성들이 왜 모든 사람들이 입만 열면 욕을 해 대는 정치판을 기웃거리는지 생물학적으로는 어느 정도 이해할 수 있다.

수컷 경쟁 체제를 택한 수컷들은 자기들끼리 경쟁 과정을 거쳐 순위를 정함으로써 암컷의 선택권을 상당 부분 무력화하는 데 성공

다윈 지능

했다. 그러나 완벽하지는 않다. 흔하진 않지만 때로는 수컷 경쟁을 통해 정해진 '내정(default)' 순위를 거부한 채 버금 수컷(beta-male)과 짝짓기를 하는 암컷들이 있다. 데이터의 양이 충분하지 않아 아직 논문으로 펴내지 못하고 있지만 나는 민벌레(*Zorotypus barberi*) 연구에서 꼭 버금 수컷과 짝짓기를 고집하는 암컷들을 추적 관찰한 경험이 있다. 그들 대부분은 수컷들 간의 경쟁 구도가 바뀌었을 때 다른 암컷들처럼 새로 등극한 으뜸 수컷과 또다시 짝짓기를 해야 하는 번거로움을 피할 수 있었다. 몸길이가 비록 2밀리미터밖에 안 되는 작은 곤충이지만 마치 권력 구도의 변화를 예측이라도 하는 것처럼 행동하는 그들이 내겐 마냥 신기하기만 하다.

15

허풍은 수컷의 본성?

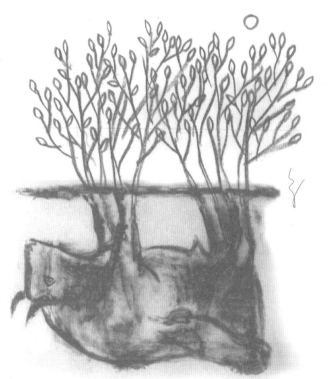

앞서 이미 밝힌 대로 이 세상의 수컷들은 모두 스스로 자식을 낳을 수 없다는 결정적 약점을 안고 산다. 모름지기 후세에 유전자를 남기는 것이 삶의 궁극적인 목적이라면 수컷이라는 동물은 어떤 형태로든 결국 암컷의 도움을 필요로 한다. 암컷의 몸을 통하지 않고는 유전이 불가능하기 때문이다. 이 세상에는 아예 암컷끼리만 사는 생물도 있고 암수가 함께 살다가 수컷을 없애 버리고 암컷들만 사는 생물도 있지만 수컷들만으로 구성된 생물은 없다. 어쩌다 일시적으로 그럴 수 있을지 모르지만 정작 그런 일이 벌어진다면 그 개체군은 필연적으로 절멸의 수순을 밟게 된다. 흔히 단위 생식(parthenogenesis)이라고 부르는 이른바 처녀 생식은 가능하고 또 심심찮게 나타나지만 총각 생식이란 아예 존재하지 않는다.

그래서 다윈은 일찍이 『인간의 유래와 성 선택』에서 성의 선택권은 거의 언제나 암컷이 쥘 수밖에 없음을 설명했다. 동서고금을 막론하고 그 어느 작가도 사랑하는 남자의 창 밑에서 세레나데를 부르는 여인을 묘사한 바 없다. 동물 세계에서도 수컷이 암컷을 따라 다니며 구애하는 것이 대부분이고 그 반대 현상은 매우 드물다. 그리 오래지 않은 옛날, 생물학자들 중에도 암컷이란 원래 수컷이 잘못 만지기만 해도 죽는다고 믿는 이들이 있었다. 따라서 수컷들이 암컷 앞에서 종종 장시간에 걸쳐 복잡하고 다양한 구애 행위를 보이는 이유는 성행위를 두려워하는 암컷을 진정시키기 위함이라고 설명했다. 하지만 진화론에 바탕을 둔 현대 행동 생태학 이론에 따르면 구애 행위란 사실 암컷에게 잘 보여 선택받기 위한 수컷들의 처절한 노력에 지나지 않는다.

수컷으로 태어났지만 암컷 선택의 수혜자가 될 만한 미를 갖춘 것도 아니며 그렇다고 해서 수컷 경쟁에서 살아남을 만큼 강인한 체력을 지닌 것도 아니라고 가정해 보자. 평생 암컷 근처에도 가 보지 못하는 자신의 신세를 숙명으로 받아들이고 여생을 수도승처럼 조용히 지내다 죽어 갈 것인가? "호랑이는 죽어서 가죽을 남기고 사람은 죽어서 이름을 남긴다."라는 우리 옛 속담이 있다. 그러나 가죽이나 이름보다도 더 영원히 남을 수 있는 것은 유전자다. 생물의 몸은 죽음과 함께 썩어 없어지지만 유전자는 자손의 몸을 통해 영생할 수 있기 때문이다. 생물학적 관점에서 볼 때 지금 살아 숨 쉬는 우리는 사실 우리 삶의 주인이 아니고 우리 몸속에 있으며 영원한 삶을 갈구하는 이기적인 유전자들의 기획에 따라 움직이는 생존 기계에 불과하다. 비록 약자의 운명을 안고 태어난 수컷이라도 자신의 처지를 그대로 받아들이며 포기할 수는 없다. 유전자가 그리 하도록 내버려 두지 않을 것이다. 어떤 방법으로든 자신의 유전자를 후세에 전하기 위해 최선을 다하도록 만들 것이다.

다윈 지능

아름다움과 힘으로 승부할 수 없을 때 선물 공세로 암컷의 환심을 사려는 수컷들이 있다. 밑드리(scorpionfly)라는 곤충의 수컷들은 먹이가 될 만한 곤충을 잡아 암컷에게 선사하고 암컷이 그 선물을 먹는 동안 짝짓기를 한다. 식사와 정사를 한꺼번에 해치우는 결코 낭만적이지 않은 밑드리 암컷을 위해 수컷들은 조금이라도 더 큰 선물을 잡아 바치려 노력한다. 미국 뉴멕시코 대학교의 랜디 손힐 교수는 이 구애 선물이 크면 클수록 암컷에게 선택받을 가능성이 높아짐은 물론, 큰 선물일수록 암컷이 먹는 시간이 길어지며 보다 많은 정자들이 암컷의 난자들에 도달한다는 사실을 실험적으로 입증했다.

갈매기를 비롯한 많은 새들도 짝짓기 과정에서 수컷이 암컷에게 먹이를 선물로 바친다. 새끼가 태어났을 때 과연 먹이를 충분히 제공할 수 있는 능력 있는 가장이 될 것인가를 가늠하듯 암컷은 선물을 다 먹어 보고 나서야 수컷에게 짝짓기를 허용한다. 인간 사회에서도 남자가 여자에게 청혼할 때 흔히 반지를 선물하는데 동물들의 구애 선물과 크게 다르지 않아 보인다. 자기 몸의 일부를 구애 선물로 바치는 수컷들도 있다. 교미를 마치고 난 즉시 암컷으로 하여금 자신의 두툼한 날개살의 일부를 먹게 하는 귀뚜라미나 베짱이 수컷도 있고, 각종 분비물을 교미 전, 또는 교미 도중 암컷에게 제공하는 수컷들도 있다. 내가 파나마와 코스타리카의 열대 우림에서 관찰한 민벌레 수컷은 구애 과정에서 머리 한복판에 있는 구멍을 통해 액체 분비물을 방울 형태로 암컷에게 제공한다. 민벌레 암컷은 그 구멍에 입을 대고 분비물을 빨아 먹으며 몸을 활처럼 뒤틀어 수컷에게 짝짓기를 허락한다. 정자를 암컷의 몸속으로 사정할 때 온갖 영양분을 함께 담아

종합 선물 세트처럼 건네주는 수컷들도 있다. 가장 극단적인 예로 사마귀 수컷은 교미 중 암컷에게 자신의 머리를 통째로 선물로 바친다.

　암컷에게 직접적으로 영양이 되는 선물을 제공하는 것은 아니지만 훌륭한 밀회 장소를 마련하고 때론 꽃까지 선물하는 새들이 있다. 뉴기니와 오스트레일리아 북부의 열대림에 서식하는 명금류의 일종인 정자새(bowerbird) 수컷들은 자기들이 사는 집과는 별도로 정자(亭子, bower)를 만들고 그 앞을 온갖 화려한 색깔의 물건들로 장식해 암컷들의 환심을 사려 한다. 어떤 수컷은 매일 아침 갓 피어난 꽃을 꺾어다 정자를 장식하고 암컷을 맞이하기도 한다. 마치 인간 수준의 미적 감각을 갖춘 듯한 정자새 암컷들에게 잘 보이기 위해 수컷들은 온갖 반짝이는 물건들을 수집하러 다니느라 하루의 상당 시간을 보내며 때로는 서로의 정자에서 그런 물건, 또는 나뭇가지를 훔치기도 한다. 여자를 위해서라면 무엇이라도 할 준비가 되어 있는 게 우리 수컷들이다.

　우리 수컷들이 감행하는 짓에는 다분히 사기성이 농후한 발언과 허풍이 포함된다. 2006년과 2007년에 걸쳐 방영된 텔레비전 연속극 「주몽」에서 동명왕 개국 설화에 등장하는 민족 영웅 '해모수' 역을 열연했던 성격파 배우 허준호의 실제 아버지인 허장강은 주로 악역이나 허풍이 심한 남자 역을 도맡아 했던 왕년의 명배우였다. 어느 영화에선가 그가 특유의 깊숙한 저음으로 읊조렸던 "아가씨, 우리 뽀뽀~나 한번 할까? 내 배만 들어오면 말이야……."라는 대사는 당시 장안의 대히트였다. 성대 모사에 조금이라도 재주가 있다고 생각했던 이들은 모두 한번쯤 이 대사를 흉내 내곤 했다. 여자들에 비해 남자들은 종종 실제보다 자신을 훨씬 더 크게 포장한다. 웬만한 남자라면 모두 조만간 인천 항구에 들어올 배 한 척쯤은 다 가지고 있다.

춤파리과(Empididae)에 속하는 파리 수컷은 다른 곤충을 먹이로 잡아 그것을 암컷에게 청혼 선물로 주고 암컷이 그 선물을 먹는 동안 교미를 하는 풍습을 갖고 있다. 그중에서도 특히 풍선파리(balloonfly)라고 불리는 종들은 더욱 정교한 구애 행동을 보인다. 풍선파리 수컷들은 먹이로 잡은 곤충을 스스로 분비한 생사(生絲)를 이용해 선물 포장을 한 다음 암컷에게 바치는 상당히 세련된 구애 행동을 보인다. 그런데 어떤 수컷들은 이보다 한술 더 떠 먹이를 잡지도 않은 채 속이 텅 빈 선물을 포장해 암컷에게 준 다음 암컷이 그 선물을 뜯는 동안 교미를 마친다. 요즘 환경 보전을 위해 상품의 과대 포장을 줄이자는 캠페인이 벌어지고 있지만, 이쯤 되면 과대 포장의 극치라 할 수 있을 것이다.

장래 언젠가 들어올 배를 얘기하는 것보다 실제로 지금 보유하고 있는 재산이나 권력을 과시하는 것이 훨씬 더 확실한 전략일 것이다. 그래서 적지 않은 수의 동물들에서 수컷들이 자기 영역을 지키느라, 또는 높은 사회적 지위를 유지하느라 엄청난 시간과 에너지를 투자하며 산다. 우리 사회의 많은 남성이 출세를 위해 혼신의 노력을 다하는 것도 비슷한 논리로 설명할 수 있다. 14장에서도 언급했듯이 워싱턴 대학교에서는 북아메리카 늪지대에 서식하는 일부다처제의 붉은날개지빠귀를 가지고 재미있는 실험을 했다. 이른 봄 늪지대에서 수컷들이 제각기 영역을 확보하고 난 후 제일 큰 영역을 가진 수컷을 붙잡아 불임 수술을 해서는 돌려보낸 것이다. 비록 생식 능력은 잃었지만 가장 큰 영역을 지닌 그 수컷에게 여전히 많은 암컷이 기꺼이 부부의 연을 맺을 것인지가 관찰 대상이었다. 실험 결과, 실제로 많은 암컷이 그 수컷의 영역에 둥지를 틀었고 또 아무 어려움 없이 새끼들을 낳아 길렀다. 짝짓기는 변방의 수컷들과 하고 새끼가 태어난 후에는 남편의 재산을 이용해 새끼들을 양육한 것이다.

재력 못지않게 암컷들에게 매력적인 것이 수컷의 권력이다. 역시 일부다처제를 유지하고 사는 붉은사슴(red deer)의 경우에는 몇몇 으뜸 수컷들만이 제가끔 암컷 몇 마리씩을 보호하고 있고 총각들은 자기들끼리 몰려다니며 암컷들을 업어 가려 호시탐탐 기회를 노린다. 암컷들을 거느리고 있는 수컷들은 모두 다른 수컷들과 싸워 이겨 높은 사회 서열을 차지한 수컷들이다. 암사슴들은 수컷들 간의 이런 권력 다툼을 지켜본 후 승리한 수컷을 배우자로 선택한다. 그들의 사회적 지위와 권력을 성적 결정의 기준으로 사용하는 것이다. 침팬지나 고릴라 같은 유인원 사회에서도 암컷들은 주로 계급이 높은 수컷들을 배우자로 선택한다. 그래서 수컷들은 늘 더 높은 사회적 지위를 얻기 위해 온갖 권모술수를 동원하곤 한다. 현재 미국 에머리 대학교의 여키스 국립 영장류 연구 센터(Yerkes National Primate Research Center) 소장인 네덜란드 태생 동물 행동학자 프란스 드 월(Frans de Waal)의 저서 『침팬지 폴리틱스(*Chimpanzee Politics*)』에는 침팬지 사회에서 벌어지는 온갖 마키아벨리식 권모술수들이 흥미진진하게 묘사되어 있다. 인간 사회의 갈등과 권력 다툼을 방불케 하는 갖은 일들이 침팬지 수컷들의 세계에서도 적나라하게 벌어진다. (Frans de

다윈 지능

Waal의 이름은 그동안 '프란스 드 발'로 번역되었다. 그러나 필자가 그에게 직접 확인한 결과 '드 윌'이라고 발음하는 것이 옳다고 한다.)

고즈넉한 가을밤 창밖에서 들려오는 귀뚜라미 소리. 뭇 시인들에게는 낭만의 표상이지만 이는 사실 밤이 지새도록 암컷을 부르는 수컷들의 처절한 애모곡이다. 요즘엔 무척이나 듣기 어려워졌지만 예전에는 소낙비가 한바탕 지나가고 난 이른 여름날이면 서울에서도 맹꽁이나 개구리의 합창을 귀가 따가울 정도로 들을 수 있었다. 이 역시 흥겨운 노래 한 마당이 아니라 수컷들이 암컷들을 유혹하기 위해 있는 힘을 다해 질러 대는 삶의 현장이다. 그런데 이런 양서류나 귀뚜라미 중에는 가끔 힘들여 열심히 노래하는 수컷들 주변에 조용히 숨어 있다 노래하는 수컷을 찾아가는 암컷을 중간에서 가로채는 얌체족들이 있다. 동물 세계의 온갖 의사 소통 수단 중에서 소리를 이용하는 방법이 가장 에너지 소모가 크다. 윗날개를 마주 비벼 소리를 내는 귀뚜라미 수컷을 상상하며 두 팔을 등 뒤로 젖힌 채 서로 엇갈리게 흔들어 보라. 그저 열댓 번만 해도 팔에 힘이 빠질 지경일 것이다. 그걸 밤새도록 해야 한다고 생각하면 밤이 새도록 울어대는 귀뚜라미가 달리 보일 것이다.

얌체족들은 다른 건장한 수컷들의 정직한 노력에 빌붙어 자기들의 유전자를 후세에 남기려 한다. 이른 봄 캐나다의 동남부와 미국의 동북부에서는 막 겨울잠에서 깨어난 누룩뱀(red-sided garter snake) 수십 마리가 뒤엉켜 있는 모습을 종종 볼 수 있다. 암컷 한 마리를 보고 교미하러 몰려든 수컷들이 뒤엉켜 있는 것이다. 먼저 잠에서 깨어난 수컷들은 떼를 지어 아예 암컷이 자고 있는 굴 문 앞에서 장사진을 치고 기다린다. 그러다 암컷이 나타나면 서로 가까이 접근하려 필사적으로 몸싸움하느라 순식간에 아수라장이 되고 만다. 이때 치열하게 경쟁하는 수컷들 중에는 가끔 암컷 냄새를 풍기며 암컷처럼 행동하는 '여장' 수컷들이 있다. 다른 수컷들이 자신을 암컷으로 착각하고 따라다니는 동안 자기는 진짜 암컷과 짝짓기에 성공하는 기발한 수컷들이다.

북아메리카 사막 지대에 서식하는 호랑이도롱뇽(tiger salamander) 사회에서도 여장을 한 수컷이 교묘한 방법으로 암컷의 몸속에 자기의 정자를 전달한다. 도롱뇽은 암수가 직접 교미하지 않는다. 수컷이 암컷을 유인해 자기 뒤를 따라오게 만든 다음 정포(spermatophore)라고 부르는 정자를 담은 보따리를 땅에 떨어뜨리면 뒤따라오던 암컷이 정포 위를 지나며 그걸 몸속으로 받아들여 수정이 이루어진다. 그런데 호랑이도롱뇽 수컷에서도 누룩뱀처럼 암컷과 형태와 냄새가 흡사한 수컷들이 있다. 이들은 구애 중인 암수 중간에 끼어들어 앞에 가는 수컷이 놓고 간 정포 위에 자기 정포를 얹어 뒤에 오는 암컷이 결국 자기의 정포를 취하도록 만드는 얌체 같은 녀석들이다.

짝짓기를 마친 다음에도 수컷의 시름은 끝이 나질 않는다. 초여름 연못가에서 한가롭게 나는 실잠자리나 늦여름 온 하늘을 뒤덮는 잠자리들이 종종 마치 2인승 자전거를 타는 연인들처럼 앞뒤로 붙어 날아다니는 모습을 본 적이 있을 것이다. 실잠자리와 잠자리의 수컷 생식기에는 마치 주걱처럼 생긴 기관이 있어서 수컷이 일단 암컷의 질 속으로 들어간 다음 만일 다른 수컷의 정액이 있는 걸 발견하면 그걸 죄다 긁어 낸 다음에야 자신의 정액을 사정한다. 그래서 짝짓기를 마친 다음에도 암컷을 놓아 주지 못하고 필사적으로 붙들고 다니는 것이다. 이 같은 정자 제거(sperm displacement) 전략은 꼴뚜기에서도 관찰된다. 꼴뚜기 수컷은 셋째 다리를 사용해 암컷의 구강막(buccal membrane)에 붙어 있는 다른 수컷의 정자 덩어리를 제거한다. 유럽의 바위종다리(dunnock) 수컷은 교미하기 전에 암컷의 꽁무니 근처의 배설강(claoca) 부위를 계속 쪼아 대어 결국 암컷으로 하여금 이전 수컷의 정액을 분출하게 만든 다음에야 짝짓기를 한다. 상어는 우리 여성들이 관수기(douche)로 질을 세척하는 것처럼 암컷의 질 속으로 엄청난 양의 물을 뿜어낸 다음 자신의 정액을 주입한다.

앞에 소개한 예들을 듣고 있노라면 그럼 무슨 이유로 어떤 귀뚜라미 수컷은 애써 에너지를 소모하며 밤이 새도록 울어 대며 또 어떤 풍선파리는 굳이 먹이 곤충을 잡느라고 애를 쓰는지 의아하게 생각될지도 모르겠다. 거의 모든 동물에서 암컷에 비해 훨씬 더 치열한 경쟁을 겪으며 사는 게 수컷이다 보니 이렇듯 온갖 편법을 동원해서라도 자신의 유전자를 남기게끔 진화했지만 어느 종에서든 편법이 정도보다 더 효과적인 예는 없다. 에너지를 소모하며 소리를 질러 암컷을 부르는 정직한 수컷이 얌체족보다는 훨씬 더 많은 암컷들과 교미할 기회를 갖는다. 여장을 하고 다른 수컷들을 속이며 암컷에게 접근하는 수컷들도 할 수만 있다면 당당히 건장한 모습으로 암컷 앞에 서고 싶을 것이다. 속임수와 요행수로 여성들의 환심을 사려 하는 남자들은 한번쯤 음미해 볼 만한 자연의 섭리가 아닐까?

16

일부일처제의 모순

Be Balance !

내가 초등학교를 다니던 시절 시골 사람들이 서울에 오면 창경원에 제일 가고 싶어 했다. 지금으로부터 한 세기 전인 1909년 일본이 우리 창경궁에 동물원을 세운 것은 분명 아픈 과거였지만, 1960년대까지만 해도 서울에서 딱히 갈 곳은 그리 많지 않았다. 초등학교와 중학교 시절 나는 시골에서 서울 구경을 오신 어르신들을 모시고 참으로 여러 차례 창경원을 방문했다. 동물 행동학자로서의 나의 운명은 이미 그때 정해졌는지도 모른다. 공작새의 화려한 꼬리깃털을 보고 싶어 하신 어르신들을 위해 공작새 우리 앞에서 온갖 얄궂은 날갯짓을 하던 그 시절에 나는 종종 그곳 철책 안에 앉아 있던 우리 사촌들의 슬픈 눈동자를 하염없이 들여다보곤 했다. 원숭이와 유인원 등 이른바 영장류는 인간과 유전적으로 가장 가까운 동물이다. 나는 창경원 철책 안이 아니라 그들이 원래 살던 숲 속에서 그들을 보고 싶었다.

그러다가 내가 정말 그들의 고향에서 그들을 처음 만난 것은 1984년 파나마 운하 한가운데에 떠 있는 콜로라도 섬의 스미스소니언 열대 연구소를 찾았을 때였다. 그곳에 도착한 바로 다음 날 숲으로 들어선 지 고작 한 시간여 만에 흰얼굴꼬리말이원숭이(white-faced capuchin) 가족과 맞닥뜨렸을 때의 흥분을 나는 지금 이 순간에도 가슴 절절히 느낄 수 있다. 얼마 후 나는 도대체 영장류 연구는 어떻게 하는 것인지 보기 위해 캘리포니아 주립 대학교 버클리 캠퍼스에서 그들을 연구하러 와 있던 백인 여학생을 따라 나섰다. 참으로 허무한 하루였다. 우선 그들을 찾기도 쉽지 않았지만 애써 찾은 다음 가까이 접근하면 그들은 이내 이 나무에서 저 나무로 휙휙 건너뛰며 달아나기 시작했다. 그들은 숲 꼭대기에서 거의 수평으로 이동하지만 우리는 험한 지형을 따라 산을 오르고 내리고 하면서 힘들게 따라다녀야 했다. 하루 온종일 따라다니다 해가 질 무렵 터덜터덜 산을 내려오며 나는 그 친구의 관찰 노트에 그날 하루 종일 기록한 데이터가 겨우 두어 줄이란 사실을 발견하곤 그에게 이렇게 말했다. "나는 아무래도 기왕에 하려던 곤충 연구로 박사 학위를 하고 이담에 정년 보장을 받은 교수가 되면 그때 영장류 연구를 시작하련다."라고.

나는 지금 정년이 보장된 교수다. 그래서 드디어 영장류 연구를 시작했다. 2007년부터 인도네시아 자바의 구눙할리문살라크 국립공원(Gunung Halimun-Salak National Park)에서 자바긴팔원숭이(Javan gibbon) 연구를 수행하고 있다. 자바긴팔원숭이는 멸종 위기 종인데다 그동안 서양의 영장류학자들도 그리 많이 연구하지 않아 조만간 우리 연구진이 세계 제일의 권위를 확보할 것으로 믿는다. 긴팔원숭이를 연구하게 된 데는 다분히 우연적인 요소가 있었지만 전략적으로도 탁월한 결정이었다고 생각한다. 긴팔원숭이는 누군가가 처음에 원숭이라고 잘못 이름 붙이긴 했어도 엄연히 꼬리가 없는 유인원이다. 하지만 침팬지, 고릴라, 오랑우탄에 비해 몸집도 많이 작고 행동 유형도 많이 다르다. 그래서 아마 유인원과 원숭이 사이의 진화적 전환을 연구하는 데 좋은 단서를 제공할 것이라고 기대한다. 게다가 그보다 더 중요한 것은 긴팔원숭이의 종 다양성(species diversity)이다. 침팬지(*Pan troglodytes*)는 보노보(*Pan paniscus*)가 발견되어 두 종이고, 고릴라도 동부고릴라(*Gorilla beringei*)와 서부고릴라(*Gorilla gorilla*)로 나뉘어 역시 두 종이고, 오랑우탄은 수마트라오랑우탄(*Pongo abelii*)과 보르네오오랑우탄(*Pongo pygmaeus*)에 이어 2017년 타파눌리오랑우탄(*Pongo tapanuliensis*)이 발견되어 세 종이 있을 뿐이다. 따라서 이 대형 유인원들을 가지고는 이른바 비교 연구가 불가능하다. 긴팔원숭이는 현재 15~19종이 살고 있는 것으로 알려져 있다. 이들 간의 비교 연구를 통해 진화의 역사를 재건해 볼 수 있어 나는 개인적으로 침팬지나 고릴라를 연구하는 것보다 훨씬 더 유리하다고 생각한다.

내가 긴팔원숭이를 연구하기로 맘먹으며 은근히 흥분하는 또 다른 이유는 바로 그들의 번식 구조 때문이다. 긴팔원숭이는 대형 유인원들과 달리 일부일처제를 유지하며 산다. 이는 일단 포유류로서 매우 희귀한 일이며 유인원으로서는 더욱 드문 현상이다. 전통 사회를 둘러보면 우리 인간도 다른 포유류와 마찬가지로 일부다처제의 성향이 다분하다. 그동안 진화 생물학자들은 인간을 서슴없이 일부다처제 동물로 분류해 왔다. 그러나 가만히 생각해 보면 유인원과 가장 진화적으로 가까운 우리 인간은 사실 표면적으로는 일부일처제를 채택하고 있다. 적어도 현대인의 경우에는 분명히 그렇다. 나는 인간에게 일부일처제의 진화 가능성을 무시할 수 없는 생물학적 요인들이 있다고 생각한다. 긴팔원숭이를 연구하다 보면 그런 내 생각을 뒷받침해 줄 귀한 자료들을 찾을 수 있을 것 같다.

최근 영장류학이 다시금 각광을 받고 있다. 21세기에 가장 중요한 연구 분야 중 하나는 단연 인간의 뇌를 탐구하는 분야다. 뇌 과학과 인지 과학이 바로 그들인데, 인간의 뇌를 직접 연구하는 데는 숱한 윤리적 또는 기술적 제약이 따른다. 직접적으로 인간을 대상으로 하기 어려운 연구들이 영장류 연구에서는 상당 부분 가능하다. 또한 영장류의 뇌를 들여다보면 인간 두뇌의 진화 과정을 엿볼 수 있다. 이웃나라 일본은 영장류학계에서 독보적인 나라다. 영장류학의 선두 국가인 미국, 영국, 독일, 일본 중에서 실제로 자기 땅에 영장류가 살고 있는 유일한 나라가 일본이다. 일본원숭이(*Macaca fuscata*)는 온천욕을 즐기고 모래가 묻은 고구마를 물에 씻어 먹을 줄 아는 대단히 흥미로운 영장류다. 그런데 이들과 매우 흡사한 원숭이가 우리나라에도 있었다는 사실을 아는 사람은 그리 많지 않다. 안타깝게도 이제는 사라지고 없지만 충북 대학교 박물관에는 그들의 화석이 전시되어 있다.

나는 요즘 종종 잠을 설친다. 우리 연구진의 자바긴팔원숭이 연구 논문이 차곡차곡 쌓여 가고 있다. 멸종 위기 종인데다 이제껏 과학계가 그들에 대해 아는 바가 거의 없었기 때문이다. 2011년 드디어 《미국 영장류학회지(*Journal of American Primatology*)》에 우리의 첫 논문이 실렸다. 그 논문으로 우리가 노벨상 후보에 오르는 것은 물론 아니다. 하지만 그동안 영장류의 DNA를 연구한 우리 학자들의 논문은 있었으나 그들의 행동과 생태에 관해서는 그야말로 단군 이래 처음이다. 서울 동물원과 에버랜드 동물원도 이제 영장류 인지 실험을 위한 시설을 갖췄다. 이제 우리도 유명 국제 학술지에 10여 편의 논문을 발표하며 세계 영장류학계에 명함을 내밀 수 있게 되었다.

동물의 번식 구조는 크게 세 가지로 나뉜다. 일부다처제(polygyny)는 한 수컷이 여러 암컷과 짝짓기를 하는 체제고, 그 반대는 일처다부제(polyandry)다. 그리고 암수가 짝을 이루는 일부일처제(monogamy)가 있다. 인류 집단 여러 종족의 번식 구조를 조사해 보면 일부다처제가 압도적으로 많다. 일처다부제는 정말 귀하다. 기록에 따르면 약 네 종족만이 일처다부제를 채택한다. 대표적인 사례가 티베트인데 그곳에서는 여자가 귀해서 형제가 한 여인과 결혼해서 같이 산다. 이런 특수한 예를 제외하고는 인간 종족 대부분은 일부다처제를 채택한다. 물론 이 조사를 종족 수가 아니라 사람 수로 대체하면 결과는 달라진다. 세계 인구 중 대부분이 현대 기계 문명 사회에 살고 있기 때문에 사람 수로 보면 일부일처제가 가장 보편적인 체제가 된다.

하지만 영장류 중에서 인간은 일부일처제의 성향을 가장 많이 지니고 있다. 침팬지를 비롯한 다른 영장류는 번식기가 되면 암컷의 체외 생식기가 커다랗게 부풀어 오르면서 번식할 준비가 되었다는 걸 널리 광고한다. 그러나 인간 여성은 언제 배란을 하는지 본인 스스로도 알지 못한다. 따라서 아무리 남편이라도 자기 아내가 언제 배란을 하는지를 알려면 날짜를 세는 수밖에 없다. 이른바 '은폐된 배란(concealed ovulation)'이라고 불리는 이 독특한 진화 현상이 인간으로 하여금 일부일처제를 채택하도록 만들었을 수 있다. 침팬지를 비롯한 다른 영장류 수컷처럼 여러 암컷에게 관심을 보이다 보면 이래 저래 배란 시기를 놓칠 수 있다. 이런 상황에서 인간 남성이 택할 수 있는 가장 확실한 전략은 한 여인을 정해 되도록 많은 시간을 함께 보내며 되도록 자주 잠자리를 하는 것이다. 그래야 그 여인의 배란기에 맞춰 짝짓기를 할 가능성이 커지고 그만큼 자신이 그 여인이 낳는 아이의 아버지일 확률이 높아진다. 그래서 나는 『여성 시대에는 남자도 화장을 한다』라는 책에서 결혼은 원래 남성이 원해서 만들어진 제도일 것이라고 주장했다.

또한 인간은 자연계에서 유례를 찾기 어려울 정도로 무기력한 새끼를 낳는 동물이다. 뇌 조직의 겨우 25퍼센트 정도만 갖추고 태어나는 바람에 침팬지 아이가 나무를 탈 때 우리 아이들은 몸도 한번 제대로 뒤척이지 못한다. 태어난 지 거의 1년이 되어야 겨우 걸음마를 배우는 아이를 낳아 어떻게 아프리카 초원에서 살아남겠다고 생각했는지 인간은 참으로 대책이 서지 않는 동물이다. 이처럼 무기력한 아기를 키우는 데 가장 효율적인 체제가 바로 일부일처제다. "백지장도 맞들면 낫다."라는 옛말이 있다. 요즘엔 참 보기 힘든 곤충이지만, 쇠똥구리는 소나 말 같은 초식 동물의 똥을 둥글게 말아 땅속에 파묻고 그 안에 알을 낳는다. 송장벌레는 새나 쥐 같은 비교적 몸집이 작은 동물의 사체를 찾아 동그란 공 모양으로 다듬어 땅속에 묻고 그 안에 알을 낳는 곤충이다. 둘 다 혼자서 하기에는 힘에 부치는 일이다. 그래서 암수가 짝을 이뤄 먹이 자원을 찾아 알을 낳아 함께 기른다.

부부가 함께 자식을 기르는 대표적인 동물은 역시 새들이다. 새들의 세계에서 암컷이나 수컷이 혼자 자식을 기르는 예는 거의 없다.

둥지에 알을 놔둔 채 먹이를 구하러 나가는 일은 절대적으로 위험한 일이다. 하다못해 동성애자 부부가 함께 자식을 돌보는 경우는 있을 망정 홀어미 또는 홀아비는 사고가 난 경우를 제외하곤 거의 찾아볼 수 없다. 갈매기는 매우 모범적인 일부일처제를 실행하는 동물이다. 갈매기 부부의 하루 일과를 지켜보면 거의 완벽하게 열두 시간씩 집 안일과 바깥일을 나누어 한다. 한 마리는 밖에 나가 먹이를 물어 오 고 그동안 다른 한 마리는 둥지에 앉아 알을 품는다. 그리고 수시로 서로의 임무를 교대한다. 갈매기는 또 평생을 해로하는 동물이다. 겨울을 피해 따뜻한 지방으로 이주했다가 번식기가 되면 다시 조상 대대로 자식 농사를 짓던 지역으로 돌아온다. 먼저 도착한 갈매기는 작년에 함께 자식을 길렀던 짝을 찾느라 쉼 없이 울어 댄다. 워낙 먼 길을 이주하다 보니 험한 여정에 목숨을 잃는 경우도 허다하다. 남들 은 일찌감치 지난해 함께 살림을 차렸던 연인을 만나 둥지를 틀기 시 작하는데 영영 돌아오지 않는 연인을 목이 메도록 불러 대는 갈매기 의 울음은 자못 서글프다.

그러나 이런 갈매기들도 이혼을 한다. 캘리포니아 주립 대학교 의 심리학과 교수 주디스 핸드(Judith Hand) 박사의 관찰에 따르면, 캘리포니아 바닷가의 갈매기들은 네 쌍 중 한 쌍이 1년을 넘기기 무 섭게 갈라선다고 한다. 미국에서는 요즘 두 쌍의 하나꼴로 이혼을 하 고 우리나라에서도 이젠 세 쌍 중 한 쌍이 이혼을 한다지만 캘리포니 아 갈매기들의 이혼율도 만만치 않은 셈이다. 갈매기들이 이혼하는 이유는 간단하다. 함께 자식을 키우는 과정에서 너무 마음이 맞지 않 더라는 것이 이혼 사유다. 갈매기 부부는 집안일과 바깥일을 서로 교대할 때 덕수궁 수문장 교대 뺨칠 정도로 요란한 교대 의례를 거친다. 이혼한 갈매기 부부의 지난해 행동을 분석해 보니 교대식이 유난히 길고 시끄러웠단다. 서로 위험한 바깥일은 덜 하려 하고 집에 더 있겠다며 버티는 바람에 자주 다툰 부부들이 이혼했다. 아이를 보는 일일랑 서로에게 떠맡기고 그저 밖으로만 나가려는 요사이 우리 맞벌이 부부들과는 정반대의 이유로 다투는 셈이다.

이혼과 재혼은 일부일처제에 무시 못 할 변이를 제공한다. 이혼한 다음에 재혼하는 비율은 여성보다 남성이 훨씬 높다. 이혼 이후에도 자식을 길러야 하는 여성들의 경우에는 자식에 대한 책임감 때문에, 그리고 재혼할 때 남성들이 대부분 젊은 여성을 선호하기 때문에 여성들의 재혼은 남성에 비해 그리 흔하지 않다. 어느 특정한 순간에는 일부일처제를 유지하더라도 평생 여러 번 결혼을 하면 결국 일부다처제의 효과를 얻는 것이다. 그런 경우를 '연속 일부일처제(serial monogamy)'라고 부른다. 꼭 연속 일부일처제가 아니더라도 성에 관한 남녀의 근본적인 전략 차이 때문에 여성은 동시에 여러 남성의 아이를 낳을 수 없지만 남성은 동시에 여러 여성의 몸을 통해 자식을 얻을 수 있다. 내가 미시간 대학교 교수로 부임한 1992년 이후 가족끼리도 늘 가깝게 지낸 진화 인류학자 로라 벳직(Laura Betzig)은 오랜 연구를 바탕으로 1986년 『폭정과 차등 번식: 다윈 관점의 역사(*Despotism and Differential Reproduction: A Darwinian View of History*)』라는 책을 출간했다. 그리고 지금도 '불후의 명저'를 준비하고 있다. 그는 서양의 역사를 성을 둘러싼 남녀 간 갈등의 역사로 새롭게 정립하려는 노력을 기울이고 있다. 그에 따르면 결국 인류의 역사는 보다 많은

다윈 지능

여성의 몸을 빌려 번식 성공도를 극대화하려는 남성들의 경쟁의 역사라는 것이다. 자연계의 다른 동물들의 역사와 우리 역사가 그리 다를 바 없다는 게 그의 지론이다.

한 종의 번식 구조는 번식을 둘러싸고 벌어지는 암수 간의 갈등이 어떤 방식으로 풀리는가에 따라 결정된다. 1997년 영국 케임브리지 대학교 출판부에서 내가 펴낸 『곤충과 거미류의 번식 구조의 진화(The Evolution of Mating Systems in Insects and Arachnids)』는 번식 구조가 고정된 종 특이적인(species-specific) 현상이 아니라 각각의 개체군이 처한 환경에서 번식을 둘러싸고 벌어지는 갈등 요인들이 유동적으로 상호 작용하며 빚어내는 결과임을 밝혔다. 번식 구조가 성적 갈등(sexual conflict)에 따라 결정된다면 얼마나 유동적일지는 『이기적 유전자』에서 리처드 도킨스가 한 다음과 같은 말에 잘 드러나 있다.

서로의 유전자의 50퍼센트를 공유하는 부모와 자식 간에 이해의 갈등 관계가 존재한다면, 서로 유전적으로 아무런 연관이 없는 배우자 간의 갈등은 얼마나 심각하겠는가?

17

레크와 경합 시장

동물들의 번식 구조 중에서 가장 신기한 것은 단연 레크(lek)이다. 멧닭(black grouse), 목도리도요(ruff), 극락조(bird of paradise)를 비롯한 20여 종의 새들과 어류, 포유류, 곤충 등에서 간간이 나타나는 번식 구조로서 매년 수컷들이 전통적으로 모이는 곳에 암컷들이 오로지 짝짓기만을 위해 방문하는 형태를 취한다. lek는 알바니아의 화폐 단위이자 네덜란드 서부의 강 이름이기도 하지만, 번식 구조를 가리키는 말로 쓰이기도 하는데 이는 '놀다.'라는 뜻의 스웨덴 어 'leka'에서 파생된 것이다. 레크는 수컷들이 모이는 장소를 지칭하기도 한다. 해마다 번식기가 되면 먼저 수컷들이 레크로 몰려들기 시작한다. 그런 다음 그들은 서로 좋은 위치를 차지하기 위해 몸싸움을 벌인다. 하지만 수컷들이 차지하는 작은 터는 전형적인 의미의 영역(territory)이라고 보기는 어렵다. 그 안에 먹이가 있거나 둥지를 틀 만한 공간이 있는 게 아니기 때문이다. 그저 춤추고 노래할 수 있을 만큼의 작은 공간이다. 결국 수컷들은 무대 위에서 가장 좋은 위치를 확보하기 위해 경쟁을 벌이는 것이다.

자리다툼을 마친 수컷들이 숨을 돌릴 만하면 이내 암컷들이 들이닥친다. 잠시나마 평온을 유지하던 레크는 암컷들의 당도와 더불어 그야말로 아수라장으로 변한다. 모든 수컷이 죄다 일어나 춤을 추고 노래하며 암컷의 환심을 사기 위해 혼신의 노력을 다한다. 하지만 언뜻 보기에는 아수라장 같아도 레크의 수컷들은 모두 신사의 도를 지킨다. 절대로 암컷의 몸에 손을 대거나 자신에게 관심을 보이지 않고 지나치는 암컷을 치근대며 붙들지도 않는다. 거의 완벽한 자유가 주어진 가운데 암컷들은 이 수컷 저 수컷 찾아다니며 그들의 기량을 가늠한다. 처음에는 여러 수컷을 비교적 고르게 검토하는 듯하다가 시간이 흐르면 대개 두어 마리의 수컷으로 압축한 다음 몇 번씩이고 반복해서 방문하며 신중하게 살핀다. 어떤 암컷은 하루에 결정을 내리지 못하고 며칠 동안 같은 레크를 방문하며 정말 심사숙고의 과정을 거친다. 하지만 어느 순간 마음의 결정을 내리고 나면 허무하리만치 짧은 정사를 마치고 훌쩍 떠나 홀로 둥지를 짓고 새끼도 혼자 키운다. 레크의 수컷들은 짝짓기에 성공할 경우 그저 정자를 제공할 뿐 자식 양육은 참여는커녕 어디에서 벌어지는지도 알지 못한다.

암컷들이 레크를 찾는 이유도 단 한 가지, 오로지 수컷의 정자를 얻기 위함이다. 어차피 자식은 혼자 키울 텐데, 그 짧은 정사를 위해 그토록 오랜 시간을 투자하며 신중에 신중을 기하는 까닭은 무엇일까? 의심의 여지없이 가장 훌륭한 유전자를 얻기 위해 그 많은 수컷들을 '요리 보고 조리 보고' 하는 것이다.

레크에서 벌어지는 일의 윤곽이 어느 정도 드러났을 무렵 진화생물학자들은 적지 않게 흥분하기 시작했다. 암컷이 주도권을 쥔 성 선택 과정에서 암컷들이 도대체 무슨 기준으로 수컷들을 평가하는가를 연구하던 행동 생태학자들은 레크야말로 신이 내린 절호의 실험 장소라고 생각하게 되었다. 짝짓기를 통해 암컷이 얻을 수 있는 물질적인 이득은 완벽하게 배제된 상황에서 오로지 유전적 이득만을 추구하는, 자연이 스스로 만들어 준 완벽한 실험이기 때문이다. 그래서 참으로 많은 생물학자가 레크 번식을 연구하기 위해 야외로 달려 나갔다. 하지만 상황은 그리 호락호락하지 않았다. 암컷 선택의 유전 메커니즘을 밝히기는커녕 도대체 어떻게 레크 번식이 유지될 수 있는지조차 이렇다 할 단서를 찾아내지 못했다. 당연히 온갖 가설들이 난무할 수밖에 없었다. 지금 이 순간에도 이른바 '레크의 모순(lek paradox)'은 여전히 안개 속에 가려져 있다.

지금까지 제안된 수많은 가설 중에서 세 가설이 동료 학자들로부터 가장 많은 호응을 얻고 있다. 첫째는 일명 '길목 가설(hotspot hypothesis)'이라는 것인데 암컷들이 가장 많이 나타날 최고의 길목에 레크가 형성된다는 설명이다. 이는 수컷들의 주도적인 역할을 전제하는 가설이다. 그와는 정반대로 암컷 주도의 가능성에 기반한 가설이 바로 '암컷 선호 가설(female preference hypothesis)'이다. 마지막으로 암컷들이 선호하는 미남 수컷 주변에 덜 매력적인 수컷들이 모여들어 레크가 형성된다는 '미남 가설(hotshot hypothesis)'이 있다. 암컷들이 여러 수컷을 한자리에서 보기를 원하기 때문에 수컷들이 모이기 시작했으며, 기왕에 암컷들이 자주 나타나는 길목에 자리를 잡게되었다는 것이다. 특별히 매력적인 수컷을 보러 암컷들이 모여든다는 설명은 모두 그럴듯하게 들리지만, 이 가설들은 모두 부분적인 설명만을 제공할 뿐이다. 『인간의 유래와 성 선택』에서 다윈은 레크 번식을 하는 새들에 대해 다음과 같이 말했다.

> 그런 새들에 대해 보다 강한 수컷들이 약한 수컷들을 간단히 쫓아내고 보다 많은 암컷들을 취할지도 모른다고 생각되기도 했다. 그러나 만일 수컷이 암컷을 흥분시키고 만족시키는 것이 필수적이라면, 긴 구애 행위와 한 곳에 엄청난 숫자의 암수가 집결하는 것을 이해할 수 있을 것이다.

하지만 불행하게도 우리는 아직 다윈 스스로 말했듯이 왜 보다 강한 수컷들이 약한 수컷들을 쫓아내지 않는지, 무엇이 덜 매력적인 수컷들로 하여금 그곳에 모이도록 부추기는지 등에 대해 명확한 답을 찾아내지 못하고 있다.

나는 사실 1992년부터 1994년 가을 서울 대학교로 부임하기 직전까지 미시간 대학교 명예 교우회(Michigan Society of Fellows)의 주니어 펠로(Junior Fellow), 즉 연구원으로 일했다. 미국 명문 대학들에 있는 명예 교우회는 1909년부터 1933년까지 하버드 대학교 총장을 지냈던 애벗 로런스 로웰(Abbott Lawrence Lowell)이 총장직에서 물러나며 사재를 털어 만든 지식 공동체가 그 시작이다. 그는 평생 자신의 학문 분야에서 일가를 이룬 대학자들을 한자리에 모으기만 해도 그곳에서 자연히 학문의 불꽃이 피어오를 것이라고 확신했다. 내가 2007년 이화 여자 대학교에 설립한 통섭원(統攝苑)은 바로 로웰 총장의 명예 교우회 정신을 이어받은 것이다. 그는 그렇게 모인 대학자들을 시니어 펠로(Senior Fellow)라고 부르고 해마다 박사 학위를 갓

다윈 지능

받은 사람들 중 가장 탁월한 인재들을 주니어 펠로로 선발해 신구 세대의 학자들이 함께 모여 학문을 논할 수 있도록 했다. 하버드 대학교 명예 교우회의 주니어 펠로 출신 중에서 지금까지 노벨상 또는 퓰리처상을 수상한 학자들이 수십 명이나 된다. 로웰 총장의 통섭적 혜안이 적중한 것이다.

하버드를 본받아 미시간 대학교도 1970년에 명예 교우회를 만들었고 나는 그곳에서 주니어 펠로로 연구할 수 있는 영예를 얻었다. 나는 주니어 펠로로 지낸 그 몇 년을 나머지 내 삶 전체와 바꾸지 않는다. 학자로 살면서 그런 값진 경험을 할 수 있는 이는 사실 몇 되지 않는다. 미시간 명예 교우회는 매년 수많은 지원자 중에서 네 명의 주니어 펠로를 선정한다. 주니어 펠로의 임기가 기본적으로 3년이기 때문에 모두 열두 명이 함께 생활한다. 매주 수요일 점심마다 우리는 고풍스럽고 고즈넉한 방에 모여 잘 차려진 점심을 먹으며 다양한 주제를 놓고 토론을 했다. 우리 중 누군가가 발제를 하고 서로 다른 분야를 연구하는 젊은 학자들이 정말 자유롭게 얘기를 나누는 것이다. 나는 "왜 동물 세계에서는 수컷이 더 아름다운가?"라는 질문을 주제로 발제를 하기도 했고, 철학을 하던 친구는 "왜 철학자들은 꼭 어렵게 글을 쓰는가?"라는 제목의 발제를 하기도 했다. 그런가 하면 매달 한 번씩은 시니어 펠로들과 저녁을 함께 먹으며 또 한 주제에 대해 밤이 늦도록 토론을 했다. 매년 50주 넘게, 그리고 매달 한 번씩 토론을 했더니 3년 동안 나는 줄잡아 거의 200개의 주제에 관해 귀동냥을 할 수 있었다. 사실 어느 주제건 내가 제대로 깊이 아는 건 별로 없다. 하지만 어떤 모임이든 참석해 그저 30여 분 정도만 지내면 대충 어느 동네 얘기를 하는지는 짐작할 수 있다. 내가 우리 사회에 통섭이라는 화두를 던지고 과감하게 학문의 경계를 넘나들 수 있는 데는 나름대로 역사적인 배경이 있는 셈이다.

나는 레크 번식의 진화를 당시 새로 등장한 산업 경제학의 모형으로 설명하겠노라는 연구 계획서를 제출해 미시간 명예 교우회에 주니어 펠로로 선정되었다. 그때가 1991년 가을이었으니 세계적인 경제 위기 후 생물학과 경제학의 만남이 전례 없이 활발해진 2009년을 기점으로 하면 무려 18년 전의 일이다. 나는 레크의 진화를 설명하기 위해 제안된 가설들 중 그 어느 것에도 만족할 수 없었다. 그러면서 왜 도시의 어느 지역에 가면 동일 상품을 파는 가게들이 들러붙어 있는 것일까에 대해 생각하기 시작했다. 1960~1970년대 서울 광교에는 양복점들이 즐비하게 늘어서 있었다. 한곳에 몰려 있으면 곧바로 비교가 될 텐데 왜 그런 현상이 일어나는 것일까? 용산 전자 상가에는 거의 구별하기도 어려울 만큼 비슷비슷한 가게들이 옹기종기 모여 있다. 하버드 대학교에서 박사 학위를 하던 시절 나는 뻔질나게 경제학과 건물인 리타우어 센터(Littauer Center)를 드나들며 심지어는 노벨 경제학상을 수상한 교수도 찾아가 "왜 보스턴 시내에 가면 구두 가게들이 한곳에 모여 있는 겁니까?"라고 묻곤 했다. 잊을 만하면 불쑥불쑥 찾아와 유유상종(類類相從)의 경제학적 배경을 묻는 생물학과 대학원생에게 하버드 대학교 경제학과 교수들은 한결같이 그 건물 지하실을 가리켰다. 바로 경제학 도서관이 있는 곳이었다. 경제학 책이라도 읽은 다음에 다시 오라는 것이었다. 그래서 나는 시간만 나면 경제학과 도서관에 가서 온갖 책들을 뒤지기 시작했

다윈 지능

다. 그러던 어느 날 당시 뉴욕 대학교와 프린스턴 대학교 경제학과에 겸직으로 있던 윌리엄 보멀(William Baumol)의 책을 발견했다. 이름하여 '경합 시장(contestable market)'에 관한 책이었다.

경합 시장은 표면적으로는 하나 또는 소수의 기업이 독점하고 있는 것처럼 보이지만 산업 구조 자체가 매몰 비용(sunk cost)이 적기 때문에 시장의 진입과 탈퇴가 비교적 자유로워 경쟁적인 가격 형성이 가능한 시장을 말한다. 예를 들어, 대학 구내의 매점은 거리상 이점을 이용해 가격을 높게 매길 수 있지만 학교 밖에 언제든 경쟁 가게가 생길 수 있다는 가능성 때문에 가격을 터무니없게 책정할 수는 없다. 보멀과 그의 동료들은 대표적인 경합 시장으로 항공 산업을 예로 들었다. 항공 산업에 뛰어들기 위해 비행기를 구입할 필요도 없다. 비행기 몇 대를 임대해 공항 이용료를 내기만 하면 된다. 예를 들어, 로스앤젤레스-샌프란시스코 노선에 뛰어들어 기존의 항공사들보다 저렴한 가격을 제시하면 일단 사업을 시작할 수 있다. 그러다가 다른 항공사들도 가격 경쟁에 합류해 이득이 줄어들면 비행기들을 옮겨 시카고-디트로이트 노선을 공략하면 되는 것이다. 1980년대 초반 보멀은 노벨 경제학상 후보로 단골처럼 거론되며 이른바 레이거노믹스(Reaganomics)에 상당한 영향력을 미친 중진 경제학자였다. 아쉽게도 그는 끝내 노벨상을 받지 못한 채 2017년 타계했지만, 2006년 미국 경제학회는 그의 이름으로 특별 심포지엄을 열고 특히 '기업가정신(entrepreneurship)'에 관한 그의 평생 업적을 기린 바 있다.

1985년 가을 어느 날 하버드 대학교 경제학과 건물 지하실에서 보멀의 책을 읽어 내려가다가 나는 문득 사뭇 어처구니없는 연관을 떠올리곤 흥분하기 시작했다. '비행기? 새? 둘 다 날아다니잖아. 자유롭게 판을 옮겨 다닐 수 있네.' 그때부터 내 생각은 꼬리에 꼬리를 물기 시작했고 급기야는 전혀 다른 주제로 박사 학위를 얻은 직후 레크의 진화와 경합 시장 이론을 접목하겠다는 당시로서는 상당히 튀는 연구 계획서를 앞세워 미시간 명예 교우회에 입성하게 된 것이다. 주니어 펠로로 선정되자마자 나는 곧바로 보멀 교수에게 이메일을 보내 내 연구 계획에 대해 상세하게 설명했다. 이론적인 모형 연구에 의존해야 했던 그로서는 갑자기 새들을 가지고 그의 이론을 실험해 보이겠다는 젊은 생물학자의 엉뚱함이 무척 반가웠던 모양이다. 그는 내게 프린스턴 대학교 고등 연구원(Institute for Advanced Study)의 연구원 직책을 제안했지만 나는 결국 1994년 서울 대학교로 자리를 옮겼고 지금까지도 국내의 그 많은 경제학 박사 중에서 경합 시장을 전공한 학자를 찾지 못해 이 연구를 이어 가지 못하고 있다.

여전히 풀리지 않은 레크에 관한 원래 질문으로 돌아가 보자. 암컷들이 수컷이 많이 모인 곳을 선호하므로 일단 레크 비슷한 곳이 형성되었다고 하자. 다윈이 한 말을 반대로 뒤틀어 보면 보다 강한 수컷, 또는 분명하게 더 매력적인 수컷 주변에 약하고 덜 매력적인 수컷들이 모여들어 도울 까닭이 무엇인가? 이해를 돕기 위해 싱글족들이 모이는 술집을 상상해 보라. 그런 곳에 내가 만일 영화 배우 장동건이나 현빈과 같이 간다고 하자. 그 술집 안에 있는 그 수많은 여성 중 단 한 명이라도 내게 눈길을 주겠는가? 나는 물리적으로 분명 그곳에 함께 존재하지만 여성들의 정신 세계에 나라는 존재는 없다. 레크를 찾는 암컷들이 왜 그렇게 오랜 시간 동안 심사숙고를 하는 것일까? 어쩌면 한 레크에 모이는 수컷들은 모두 다 고만고만하기 때문은 아닐까? 수컷 새들도 번식기 초반에는 여러 레크를 돌아다닌다. 딱히 조사된 자료가 많지 않아 나는 레크에 모여든 수컷들의 체중에 관한 자료들을 수집해 비교해 보았다. 다른 일부다처제의 동물들보다 레크 번식을 하는 수컷들의 체중 변이가 상대적으로 훨씬 작은 것으로 드러났다. 나이트클럽에도 속된 말로 물이 좋은 곳이 있는가 하면 처지는 곳이 있는 것처럼 레크 간에도 질적인 차이가 있으리라는 게 내 이론의 예측이다.

변명처럼 들리겠지만 지지 데이터를 충분히 확보하지 못해 1980년대 후반에 초안을 잡아 놓은 이 논문을 아직도 발표하지 못하고 있다는 사실로 인해 조금은 착잡한 마음이 드는 것을 어쩔 수 없다. 세계적인 경제 위기를 겪으며 경제학 내부로부터 진지한 자성의 목소리가 흘러나오고 있다. 경제학이 경제의 주체인 인간이라는 동물의 행동과 본성에 대한 천착 없이 과연 무엇을 할 수 있겠느냐는 자기 고민과 함께 행동 경제학, 신경 경제학, 진화 경제학이 급부상하고 있다. 최근 전기 통신 산업이 두각을 나타내면서 경합 시장에 관한 관심도 조금씩 되살아나는 듯 보인다. 뒤늦은 후회이긴 하지만 1980년대 중반이면 경제학과 생물학의 접목 시도로는 그리 늦은 시기가 아니었다. 내가 만일 그 길을 계속 갔더라면 지금쯤 어디에 있을까 스스로 묻곤 '가지 않은 길'에 대한 회포에 씁쓸해 한다. 다윈이 말한 "자연의 경제(economy of nature)"와 다윈의 동시대 철학자였던 윌리엄 휴얼(William Whewell)의 통섭(consilience)에 대한 확신이 내게 좀 더 일찍 찾아 들었더라면 하는 아쉬움이 절절하다.

18

성의 기원:
암수가 꼭 필요했나?

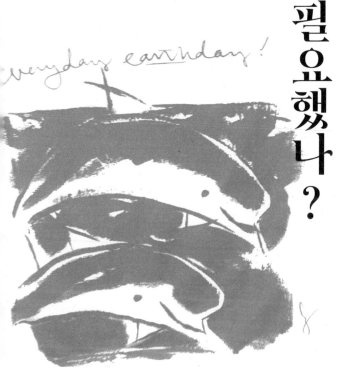

everyday earthday!

다른 학문 분야도 마찬가지겠지만 자연 과학에도 때로 문제를 문제로 의식하는 눈을 얻기 전까지는 전혀 문제가 되지 않는 문제들이 있다. 성(性, sex)이 그 대표적인 예이다. 1960년대에 이르러 몇몇 생물학자가 새삼스레 성, 보다 정확히 말하면 양성이 왜 진화했는가에 대한 근원적인 물음을 던지기 전에는 성이란 "종족 보전을 위하여"라는 언뜻 들으면 너무나 당연하고 자연스런 진화적 적응 현상으로 간주되었다. 자식을 위해서라면 때론 목숨을 던지는 일도 마다하지 않는 부모의 희생 행동은 물론, 애당초 자식을 낳아 정성을 다해 기르겠다는 번식 결정까지 모두 종족의 안녕과 번영을 위한 숭고한 행위라는 설명에 참으로 오랫동안 아무도 이의를 제기하지 않았다. 하지만 민족 운동의 위대한 지도자라면 모를까 그 어느 부부가 성관계를 가지며 "종족 보전을 위하여!"를 부르짖겠는가? 성은 지극히 개체 중심적인(individualistic) 행위다. 최소한 의식 수준에서는 분명히 그렇다. 인간의 경우 성은 일단 자극적 쾌락 때문에, 그리고 다분히 의식적인 차원에서 자식을 낳기 위해, 즉 내 유전자를 후세에 남기기 위해 수행하는 행동이다.

오랫동안 성의 기원과 진화가 연구 주제가 되지 않았던 이유 중의 하나는 우리가 지닌 종 수준의 편향성(provincialism) 때문일 것이다. 인간 종이 속해 있는 포유류는 전부 유성 생식(sexual reproduction, 양성 생식)을 하는 동물들로 구성되어 있다. 인간의 경우 예수의 동정녀 탄생과 같은 종교 설화나 박혁거세 탄강(誕降)을 비롯한 건국 설화 등이 있지만 실제로 과학적으로 입증된 단위 생식의 경우는 존재하지 않는다. 프랑스 파리의 루브르 박물관에는 헤르메스(Hermes)와 아프로디테(Aphrodite) 사이에서 태어나 풍만한 젖가슴과 남성의 성기를 함께 갖춘 헤르마프로디토스(Hermaphroditos)의 석상이 전시되어 있다. 실제로 인간 사회에는 태어날 때부터, 또는 호르몬 치료나 성형 수술을 통해 헤르마프로디토스의 형상을 갖춘 이른바 'shemale(여남)'이 있긴 하지만 기능적으로 완벽한 암수한몸(hermaphrodite, 남녀추니 또는 어지자지라고도 부른다.)인 경우는 적어도 포유류에서는 아직 밝혀진 바 없다. 반드시 기능적이지 않더라도 암수의 성징을 한 몸에 지닌 상태를 생물학에서는 '자웅 혼재(gynandromorphy)'라고 한다.

우리 주변에서 우리와 늘 함께 사는 생물 대부분이 유성 생식을 한다는 사실도 성의 진화에 대한 우리의 무관심과 무지를 부추긴 것으로 보인다. 진핵생물(eukaryotes)의 대표 주자들인 식물, 동물, 그리고 균류(fungus)의 절대 다수가 유성 생식을 하기 때문에 우리는 성을 너무나 자연스러운 것으로 생각한다. 성의 진화가 생물학의 가장 궁극적인 문제로 떠오른 배경에는 이처럼 온 세상에 성이 화려하게 꽃 피운 것은 사실이나 무성 생식(asexual reproduction, 단성 생식)에 비해 유성 생식이 갖고 있는 근본적인 불리함에 대한 설명이 필요했기 때문이었다. 1957년 미국의 두 유머 작가 제임스 서버(James Thurber)와 엘윈 와이트(Elwyn B. White)가 던진 "성이란 과연 필요한가?(Is sex necessary?)"라는 질문을 시작으로 지난 반세기 동안 마치 진화 생물학자라면 누구나 당연히 성의 진화와 존속에 관해 이야기해야만 하는 듯이 수많은 책과 논문이 쏟아져 나왔다. 1982년 캐나다의 진화 생물학자 그레이엄 벨(Graham Bell)이 단언한 것처럼 성의 문제는 이제 모든 생물학 문제 중에서 단연 "여왕"이 되었다.

성의 기원과 진화가 불가사의한 까닭은 10여 년 전에 작고한 영국의 이론 유전학자 존 메이너드 스미스(John Maynard Smith, 1920~2004년)가 수학적으로 예증해 보인 이른바 '두 배의 손실(twofold cost of sex)'에서 출발한다. 무성 생식 또는 단위 생식에 비해 유성 생식은 유전자의 관점에서 두 배의 손실을 감수한다. 가상의 두 가족을 비교해 보자. 한 가족은 인간 사회의 거의 대부분이 그렇듯이 부부가 유성 생식을 통해 가정을 꾸린다. 만일 자식을 둘만 낳는다고 하면 평균적으로 하나는 딸이고 다른 하나는 아들일 것이다. 딸과 아들에 각각 어머니의 유전자가 2분의 1씩 전달된다. 그들이 각자 결혼해 딸과 아들을 하나씩 낳는다면 그 손녀와 손자가 지닌 유전자의 4분의 1이 할머니의 유전자일 것이다.

이제 '돌연변이 가족'을 상상해 보자. 아내에게 단위 생식 돌연변이가 발생했다고 가정하자. 남편의 유전자와 결합하지 않고 오로지 자신의 유전자만으로 자식을 만들게 된다는 말이다. 그렇다면 그 여인이 낳는 두 자식은 모두 딸일 것이다. 또 그들이 결혼해 각각 딸을 둘씩 낳을 것이다. 매 세대마다 이 여인의 유전자 증가율은 유성생식을 하는 여인에 비해 각 개체마다 두 배가 된다. 처음에는 아주 희귀하게 시작한 이 돌연변이 유전자는 세대를 거듭하며 급속도로 증가할 것이고 애써 수컷을 낳아야 하는 부담이 없기 때문에 세대를 거듭할수록 적어도 양적으로는 실로 엄청난 유전적 이득을 얻게 될 것이다.

그동안 제기된 성의 진화에 관한 가설들은 모두 성이 태생적으로 지니고 있는 이 '두 배의 손실'을 극복하려는 노력이었다. 하지만 이 가설들에 대해 좀 더 구체적으로 설명하기에 앞서 나는 종종 간과되는 다른 비용을 지적하려 한다. 굳이 이름을 붙인다면 '성의 생태적 비용(ecological cost of sex)'이라고 할 수 있을 것이다. 이론 생물학자들이 이 문제를 전혀 인식하지 못하는 것은 물론 아니지만 성의 생태적 비용은 그동안 적어도 정량적으로는 그리 구체적으로 다뤄지지 않았다. 같은 꽃의 암술과 수술 사이에서 꽃가루받이를 할 수 있는 현화식물이나 번식기에 대부분 암컷이 암컷을 낳는, 즉 단위 생식을 하는 진딧물에 비한다면 유성 생식을 하는 우리 같은 생물들이 마음에 맞는 짝을 찾기 위해 소비하는 시간과 에너지가 얼마나 소모적인가는 사랑을 해 본 사람이라면 누구나 잘 알고 있을 것이다. 예외가 없는 것은 아니지만 유성 생식을 하는 생물들은 우선 짝짓기 상대를 찾아야 하고, 일단 찾은 다음에는 종종 엄청나게 까다로운 구애 과정을 거쳐야 하고, 서로 맘이 맞아 짝짓기를 시작한 다음에도 실제 번식에 이르기까지 수많은 단계들을 통과해야만 한다.

유성 생식을 하는 동물들은 특수한 화학 물질(페로몬)을 생산해 분비하기도 하고, 수컷의 경우 암컷의 호감을 사기 위해 온갖 화려한 색과 형태를 갖춰야 하며 때론 목청 높여 노래도 하고 심지어는 현란한 춤도 춰야 한다. 날기조차 불편할 만큼 거추장스러운, 그러나 기가 막히게 화려한 깃털들을 가지고 있는 공작새 수컷을 보면 이 비용이 얼마나 엄청날지 예상할 수 있을 것이다. 번식의 이득을 얻기 위해 개발된 형질들은 흔히 생존에 위협이 되기도 한다. 화려한 형질은 암컷뿐 아니라 포식 동물들의 눈에도 잘 띄기 때문이다. 스스로 움직여 다니며 짝짓기 시도를 할 수 있는 동물과 달리 한자리에 뿌리를 박고 사는 식물의 경우에는 훨씬 더 복잡한 문제들이 쌓여 있다. 그래서 많은 현화식물들은 '날아다니는 음경(flying penis)'인 곤충, 새, 박쥐 들을 유혹해 자기 대신 사랑하는 연인과 잠자리를 해 달라고 부탁한다. 동물의 관점에서 보면 칼부림을 해도 시원치 않을 불륜을 애써 간청하며 그도 모자라 고맙다고 꿀과 꽃가루로 보답까지 한다.

하지만 이 같은 유전적 및 생태적 비용에도 불구하고 오늘날 자연계에 유성 생식을 하는 생물들이 버젓이 잘 살고 있다는 사실은 유성 생식에 결정적인 진화적 이득이 있음을 의미한다. 유성 생식이 주는 이득을 설명하는 가설을 제일 먼저 제안한 사람은 독일의 진화 생물학자 아우구스트 바이스만(August Weismann, 1834~1914년)이었다. 그는 유성 생식은 암수의 유전자(물론 당시에는 유전자의 존재가 밝혀지기 전이라 생식질(germ plasm)이라 불렀다.)를 섞는 과정에서 새로운 유전형(genotype)을 만들어 내 자연 선택으로 하여금 보다 다양한 변이를 가지고 일할 수 있게 해 준다고 설명했다. 이 같은 바이스만의 설명은 1966년 조지 윌리엄스의 명저 『적응과 자연 선택』에서 집단 선택(group selection) 가설에 입각한 설명이라는 평가를 받으며 주춤했다. 하지만 2000년대에 들어와서 수행된 실험들을 통해 유성 생식을 통한 변이의 다양성이 집단과 유전자 수준 모두에서 유리할 수 있다는 주장들이 제기되기 시작했다.

1930년대 초반에는 이론 진화 생물학자 로널드 피셔(Ronald A. Fisher, 1890~1962년)와 실험 유전학자 허먼 멀러(Hermann J. Muller, 1890~1967년) 등이 진화의 속도를 바탕으로 한 가설들을 내놓았다. 무성 생식에 비해 유성 생식이 유리한 돌연변이 조합을 더 용이하게 만들어 낼 수 있기 때문에 유성 생식 개체군은 무성 생식 개체군보다 훨씬 빠른 속도로 진화할 수 있다. 따라서 유전적으로 경직되어 있는 무성 생식 개체군은 환경의 변화에 신속하게 적응하지 못하여 절멸할 가능성이 크다. 또한 무성 생식을 하는 생물들은 일단 만들어진 불리한 돌연변이를 제거할 능력이 없는 반면 유성 생식을 하는 생물들은 유전자의 결함을 수정할 수 있어 환경 변화에 보다 강력한 저항력을 지닌다. 무성 생식을 하는 생물들에게 해로운 돌연변이들이 축적되어 결국에는 멈추게 되는 현상을 흔히 '멀러의 깔축톱니(Muller's ratchet)'라고 부르는데, 그 반대로 유성 생식을 하는 생물들은 'DNA 복구 메커니즘(DNA repair mechanism)'을 이용해 수시로 유전자의 결함을 제거할 수 있다. 앞에서도 언급한 대로 이 같은 '유전자 다양성(genetic diversity)' 가설들은 처음에는 다분히 집단 선택 가설에 기반을 두고 개발되었지만 차츰 개체 수준의 설명으로 다듬어졌다. 유전적으로 다양한 자손을 만들어 내면 그만큼 오랜 기간 진화의 역사에

　　　　　　　　　　　　　　다윈 지능

서 살아남을 수 있다는 '시간적인' 가설들과 유전적으로 다양한 자손이 생태적으로 다양한 니치(niche)에 보다 잘 적응할 수 있다는 '공간적인' 가설들이 제기되어 이제는 성의 진화를 설명하는 한 축으로 당당히 자리를 잡았다.

성의 진화에 가장 구체적인 작업 가설을 제공한 것은 흥미롭게도 '기생충(또는 병원균)-숙주 공진화 가설'이다. 대부분의 기생 생물은 세대가 짧고 무성 생식을 하기 때문에 매우 빠른 속도로 새로운 '공격 무기'를 개발할 수 있다. 유성 생식을 하는 숙주(기주) 생물이 이에 맞서는 방법으로 진화한 게 바로 성이라는 설명이 포괄 적합도(inclusive fitness) 이론으로 우리에게 유전자의 관점으로 세상을 볼 수 있게 해 준 윌리엄 해밀턴의 이른바 '기생충 가설(parasite hypothesis)'의 핵심이다. 유전자 재조합을 통해 유전적으로 다양한 자손을 생산하면 기생 생물의 공격 무기를 무력화할 수 있다. 어느 기생 생물이 숙주 개체군에서 가장 흔한 유전형을 공격하기 시작하면, 그 공격을 견뎌 내는 새로운 유전자 조합을 만들어 낼 수 있는 유성 생식이 보다 유리한 전략으로 부상하게 된다. 그러면 기생 생물은 또다시 새로운 무기를 만들어 어느 특정한 유전형을 공격하고 숙주는 새로운 면역력을 갖춘 새로운 유전형을 만들어 내는 일이 끊임없이 반복해서 일어나게 된다. 기생 생물과 숙주 생물은 일종의 진화적 군비 경쟁을 벌이는 것이다.

이러한 길항적 공진화에 진화 생물학자들은 '붉은 여왕 가설'이라는 인문학적 상상력이 듬뿍 담긴 매력적인 이름을 붙여 주었다. 탁월한 과학 저술가 매트 리들리의 책 『붉은 여왕』에는 있는 힘을 다해 뛰어야만 겨우 제자리걸음을 할 수 있는 자연계 많은 생물들의 삶이 구구절절이 소개되어 있다. 생물이란 모름지기 항상 다른 생물과 상호 작용하며 공진화한다. 1982년에 해밀턴의 붉은 여왕 가설과 관련한 첫 논문이 나왔을 때 "설마 기생충이 우리로 하여금 그 화끈한 섹스를 하도록 만들었을까?" 하며 고개를 갸우뚱거리던 사람들이 적지 않았지만 이제 이 가설은 성의 기원과 진화에 대한 가장 탁월한 설명으로 인정받고 있다. 이제 우리는 사랑하는 이와 성관계를 가질 때 "종족 보전을 위하여!"를 부르짖지는 않아도 "기생충을 타도하자!"라는 구호는 외칠 수 있을지도 모른다.

기생충 가설이 빠른 시일 내에 이론 생물학과 야외 생물학 양 진영에서 적극적인 호응을 얻어 낸 데는 역시 해밀턴 선생님의 개인적인 매력이 작용했다고 본다. 포괄 적합도 이론으로 이미 다윈 이래 가장 위대한 생물학자라는 칭송을 한 몸에 받던 그가 내놓은 이론인지라 우리 모두 다시 한번 귀를 기울였던 게 사실이다. 나는 개인적으로 선생님이 기생충 논문들을 내놓기 바로 직전에 그를 직접 만나뵐 수 있는 영광을 얻었다. 1979년 가을 나는 미국 펜실베이니아 주립 대학교로 유학을 가서 알래스카 바닷새들의 몸에 붙어사는 체외 기생충의 군집 생태를 연구해 석사 논문을 마쳤다. 그러고는 선생님이 계시던 미시간 대학교에 박사 과정으로 진학하고자 지원서를 제출하고 편지를 보냈는데 선생님께서 흔쾌히 허락해 주셔서 1982년 겨울 일주일가량이나 선생님 댁에 머물며 꿈같은 시간을 보냈다. 낮에는 대학에서 여러 다른 교수님들을 만나고 밤에는 선생님 댁의 거실에서 밤이 늦도록 학문을 논했던 그 며칠은 내 인생에서 가장 소중

다윈 지능

한 시간들이었다. 선생님은 그때 줄기차게 포괄 적합도와 사회성 진화에 관해 질문을 퍼붓는 내게 오히려 내가 한 기생충 연구에 대해 끊임없이 질문들을 던지셨다. 선생님의 학문적 관심사가 바로 그 무렵 기생충과 성의 진화로 옮겨 가고 있었다는 것을 나는 나중에야 알았다. 나는 결국 영국 왕립 협회에 추대되어 옥스퍼드 대학교로 돌아가는 선생님을 동행하는 길보다 더 확실하고 안전했던 하버드 대학교로 가는 길을 택했다. 내가 만일 그때 선생님을 따라 옥스퍼드로 갔다면 아마 지금도 오로지 기생충 연구의 외길을 가고 있을 것이다.

하버드에서 박사 학위를 마친 나는 무슨 운명인지 선생님이 떠나고 없는 미시간 대학교에 교수가 되어 부임했다. 그리고 그 후 귀국해 서울 대학교에 몸담고 있던 시절 내내 안식년을 맞으면 꼭 옥스퍼드로 가서 선생님과 함께 연구하리라는 꿈을 간직하고 지냈다. 그러던 어느 날 선생님의 사망 소식을 접했다. HIV 바이러스의 기원에 대한 연구를 하시겠다고 아프리카에서 침팬지 분변을 채집하다 급성 말라리아에 걸려 급히 영국으로 후송되었으나 불과 며칠 만인 2000년 3월 7일 끝내 세상을 떠나시고 말았다. 아홉 살 소년 시절 존 F. 케네디(John F. Kennedy) 대통령의 암살 소식에, 그리고 20대 유학생 시절 존 레넌(John Lennon)의 죽음에 흘렸던 눈물보다 훨씬 더 많은 눈물이 하염없이 내 두 뺨 위로 흘러내렸다.

19

성은 꼭 암수 둘이어야 하나?

하리수와 홍석천 같은 연예인들이 버젓이 브라운관에 모습을 비추기 시작하며 성을 대하는 우리 사회의 태도에도 많은 변화가 일었다. 여전히 우리 사회에는 개인의 성적 성향이 다양할 수 있음을 절대로 인정하지 않으려고 마음의 문을 굳게 걸어 잠근 이들이 있지만, 인류의 역사를 돌이켜 보면 지금과 사뭇 다른 경향들이 있었다. 동서양을 막론하고 고대 역사와 신화에는 암수한몸, 간성(間性, intersex), 트랜스젠더(transgender) 등이 심심찮게 등장한다. 고대 동양에서도 비슷한 예들이 있겠지만 성의 연구가 보다 체계적으로 이뤄진 서양의 경우를 보면, 아리스토텔레스, 히포크라테스(Hippocrates), 갈레노스(Galenos)는 물론 탈무드의 저자들도 암수한몸을 인간 성의 변이로 당연하게 받아들였다. 이러한 입장은 중세와 르네상스 시기까지 이어졌다.

그러나 19세기로 접어들어 이른바 계몽기를 맞으며 우선 의학계로부터 여성과 남성을 확실하게 구별하는 견해가 부상하기 시작했다. 암수한몸은 더 이상 성의 자연스런 변이가 아니라 어딘지 결함이 있는 여성 또는 남성으로 간주되었다. 양성의 이분법적 구분이 확고해지기 시작한 것이다. 그렇다고 해서 이전에 남성, 여성, 그리고 암수한몸의 세 성을 동등하게 인정한 것은 아니었다. 당시 서양에서는 오히려 성은 하나, 즉 남성뿐이라 믿었다. 여성과 암수한몸은 완벽한 남성에 이르지 못한 불완전한 상태로 간주될 뿐이었다.

생물학적 성, 즉 섹스(sex) 못지않게 사회적 성, 즉 젠더(gender)도 굴곡의 역사를 거쳐 왔다. 18세기 서양에서는 본질적으로 네 개의 젠더가 존재한다고 믿었다. 여성적 여성, 남성적 여성, 여성적 남성, 그리고 남성적 남성이다. 그러던 것이 19세기로 넘어오며 젠더란 생물학적 성의 자연스런 확장이라고 생각하게 되었다. 이 같은 이분법적 구분으로부터 벗어나는 것은 이제 모두 비정상으로 간주되기 시작한 것이다. 그러나 20세기 의학의 발달, 좀 더 구체적으로 말하면 비뇨기과 수술 기술과 내분비학의 발달에 힘입어 육체적인 성과 정신적인 성의 불일치로 고통을 겪는 사람들에게 트랜스젠더, 또는 트랜스섹스(transsex)로 거듭날 수 있는 선택의 여지가 주어졌다.

이 세상에는 도대체 몇 개의 성이 존재하는 것일까? 대부분의 사람은 아무런 의심 없이 성이란 당연히 암수 둘뿐이라고 생각할 것이다. 그렇다면 현화식물, 즉 꽃을 피우는 식물의 경우를 들여다보자. 절대 다수의 현화식물은 한 꽃에 암술과 수술을 모두 가지고 있다. 적어도 형태적으로는 암수한몸이다. 그러나 대부분의 현화식물에서 같은 꽃의 암술과 수술 간에는 서로 꽃가루를 주고받지 않는다. 동물계에서 근친상간을 피하는 적응 메커니즘들이 진화한 것과 마찬가지로 식물에서도 자가 수분을 방지하는 다양한 메커니즘들이 개발되어 있다. 암술과 수술의 시간차 발달이 그런 메커니즘의 하나로 대부분의 꽃에서는 수술이 먼저 발달한다. 꽃이 피면 우선 꽃가루를 다른 꽃으로 보내는 일부터 시작한다는 뜻이다. 하지만 벌이나 나비가 꽃가루를 거의 다 실어 나르고 나면 수술들은 시들기 시작하여 차츰 고개를 숙이고 그들 사이로 암술이 우뚝 서게 된다. 그때부터는 주로 남의 꽃가루를 받는 역할을 하게 되는 것이다. 그러니까 대부분의 꽃은 우선 수컷으로 태어났다가 점차 암컷으로 변해 간다. 살면서 자연스레 성전환 수술을 받는 셈이다.

이 일련의 과정에서 꽃의 성은 어떻게 규정될 수 있을까? 처음에는 온전히 수컷으로 시작했다가 어느 순간부터는 꽃가루를 보내기도 하지만 받아들이기도 한다. 이 시기에는 암수의 역할을 동시에 수행하는 기능적인 암수한몸이다. 수술들이 모두 시들고 난 후에야 거의 완벽한 암컷이 된다. 식물학자들은 이 과정을 식물, 또는 더 엄밀히 말하면 꽃의 젠더가 변화하는 과정으로 본다. 한 지역의 꽃들을 놓고 볼 때 형태적으로는 암수한몸인 꽃들이 시간의 흐름에 따라 서로 다른 사회적 성의 역할을 수행하는 것이다. 그러니까 어느 한 꽃을 지켜본다면 처음에는 100퍼센트 수컷으로 시작했다가 이를테면 78퍼센트 수컷(즉 22퍼센트 암컷), 36퍼센트 수컷(64퍼센트 암컷)을 거쳐 99퍼센트 암컷이 되는 것이다. 그렇다면 현화식물에는 도대체 성이 몇 개가 있는 것인가? 온전한 수컷에서 거의 완전한 암컷에 이르기까지 그 모든 정도의 차이를 고려한다면 거의 무한대에 가까운 성이 존재한다. 성의 문제에 있어서도 역시 우리 인간의 관점이 언제나 자연계의 가장 보편적인 관점이어야 한다는 법은 없다.

삶의 역정 가운데 자연스럽게 성전환을 경험하는 경우는 동물 계에도 있다. 대표적인 예가 산호초 지역에 사는 양놀래깃과의 물고 기들(wrasse)이다. 이들은 주로 떼를 이루고 사는데 대부분 암컷으로 태어나서 살다가 몸집이 충분히 커지면 그중 한 마리 또는 일부가 짧 은 시간 내에 수컷으로 변한다. 외형은 물론 체내 생식기와 행동도 암컷에서 수컷으로 변한다. 그런가 하면 최근 이 물고기들에게 서식 처를 제공해 주는 석산호류(stony coral) 두 종(*Fungia repanda, Ctenactis echinata*)에서도 쌍방향의 성전환 현상이 관찰되었다. 이스라엘 텔아 비브 대학교와 일본 류큐 대학교의 연구진이 공동 연구를 통해 이 산 호들이 암컷에서 수컷으로, 또는 수컷에서 암컷으로 성전환을 하며 삶을 영위한다는 사실을 밝혀냈다. 그러고 보면 산호초 지역은 성전 환이 밥 먹듯 일어나는 곳인가 보다. 이같이 자연계에서 벌어지는 성 전환 현상은 우리처럼 의학적 시술을 통해서만 성전환이 가능한 동 물에게는 대단히 신기한 일이 아닐 수 없다. 지금까지 척추동물 중에 는 유일하게 어류에서만 관찰되었고, 무척추동물에서는 극피동물, 연체동물, 갑각류, 다모류동물(polychaete worm), 그리고 이제 자포동 물(Cnidaria)에서도 발견된다.

어느 특정한 생물에 과연 몇 개의 성이 존재하는가를 결정하는 일은 결코 간단한 작업이 아니다. 가장 단순한 방법은 배우자 형태의 수를 세는 것이다. 그러나 이 방법으로 성의 수를 규정한다면 축축한 지푸라기 더미에 종종 솟아오르는 버섯(*Corpinus cinereus*) 등에는 그 야말로 수천 개의 성이 존재한다. 버섯의 최고 기록은 무려 3만 6000 개나 되며 변형균(slimemold)에는 13개의 배우자 형태가 있다. 그러나 성은 유성 생식이라는 구도 안에서 규정되는 게 일반적이어서 유전자 재조합을 이룰 수 있는 조건을 생각하다 보면 자연스레 두 개체 간의 교합을 떠올리게 된다. 그런데 스위스 로잔 대학교의 로랑 켈러 (Laurent Keller) 교수와 동료들의 연구는 성에 관한 전혀 새로운 각도의 관점을 제시한다. 이들은 미국 남서부 건조 지역에 주로 분포하는 수확개미(*Pogonomyrmex*)의 잡종 현상을 연구하는 과정에서 양성(兩性)이 아니라 삼성(三性) 또는 사성(四性) 체계를 발견했다. 이 속의 수확개미 여왕은 두 종류의 수개미와 짝짓기를 해야 한다. 차세대 여왕개미를 생산하기 위해서 짝짓기하는 수개미와 일개미를 낳기 위해 짝짓기하는 수개미가 다르다. 따라서 한 군락이 유지되려면 서로 다른 세 성의 부모들이 필요한 것이다. 각각의 개미에게는 두 부모가 필요하지만 군락 전체에는 세 부모가 필요하다. 그리고 한 지역의 수확개미 개체군에는 네 개의 성이 필요하다. 왜냐하면 수확개미 두 종의 잡종으로 이뤄진 이 개체군에는 두 종류의 여왕개미가 존재하며, 그들 모두를 생산하려면 네 개의 성이 존재해야 하기 때문이다. 네성 중 어느 하나라도 사라지면 개체군도 결국 사라지기 때문에 이 경우에는 성을 개체 수준의 속성이 아니라 집단 차원의 속성으로 보아야 할 것이다.

이런 여러 예를 보면 자연계의 성은 종에 따라 하나나 둘 이상일 수 있다는 사실을 인정해야 한다. 하지만 유전적으로 상보적인 두 개체 사이에서만 생식이 가능한 우리 인간 같은 생물에서는 여러 다양한 형태의 성적 행동들의 경우 그 존재는 인정할 수 있지만 진화적 배경을 찾아내는 일은 그리 간단하지 않다. 그 대표적인 예가 동성애

(homosexuality)다. 동성애 행위로는 우선 번식이 불가능하다는 점에서 자연 선택으로 설명하는 데 근본적인 어려움이 있다. 동성애를 유발하는 유전적 성향이 있다 하더라도 번식을 통해 후세에 전달될 수 없는 상황에서 왜 진작 사라지지 않고 아직도 존재하고 있느냐는 질문이 가능하기 때문이다. 그렇다면 동성애는 다윈의 자연 선택 이론으로는 설명할 수 없는 현상일까?

우선 제일 먼저 짚어야 할 것은 자연계의 수많은 생물에 동성애가 존재한다는 점이다. 우리 인간의 경우에도 정확한 통계 수치를 얻기 어렵다는 점을 감안하더라도 모든 인류 집단에 공통적으로 존재한다는 사실을 부인하기는 어렵다. 동성애 현상이 존재하는 동물들에 대한 관찰 결과를 정리한 작은 백과사전 두께의 책들이 나와 있다. 갈매기를 연구하는 생물학자들은 상당히 오래전부터 갈매기 사회에 레즈비언 부부들이 심심찮게 존재한다는 사실을 보고해 왔다. 지금까지 진행된 연구에 따르면 그들의 경우에는 수컷의 부족이 직접적인 원인인 것으로 보인다. 수컷과 살림을 차리는 데 실패한 암컷 두 마리가 함께 둥지를 튼다. 그런데 흥미로운 것은 그들도 버젓이 알을 낳고 새끼를 키운다는 점이다. 미수정란을 낳는 것도 아니고 단위 생식을 통해 알을 낳는 것도 아니다. 살림은 다른 암컷과 차리되 짝짓기는 주변의 수컷들과 하는 방식으로 번식에 성공하는 것이다. 이들은 엄밀하게 말하면 동성애자(homosexual)가 아니라 양성애자(bisexual)이다. 그러다 보니 레즈비언 부부의 둥지에는 보통 다른 둥지보다 종종 두 배 되는 수의 알이 담겨 있다. 흔히 우리는 동성애와 번식 불능을 연결하지만 갈매기의 경우는 물론이고 여러 문화권의 인간 사회에서도 이 연결 관계는 성립하지 않는다. 최근 몇몇 국가에서 동성 간의 부부 관계를 법적으로 인정하기 시작했지만, 사실 이는 여러 전통 사회에서 늘 있어 왔던 풍습이다.

동성애 성향을 발현하는 유전자가 중립적(neutral)일 가능성을 배제할 수는 없지만 번식의 측면에서 분명히 불리해 보이는 형질이 여전히 우리에게 남아 있는 걸 보면 직접적으로, 또는 적어도 간접적으로 동성애 유전 형질은 선택적 이득을 갖고 있어야 한다. 2004년에 발표된 이탈리아 파도바 대학교의 연구는 지금까지 시도된 연구들 중 가장 그럴듯한 근거를 제공한다. 그들은 100명의 이성애자 남성과 98명의 동성애자 남성들을 대상으로 친척들의 인적 사항에 대해 설문 조사를 실시했다. 모두 4,600명의 정보를 분석한 결과 동성애자 남성들의 여자 친척들이 이성애자 남성들의 여자 친척들보다 더 많은 수의 자식을 낳은 것으로 나타났다. 동성애자 남성들의 어머니들이 평균 2.7명의 자식을 낳은 데 비해 이성애자 남성들의 어머니들은 2.3명의 자식을 낳았다. 이모들의 경우도 2.0명과 1.5명으로 동성애자 남성들의 집안이 훨씬 더 높은 번식 성공률을 보였다. 이러한 결과는 비록 외가 쪽에서만 나타났지만, 남성의 동성애를 유발하는 유전 형질이 여성들의 생식력을 향상시키는 효과를 보이는 것으로 드러났다. 어쩌면 동일한 유전자가 남성의 경우에는 동성애를 유발하지만 여성의 경우에는 이성, 즉 남성에 대한 성적 호감을 더욱 자극하는 것인지도 모른다. 그렇다면 그 유전자는 동성애를 유발하는 유전자라기보다 남성에 대한 성적 호감을 자극하는 유전자라고 보는 것이 더 타당할 것이다. 강조하건대 이런 경우 '유전자'라고 할 때 그것은 결코 하나의 유전자를 의미하는 것이 아니다. 동성애 성향처럼 복합적인 심리 또는 행위의 조절이 달랑 유전자 하나에 달려 있을 확률은 극히 낮다.

동성애 유전자가 반대 성의 생식력을 향상시킬 수 있다면 같은 성에도 이득을 줄 가능성을 고려해 볼 필요가 있다. 동성애 유전자는 남성은 좀 더 여성적으로 만들고 여성은 보다 남성적으로 만드는 경향을 보이는 듯하다. 2008년 오스트레일리아 연구진이 4,904쌍의 쌍둥이들에게 익명으로 그들의 성적 성향, 스스로 판단한 자신의 젠더 인식, 평생 경험한 성 상대자의 수 등을 물은 결과, 보다 여성적인 남성과 다분히 남성적인 여성들이 훨씬 더 많은 성 상대를 경험한 것으로 나타났다. 다른 진화 생물학자들의 연구에 따르면 여성들이 배란 시기에 임박했을 때에는 다분히 마초 기질의 남성에게 끌리는 경향이 있지만 다른 시기에는 보다 부드럽고 배려 깊은 남성을 선호하는 것으로 드러났다. 다시 말하면 여성들이란 때로 우락부락한 남성과 바람은 피울지 모르나 남편으로는 다정다감하고 협조적인 여성적 남성을 원한다는 것이다. 그리고 우리는 흔히 이 세상이 온통 불륜으로 가득 찬 것 같은 느낌을 받고 살지만, 아무리 그렇다 하더라도 이 세상 많은 자식들은 결국 남편들의 자식일 확률이 더 높을 것이다. 그렇다면 동성애 성향을 유발하는 유전 형질이 때로 소수의 사람들에서 극적인 발현을 보여 그들을 동성애자로 만들기도 하지만, 그렇지 않은 경우에는 그저 적절히 여성적으로, 또는 남성적으로 만들어 줌으로써 이성에게 보다 매력적이 되게 하는지도 모를 일이다.

지금까지 논의한 대로 성의 정의를 어떻게 내리는가에 따라 둘

이상의 성이 존재할 가능성은 분명히 있다. 하지만 이 모든 다양성에도 불구하고 유성 생식을 하는 생물에서 진화는 거의 언제나 양성 체계로 굳어지는 방향으로 진행되어 왔다. 영국의 진화 생물학자 제프리 파커(Geoffrey Parker)의 이론적 모형 연구에 따르면 어느 종에서나 보다 작은 배우자를 만들어 보다 많은 배우자를 찾아다닐 수 있도록 하는 전략과 그렇게 찾아온 작은 배우자와 새 생명을 탄생시키기 위해 보다 큰 투자를 할 수밖에 없는 거대 배우자를 만드는 전략이 선택될 수밖에 없다는 것이다.

이 세상이 단 두 개의 성이 아니라 수많은 성으로 이루어져 있다면 성 상대를 찾는 일이 좀 혼란스럽긴 하겠지만 지금보다는 훨씬 쉽지 않을까 하는 생각이 든다. 하지만 누가 이 세상이 공평하다고 했던가?

20

유전자의 눈으로 본 생명

2001년 1월 26일 일본 도쿄 신주쿠 근방 신오쿠보 역 선로에 떨어진 취객을 구하려다 전동차에 치여 숨진 한국 청년 이수현, 당신이 태어난 나라도 아닌 곳에서 병들고 가난한 사람들을 위해 평생을 바친 테레사 수녀(Mother Teresa)와 이태석 신부, 철학과 신학으로 박사 학위를 취득한 엘리트였으면서도 나이 서른에 다시 의학 공부를 시작해 38세 때부터 평생토록 아프리카에서 그곳 원주민들을 위해 의료 봉사를 한 알베르트 슈바이처(Albert Schweitzer), ……. 우리는 이처럼 남을 위해 기꺼이 자신의 삶을 바친 이들에게 끝없는 존경을 표한다. 희생이 얼마나 어려운 일인 줄 너무나 잘 알고 있기 때문이다.

이처럼 어려운 일임에도 불구하고 우리 주변에는 크고 작은 희생의 미담이 끊이지 않는다. 이것이 바로 다윈의 또 다른 고민이었다. 철저하게 개체의 생존과 번식에 기반을 둔 그의 자연 선택 이론으로는 설명하기 쉽지 않은 현상이 바로 자기 희생(self-sacrifice), 즉 이타주의(altruism)였다. 어떻게 남을 돕기 위해 자신의 생존과 번식을 희생하는 행동과 심성이 진화할 수 있을까? 다윈은 이 문제를 매우 곤혹스럽게 생각했다. 특히 개미나 벌과 같은 이른바 사회성 곤충의 군락에서 벌어지는 일개미나 일벌의 번식 희생은 다윈을 무척이나 괴롭혔던 불가사의한 생명 현상이었다. 모든 생명체는 자신의 번식을 위해서 행동하도록 진화했다는 다윈의 이론으로는 각기 다른 생명체로 태어나 스스로 번식을 억제하고 오로지 여왕만 홀로 번식할 수 있도록 평생 봉사하는 일개미나 일벌의 헌신적 행동을 이해할 수 없었다. 다윈은 『종의 기원』 1판 8장에서 사회성 곤충의 극단적 이타주의에 대해 "처음에는 극복할 수 없을 것처럼 보였고, 실제로 내 전체 이론에 치명적" 문제라고 토로한 바 있다. 다윈은 끝내 이 문제에 대한 명확한 답을 얻지 못한 채 세상을 떠나고 말았다.

이타주의적 행동이 어떻게 기본적으로 이기적인 개체들로 구성된 사회에서 진화할 수 있는가에 대한 논리적인 설명을 처음으로 제공한 사람은 영국의 생물학자 윌리엄 해밀턴이었다. 포괄 적합도 이론, 또는 혈연 선택 이론(kin selection theory)으로 알려진 해밀턴의 이론은 개체 수준에서는 엄연한 이타주의적 행동이 유전자 수준에서 분석해 보면 사실상 이기적인 행동에 지나지 않음을 보여 준다. 흔히 $rB > C$라는 지극히 단순해 보이는 공식으로 알려진 해밀턴의 법칙(Hamilton's rule)에 따르면 이타적인 행동으로 인해 얻을 수 있는 적응적 이득(benefit, B)에 유전적 근친도(genetic relatedness, r)를 곱한 값이 그런 행동을 하는 데 드는 비용(cost, C)보다 크기만 하면 그 행동은 진화한다는 것이다. 따라서 유전적으로 가까운 사이일수록 당연히 이타적인 행동이 진화할 가능성이 클 수밖에 없다.

사실 해밀턴보다 일찍 이 문제의 해결에 단서를 제공한 사람이

　　　　　　　　　　　　　　　다윈 지능

있었으니 바로 전설적인 영국의 유전학자이자 진화 생물학자인 존 버든 샌더슨 홀데인(John Burdon Sanderson Haldane, 1892~1964년)이었다. 물리학자들은 종종 사석에서 아이작 뉴턴, 알베르트 아인슈타인, 리처드 파인만(Richard P. Feynman) 등을 들먹이며 생물학계에도 이들만큼 비상한 두뇌의 소유자가 있느냐고 윽박지르곤 한다. 우리 생물학자들은 언제든 급하면 다윈의 품에 안길 수는 있지만, 다윈은 물리학자들이 말하는 그런 순발력 있는 천재는 아니었다. 하지만 우리에게도 내세울 수 있는 인물이 한 분 있다. 그가 바로 홀데인이다. 내가 그를 소개하며 굳이 '전설적인'이라는 표현을 쓴 까닭은 그에 관한 많은 일화들이 아직도 마치 구전 문화처럼 입에서 입으로 전해 내려오고 있기 때문이다. 21세기 최첨단 과학계에서 구전 문화라니?

옥스퍼드, 케임브리지를 거쳐 오랫동안 유니버시티 칼리지 런던(University College London)에서 교수 생활을 한 홀데인은 물론 그가 남긴 많은 연구 업적으로도 유명하지만 대학 앞 선술집 등 여러 형태의 사석에서 남긴 촌철살인의 우문현답들로 더 유명하다. 어느 날 진화학자로서 조물주의 마음에 대해 어떻게 생각하느냐는 질문에 그는 곧바로 조물주께서는 "딱정벌레에 대해 병적인 호감(an inordinate fondness for beetles)"을 가졌던 분인 듯하다고 답했다 한다. 딱정벌레는 기재된 종만 무려 35만 종에 이르는데, 이는 전체 곤충 종 수의 거의 절반에 이른다. 홀데인의 상상 속에는 태초에 세상을 만드시던 그 엿새 중 어느 날 진흙으로 딱정벌레 한 마리를 빚으시곤 숨을 불어넣으신 다음 스스로 만드신 딱정벌레의 귀여움에 빠져 그만 멈추지 못하고 계속 딱정벌레를 만드신 하느님의 모습이 그려졌던 것이다. 그가 순간적으로 내뱉었다는 이 같은 말들이 당시 그 자리에 있었다는 사람들의 입을 통해 전해지고 있다. 그런데 문제는 구전자들이 이제 연로해 하나둘씩 우리 곁을 떠나고 있다는 사실이다. 그분들이 모두 세상을 떠나기 전에 홀데인 어록을 정리해 둬야 할 텐데.

또 어느 날은 누군가 홀데인에게 남을 위해 자신의 목숨을 버릴 수 있느냐고 물었다고 한다. 그는 즉시 "내가 만일 형제 둘이나 사촌 여덟의 목숨을 구할 수 있다면 내 목숨을 버릴 용의가 있을지도 모르겠다."라고 답한 것으로 전해진다. 형제는 평균적으로 서로 유전자의 50퍼센트를 공유한다. 부모와 자식 간의 유전적 근친도는 평균이 아니라 확실하게 50퍼센트다. 번식을 위해 난자와 정자를 만들 때 이른바 감수 분열이라는 과정을 통해 자신이 가진 유전자의 정확하게 50퍼센트를 넣어 주기 때문이다. 내가 아무리 잘났어도, 그래서 내 유전자를 보다 많이 남겨 주고 싶더라도 내 난자와 정자에 내 유전자의 50퍼센트가 아니라 하다못해 51퍼센트라도 꾸겨 넣는다면 내 아이는 기형으로 태어나고 만다. 부모-자식 간의 유전적 근친도는 정확하게 50퍼센트고 형제자매 간의 유전적 근친도는, 물론 부모가 같을 경우, 평균 50퍼센트다. 배 다른 형제 사이의 유전적 근친도는 25퍼센트다. 그런가 하면 우리가 흔히 사촌이라 부르는 혈연 관계들은 팔촌이라고 불렀더라면 훨씬 더 정확했을 뻔했다. 예를 들어, 나와 내 이종사촌 간의 유전적 근친도는 나와 어머니의 관계가 50퍼센트고, 어머니와 이모의 관계가 또 50퍼센트고, 이모와 그의 딸과의 관계가 역시 50퍼센트니 모두 곱하면 12.5퍼센트, 즉 8분의 1

　　　　　　　　　　　　　다윈 지능

이 된다. 그래서 홀데인은 형제 둘, 또는 사촌 여덟의 유전자를 합하면 내 유전자만큼 된다는 사실을 그리 말한 것이다. 이 명언의 현장을 전하는 이들은 한결같이 그날 그 자리에 있었던 사람 중 홀데인의 대답을 듣고 웃은 이는 별로 없었다고 말한다. 그처럼 머리 회전이 빠른 사람이 우리 중에 과연 몇이나 되겠는가?

해밀턴은 그의 혈연 선택 이론을 가장 극명하게 보여 줄 수 있는 예로 개미, 벌, 말벌 등 이른바 벌목에 속하는 사회성 곤충을 택했다. 벌목의 곤충들은 매우 독특한 성 결정 체계(sex determination system)를 갖고 있다. 개미와 벌 사회의 암컷들은 대부분의 유성 생식 동물과 마찬가지로 암수의 유전자가 교합된 수정란에서 태어나지만, 수컷들은 모두 미수정란에서 탄생한다. 다시 말하면 암컷은 암수의 유전자가 합쳐져서 만들어지지만 수컷은 오로지 암컷의 유전자로만 만들어진다. 그래서 개미와 벌의 수컷은 우리처럼 염색체를 한 쌍(diploid, 배수체)으로 갖는 게 아니라 그냥 한 벌(haploid, 반수체)만 지닌다. 인간의 염색체를 가지고 설명해 보면, 여자들은 그들의 세포 안에 모두 스물세 쌍, 즉 마흔여섯 개의 염색체($n=46$)를 지니고 있지만 남자들은 달랑 한 벌, 즉 스물세 개의 염색체($n=23$)만을 갖고 있는 셈이다. 이 같은 성 결정 체계를 우리 인간을 포함한 많은 동식물들의 체계인 배수체와 달리 반수 배수체(haplodiploidy)라고 부른다.

벌목 곤충의 반수 배수체는 이미 19세기 중반에 밝혀졌다. 지금은 폴란드 영토이지만 당시 프러시아 실레시아 지방의 신부였던 요한 지어존(Johann Dzierzon)이 1845년에 내세운 가설을 1856년 생물학자 카를 폰 지볼트(Carl von Siebold)가 현미경을 이용해 장차 수

벌로 발생할 난자에는 정자가 진입한 흔적이 없다는 사실을 밝힘으로써 확증해 주었다. 이 같은 메커니즘은 사실 다윈이 『종의 기원』을 출간하기 전부터 알려져 있었지만 그 진화적 의미는 무려 100년이 흐른 후에야 밝혀졌다. 해밀턴은 1964년 《이론 생물학 저널(The Journal of Theoretical Biology)》에 「사회 행동의 유전적 진화(The genetical evolution of social behaviour)」라는 제목의 다분히 수학적인 논문을 게재하며 벌목 곤충의 반수 배수체 성 결정 메커니즘과 사회성 진화의 관계를 설명했다.

　이 논문에서 해밀턴은 이를테면 개미 사회에서 일개미들이 왜 스스로 번식을 포기하고 어머니인 여왕개미로 하여금 모든 번식을 도맡아 하도록 평생 돕기만 하는지에 대해 이론적 근거를 제시했다. 두 일개미 자매는 어머니인 여왕개미로부터는 우리 같은 배수체 생물과 마찬가지로 50퍼센트의 유전자를 물려받았지만, 그 어느 날 혼인 비행 때 당신의 정자를 어머니의 몸속에 넣어 주곤 세상을 떠난 아버지 수개미로부터는 그의 유전자 전부(100퍼센트)를 물려받았기 때문에 형제자매들끼리 평균 50퍼센트의 유전자를 공유하는 배수체 생물과 달리 평균 75퍼센트의 유전자를 공유한다. 만일 일개미가 스스로 자식을 낳는다 하더라도 자식에게는 자기 유전자의 50퍼센트밖에 남겨 주지 못한다. 따라서 개미 사회의 번식을 순전히 유전자의 관점에서 본다면, 스스로 번식을 해서 자기 유전자의 50퍼센트를 남기는 것보다 여왕개미를 도와 자매인 일개미를 낳게 해 자기 유전자의 75퍼센트를 남기는 것이 훨씬 더 이득이 되기 때문에 스스로 번식을 포기하는 이타적 행동이 진화한 것이다.*

　　　　　　　　　　　다윈 지능

해밀턴의 이론에 따르면 번식이란 결국 유전자들이 자신들의 복사체들을 퍼뜨리기 위한 수단에 지나지 않는다. 하버드 대학교의 사회 생물학자 에드워드 윌슨은 영국 작가 새뮤얼 버틀러(Samuel Butler)의 표현을 빌려 "닭은 달걀이 더 많은 달걀을 얻기 위해 잠시 만들어 낸 매개체에 불과하다."라고 설명했다. 우리는 흔히 뜰에 돌아다니는 닭들이 각자 모이도 쪼아 먹고, 때론 싸움도 하고, 짝짓기도 하고, 알을 낳고 살다가 죽는 걸 보며 닭이라는 생명의 주인은 당연히 닭이라는 개체라고 생각한다. 하지만 버틀러와 윌슨의 관점에서 보면 닭은 기껏해야 몇 년 동안 알을 낳고 살다가 한 줌 흙으로 돌아가는 덧없는 존재일 뿐이다. 하지만 그 닭을 만들어 낸 유전자는 그의 조상으로부터 이어져 내려왔고 어쩌면 영원히 그의 후손으로 이어져 갈 존재이다. 나는 2001년에 에세이집을 한 권 출간하며 제목을 『알이 닭을 낳는다』로 붙였다. 흔히 '죽음의 시인'이라고 알려진 최승호 시인이 붙여 준 제목이다. 버틀러나 윌슨이 길게 설명한 내용을 훨씬 간략하고 인상적으로 표현했다고 자부해 본다.

해밀턴은 우리에게 유전자의 눈높이 또는 관점에서 사물을 볼 수 있는 새로운 렌즈를 제공했다. 유전자 렌즈를 통해 보는 세상은 언뜻 허무하고 냉혹해 보인다. 지금 이 순간 엄연히 숨 쉬고 있고 보다 나은 내일을 위해 열심히 살아가고 있는 내가 내 삶의 주체가 아니고 내 삶의 이전에도 존재했고 내가 죽은 후에도 존재할지 모르는

---

* 어떻게 이런 계산이 나오는지에 대한 상세한 설명은 『최재천의 인간과 동물』을 참조하기 바란다.

내 유전자가 진정한 내 생명의 주인이라고 생각하면 자칫 염세주의의 나락으로 빠져들 수 있다. 나는 벌써 40년 가까이 대학 강단에서 유전자의 관점으로 세상을 바라보는 방법에 대해 강의하고 있다. 그런 강의를 하는 거의 매 학기마다 어김없이 한두 명의 학생들이 나를 찾아온다. 주로 인문학이나 사회 과학을 전공한 학생들인데 어느 날 졸지에 내가 씌워 준 유전자 렌즈로 보는 세상이 너무나 혼란스럽다는 것이다. 삶이 무의미해졌다며 눈물을 흘리는 학생들도 종종 있다. 나는 그들에게 이렇게 말한다. 내게도 그런 순간이 있었다고. 그런데 더 많이 읽고 더 많이 생각했더니 어느 날부터인가 홀연 마음이 평안해지더라고. 내가 내 삶의 주인이 아니라는 걸 깨닫고 나면 오히려 마음이 한결 가벼워짐을 느낀다. 그렇게 되면 드디어 마음을 비울 수 있다. 비울 수 있는 게 아니라 그냥 마음 한복판에 커다란 여백이 생기는 걸 느끼게 된다. 이 세상 모든 종교가 우리더러 마음을 비우라지만 그처럼 어려운 일이 어디 또 있으랴. 유전자를 받아들이면 저절로 비워진다.

그런 다음 나는 그 학생들에게 꼭 리처드 도킨스의 『이기적 유전자』를 읽을 것을 권한다. 책 한 권이 하루아침에 인생관과 가치관을 송두리째 뒤바꿔 놓을 수 있을까? 내게는 『이기적 유전자』가 그런 책이다. 『이기적 유전자』는 도킨스가 해밀턴의 이론을 일반인도 이해할 수 있는 언어로 설명해 준 책이다. 도킨스는 긴 진화의 역사를 통해 볼 때 개체는 잠시 나타났다 사라지는 덧없는 존재일 뿐이고 영원히 살아남는 것은 바로 자손 대대로 물려주는 유전자라고 설명했다. 유성 생식을 하는 생물의 경우, 사실상 개체들이 직접 자신들

다윈 지능

의 복사체를 만드는 것은 아니다. 후손에 전달되는 실체는 다름 아닌 유전자기 때문에 적응 형질들은 집단을 위해서도 아니고 개체를 위해서도 아니라 유전자를 위해서 만들어지는 것이다. 이에 도킨스는 개체를 "생존 기계(survival machine)"라 부르고, 끊임없이 복제되어 후세에 전달되는 유전자, 즉 DNA를 "불멸의 나선(immortal coil)"이라고 일컫는다. 개체의 몸을 이루고 있는 물질은 수명을 다하면 사라지고 말지만 그 개체의 특성에 관한 정보는 영원히 살아남을 수 있다는 뜻이다.

이런 관점으로 보면 생명, 적어도 지구라는 행성에서 생명의 역사는 유전자의 역사다. 태초부터 지금까지 수많은 생명체들이 태어났다 사라져 갔어도 그 옛날 생명의 늪에서 우연히 탄생해 신기하게도 자기와 똑같은 복사체를 만들 줄 알게 된 화학 물질인 DNA와 그의 후손들은 죽지 않고 살아남아 이 엄청난 생물 다양성을 창조해 냈다. 각각의 생명체의 관점에서 보면 생명은 분명히 한계성(ephemerality)을 지니지만 수십억 년 전에 태어나 아직 죽지 않고 살아 있는 DNA의 눈으로 보면 생명은 홀연 영속성(perpetuity)을 띤다. 지구의 생명의 역사는 DNA라는 매우 성공적인 화학 물질의 일대기이다.

21

라마르크의 부활?

2009년 '다윈의 해'를 맞아 기린만큼 자주 화제에 오른 동물도 없을 것이다. 원시 기린이 점점 더 높은 곳의 이파리를 뜯어 먹으려고 노력하는 과정에서 '신경액(nervous fluid)'이 기린의 목을 길게 만들어 주었다는 프랑스의 진화학자 장 바티스트 라마르크의 주장을 다윈의 자연 선택 이론이 바로잡았다는 그 유명한 일화가 1년 내내 세계 곳곳에서 수도 없이 반복되었다. 라마르크는 생명체 자신의 행동을 매우 중요한 진화의 요인으로 생각했다. 오랜 기간에 걸친 반복적인 행동이 결국 형태를 만들어 내고 이어서 기능이 따라온다는 것이다. 우리는 흔히 다윈이 종교계와 껄끄러웠을 것으로 생각하지만, 라마르크야말로 다윈보다 훨씬 앞서 생물의 삶이 조물주에 의해 미리 결정되는 것이 아니라 '자유 의지'에 의해 끊임없이 새롭게 만들어지는 것이라고 설명한 학자였다. 그는 자신의 진화 이론을 다음과 같이 정리했다.

① 동물의 신체에서 새로운 기관의 탄생은 계속해서 가해지는 새로운

필요와 그 필요가 만들어 내고 유지해 주는 새로운 동향에 기인한다.
② 생물이 오랫동안 처해 온 상황과 그로 인한 어느 기관 또는 부분의
활발한 이용이나 지속적인 불용의 영향에 따라 자연이 얻거나 잃게
만드는 모든 것은, 이렇게 획득한 변화들이 양성 모두에게 또는 새
로운 개체들을 생산한 모두에게 보편적으로 나타난다면, 그들로부
터 태어나는 새로운 개체들에서 세대를 거듭하며 유지된다.

흔히 '용불용설(用不用說)'과 '획득 형질의 유전'으로 알려진 라
마르크의 이론과 다윈의 자연 선택 이론을 비교하기 위해 후세의 학
자들이 주로 사용한 예가 바로 기린의 목이다. 사실 다윈의 『종의 기
원』에는 기린의 목에 대한 언급이 없다. 마치 총채처럼 생긴 기린의
꼬리가 날파리들을 쫓기 위한 진화적 적응이란 설명은 있어도 정작
목에 대한 설명은 어디에도 없다. 후세의 생물학자들이 라마르크와
다윈 사이에 이를테면 기린 싸움을 붙인 것이다. 그렇지 않아도 기
린은 설명이 필요한 동물이었다. 따지고 보면 세상에 기린만큼 기이
한 동물도 그리 많지 않다. 그 길고 굵은 목 위에 어쩌자고 그리도 조
막만 한 얼굴을 올려놓은 것일까? 그리 큰 뇌는 아니지만 워낙 높은
곳에 위치해 있는 바람에 그곳에 피를 밀어 올리기 위해 기린은 길이
60센티미터, 무게 10킬로그램의 거대한 심장을 갖추고 어마어마한
유지비를 들이며 운용하고 있다. 기린이 물을 마시는 모습을 본 적이
있는가? 앞다리를 있는 대로 쩍 벌린 채 목을 한껏 낮춰 겨우 물을 마
시는 걸 보고 있노라면, 합의를 보지 못한 디자이너들이 제가끔 자기
주장만 하며 만든 몽타주 같다는 생각이 든다.

　　　　　　　　　　　　　　　　　다윈 지능

사실 기린의 목이 길어진 이유는 먹이 때문만은 아닌 것으로 밝혀졌다. 관찰해 보니 기린들은 먹이가 귀한 건기에도 나무 꼭대기가 아니라 어깨 높이에 있는 잎들을 주로 따 먹는단다. 기린의 목이 길어진 진짜 이유는 짝짓기에 있었다. 길고 굵은 목을 가진 수컷들이 싸움도 더 잘하고 암컷들에게도 더 매력적이란다. 그러니까 기린의 목이 길어진 과정에는 자연 선택보다 성 선택의 영향이 훨씬 더 컸던 것이다. 함부로 일반화할 수는 없지만 상상하기 어려울 정도로 비범한 형질들의 배후에는 성 선택이 자연 선택보다 훨씬 자주 버티고 서 있는 듯싶다.

하지만 이쯤에서 조금 엉뚱한 질문을 해 보자. 기린의 목이 정말 긴 것인가? 기린은 사실 목보다는 다리가 긴 동물이다. 기린이 물을 마실 때나 땅에서 자라는 풀을 뜯을 때는 다리를 굽히거나 양쪽으로 벌려야 한다. 그렇다면 다리 길이에 비해 기린의 목은 사실 짧다고 보아야 하지 않을까? 그러고 보면 기린의 목은 몸통에 비해 긴 것일 뿐 다리를 포함한 몸 전체와 비교하면 그리 긴 게 아닐 수도 있어 보인다. 몸통도 위아래 길이가 상대적으로 길지 않을 뿐 거대한 심장을 담기 위해 양옆으로 상당한 부피를 갖도록 진화한 것일 수도 있다. 이처럼 말도 많고 탈도 많은 동물에 대해 면밀한 상대 성장(allometry)에 대한 측정이 제대로 이뤄지지 않았다는 점은 사뭇 신기한 일이다. 아울러 수컷 기린의 목이 길고 두꺼워진 과정을 성 선택 메커니즘으로 설명한다면 암컷 기린의 목과 다리도 만만치 않게 길어진 점도 설명해야 할 것이다.

'분자 생물학의 핵심 원리(central dogma of molecular biology)'에 따

르면 라마르크의 이른바 '획득 형질의 유전'은 일어날 수 없다. 제아무리 운동을 열심히 해서 왕(王)자 복근을 얻는다 해도 내 아기가 태어날 때부터 그런 복근을 뽐낼 수 있는 것은 아니다. 이를테면 유전자에 새겨진 복근이 아니면 다음 세대로 전달되지 않기 때문이다. 마이클 조던(Michael Jordan)의 아들이라고 해서 연습도 하지 않았는데 그의 아버지가 전성기 때 보여 줬던 드리블과 슈팅 실력을 그대로 닮는 것은 아니다. 실제로 그의 아들들은 대학에서 농구 선수로 뛰었지만 솔직히 아버지의 기량에는 훨씬 못 미쳤다. 미국 레이크 플래시드에서 열린 2009~2010년 국제 빙상 경기 연맹 피겨 시니어 그랑프리 5차 대회 쇼트 프로그램에서 2위의 미국 선수보다 무려 17.48점이나 높은 76.28점을 얻어 세계 신기록을 수립한 우리 김연아 선수라 하더라도 결혼해 낳은 딸이 자동적으로 엄마가 지닌 발군의 실력을 물려받는 것은 아니다. 소수점의 차이를 두고 선두 경쟁을 하는 게 보통인 피겨 스케이팅에서 일찍이 이처럼 압도적으로 우수한 선수가 또 있었을까 싶을 정도로 탁월한 김연아지만 그의 딸도 결국 엄마처럼 피눈물 나는 연습을 하지 않으면 챔피언이 될 수 없다. 조던과 김연아의 자식들이 다른 평범한 사람들의 자식들에 비해 탁월한 운동 감각을 지니고 태어날 가능성은 있지만 부모가 부단한 노력으로 당대에 획득한 실력이 자손에게 그대로 유전되는 예는 아직 관찰된 바 없다.

그러나 솔직히 말해 우리 진화 생물학자들은 그동안 은근히 라마르크가 옳았더라면 얼마나 좋을까 생각하곤 했다. 라마르크의 부활을 부추기는 두 가지 열망은 바로 진화의 속도와 효율성이다. 만일 라마르크가 옳다면 불과 600만 년의 짧은 기간 동안에 1퍼센트 남짓의 유전자 차이밖에 만들어 내지 않은 침팬지와 우리가 어떻게 이처럼 다르게 진화할 수 있었을까를 훨씬 쉽게 설명할 수 있었을 텐데. 만일 그렇다면 나뭇잎 모양을 쏙 빼 닮은 베짱이의 의태(mimicry), 그저 초록빛에 나뭇잎 모양만 닮은 게 아니라 잎맥은 물론 심지어 벌레 먹은 자국까지 흉내 낸 의태, 거의 의도적으로 보이는 그 기막힌 자연의 조화를 훨씬 더 편안하게 설명할 수 있었을 텐데. 라마르크의 이론이 옳았다면 진화의 속도에 관한 그 수많은 공격을 참으로 가볍게 받아넘길 수 있었을 텐데 말이다. 그렇다고 해서 내가 지금 우리가 이런 현상들을 다윈의 이론으로 설명하지 못한다고 말하는 것은 결코 아니다. 라마르크의 이론 없이도 충분히 잘 설명하고 있으며, 그중 가장 매력적인 설명은 역시 리처드 도킨스로부터 나온다. 그는 『불가능의 산을 오르며(Climbing Mt. Improbable)』(2016년에 출간된 한국어판의 제목은 『리처드 도킨스의 진화론 강의』다.)에서 이를 등산에 비유한다. 상상하기 어려울 정도로 기막힌 적응 현상을 보며 비판자들은 종종 도대체 어떻게 하루아침에 산기슭에서 산봉우리로 뛰어오를 수 있느냐고 머리를 흔든다. 도킨스의 설명을 우리나라 상황에 맞춰 각색하면, 단번에 평지에서 백두산 정상으로 뛰어오른 게 아니라 비교적 평탄한 비탈로 조금씩 조금씩 오른 것이다. 중국에서는 장백산(창바이산)이라 부르는 우리나라의 백두산은 한반도에서 올려다보면 엄청나게 가파르고 높은 산이지만 중국 쪽에서는 완만한 경사를 따라 하염없이 가다 보면 어느덧 정상에 다다르는 그런 산이다.

다윈의 말대로 아무리 대단한 적응이라도 오랜 세월에 걸쳐 작은 변화들이 축적되어 만들어진다. 정말 그럴 만큼 충분한 시간적 여유가 있었던 것일까 의심스럽다면『인간은 왜 병에 걸리는가』의 저자이자 미국 미시간 대학교 의과 대학 정신과 교수인 랜덜프 네스의 설명에 귀 기울여 보라. "만일 우리가 청소를 하지 않아 1년에 1밀리미터의 먼지가 쌓인다고 가정해 보자. 10년이면 1센티미터, 100년이면 10센티미터의 먼지가 쌓일 것이다. 그렇다면 1,000년이면 1미터가 쌓이고 그로부터 1,000년만 더 지나면 몇몇 농구 선수들을 제외한 대부분의 사람은 먼지에 파묻혀 죽고 말 것이다." 2,000년이란 세월은 진화의 관점으로 보면 그리 긴 시간이 아니다. 그런 짧은 시간에도 자칫하면 인류가 먼지 때문에 멸종할 수도 있다는 얘기는 진화적 변화가 얼마나 역동적일 수 있는지를 단적으로 보여 준다.

라마르크의 부활을 기다리던 그의 사도들에게 얼마 전부터 한 줄기 희망의 빛이 내리쬐기 시작했다. 꿈에도 그리던 신대륙으로 그들을 인도할 구세주는 바로 후성 유전학(epigenetics)이다. 후성 유전이란 DNA 염기 서열의 변화를 수반하지 않으면서 유전자 발현 메커니즘에 변화가 일어나는 현상을 의미한다. 이 같은 변화는 일단 일어나더라도 대개 세포나 개체의 생애 동안 유지되는 게 보통이지만 때로는 여러 세대에 걸쳐 이어지기도 한다. DNA와 그 나선 안에 파묻혀 있는 공 모양의 히스톤(histone) 단백질을 통틀어 염색질(chromatin)이라고 하는데, DNA가 히스톤을 감싸는 방식이 변하면 유전자 발현의 양상도 변한다. 이 같은 염색질 개조(chromatin remodeling)는 종종 DNA 메틸화(DNA methylation)를 통해 일어난다. 유전체의 염기 서열에서 시토신(cytosine)과 구아닌(guanine)이 연속적으로 번갈아 존재하는 CpG 부위에 메틸기가 붙으면 시토신이 메틸시토신(methylcytosine)

으로 변한다. 아직 그 원인은 확실히 밝혀지지 않았지만 특별히 메틸화가 심하게 일어난 부분은 전사가 제대로 일어나지 않는다. 인간의 경우 이 부위의 시토신의 3~5퍼센트가 메틸화되어 있다. CpG 부위는 유전자의 전사를 조절하는 프로모터(promotor) 근처에 위치하며 CpG의 메틸화는 특정한 유전자의 발현을 제어할 수 있다. 이 같은 후성 유전의 효과는 대개 몇 세대를 거치면 사라지는 경향을 보이지만 진화의 방향에 영향을 미칠 가능성은 무시할 수 없을 듯싶다.

이러한 메틸화나 히스톤의 변형으로 일어나는 가장 두드러지는 진화적 현상은 유전체 각인(genomic imprinting)이다. 유전체 각인은 부모 중 어느 한쪽으로부터 받은 유전자에만 특이하게 나타나는 유전 현상으로 메틸화 등으로 인해 한 쌍의 대립 인자 중 한쪽에서만 발현된다. 만일 생식 세포 계열(germ line)에 이 같은 각인이 일어나면 그 개체의 모든 체세포에서 발현이 된다. DNA의 염기 서열을 변화시키지 않으며 멘델의 유전 법칙을 따르지도 않는 유전체 각인은 인간을 포함한 포유류와 곤충, 그리고 현화식물에서 관찰되었다. 인간의 경우에는 주로 베크위드-비데만 증후군(Beckwith-Wiedemann syndrom), 러셀-실버 증후군(Russel-Silver syndrom) 등 유전병에 관련된 유전체 각인 연구가 활발하게 진행되었지만, 포유류 전체로 보면 대체로 전체 유전체의 1퍼센트 미만의 유전자에 정상적인 각인이 일어나는 것으로 알려져 있다. 하버드 대학교의 진화 생물학자 데이비드 헤이그(David Haig)와 그의 동료들에 따르면 유전체 각인은 유전적 이득을 둘러싼 부모 간의 갈등에서 비롯된다고 한다. 아버지는 대개 자기 자식의 성장에만 관심을 두는 데 비해, 어머니는 현재 양육하고 있는 자식에게 충분한 영양을 제공하면서도 장차 태어날지도 모를 자식과 자기 자신을 위해 에너지의 일부를 비축해야 한다. 그래서 '부모 갈등 가설(parental conflict hypothesis)'은 아버지 쪽으로 각인된 유전자는 대체로 성장을 촉진하는 데 반해 어머니 쪽으로 각인된 유전자는 성장을 억제하는 경향을 띨 것으로 예측한다. 실제로 유전체 각인은 암컷의 자식 양육 투자가 큰 태생 포유류(placental mammal)에서는 일반적으로 발견되는 반면, 새나 난생 포유류(oviparous mammal)에서는 일어나지 않는다.

최근 후성 유전학의 발달로 인해 라마르크의 무덤을 기웃거리는 마리아들이 부쩍 많아졌다. 『체세포 선택과 적응 진화: 획득 형질의 유전에 관하여(*Somatic Selection and Adaptive Evolution: On the Inheritance of Acquired Characters*)』(1979년)와 『라마르크의 서명(*Lamarck's Signature*)』(1998년)을 저술하며 라마르크의 수제자를 자처하는 에드워드 스틸(Edward J. Steele)과 『후성 유전과 진화(*Epigenetic Inheritance and Evolution*)』(1995년)와 『네 차원의 진화(*Evolution in Four Dimensions*)』(2005년)의 공저자 에바 야블롱카(Eva Jablonka)와 매리언 램(Marion J. Lamb)은 모두 후성 유전을 라마르크식의 진화로 분석한다. 하지만 엄밀하게 말하면 이들은 모두 역사적 오류를 범하고 있다. 라마르크의 진화 이론과 후성 유전의 연구 결과 사이에는 상당한 간극이 존재한다. 라마르크는 생명체가 환경에 적응하며 살아가는 과정에서 얻은 생리적 적응이 후손에게 그대로 전달될 수 있다고 말한 것이지 환경이 생명체의 유전자 발현에 직접적인 영향을 미친다고 말하지 않았다. 흔히 후성 유전학이 표상한다고 믿고 있는 라마르크식의 유전은 오히려 다윈과 월리스의 설명에 더 가깝다고 보아야 한다. 1858년 린네 학회에서 월리스와 함께 발표할 논문을 준비하는 과정에서 1857년 하버드 대학교의 식물학자 에이사 그레이(Asa Gray)에게 보낸 다윈의 편지에는 다음과 같은 대목이 있다.

자, 이제 변화를 겪고 있는 한 나라의 경우를 생각해 봅시다. 이는 주민의 일부를 약간 다르게 만들 것입니다. 하지만 저는 대부분의 주민들이 그들에게 선택이 일어날 만큼 언제나 충분히 달라진다고 생각하지 않습니다. 일부 주민들은 제거될 것이고, 나머지는 다른 일군의 주민들의 상호 활동에 노출될 것인데 저는 이것이 각자의 삶에 단지 기후보다 훨씬 더 중요하리라 믿습니다.

다윈도 라마르크와 마찬가지로 생물이 살아가면서 겪는 경험이 유전에 긍정적 또는 부정적 영향을 미칠 것이라고 믿었다. 흥미롭게도 이는 「창세기」 30장 37~39절이 전하는 내용과 크게 다르지 않아 보인다. 『성경』은 이렇게 말하고 있다.

야곱이 버드나무와 살구나무와 신풍나무의 푸른 가지를 취하여 그것들의 껍질을 벗겨 흰 무늬를 내고, 그 껍질 벗긴 가지를 양 떼가 와서 먹는 개천의 물구유에 세워 양 떼에 향하게 하매 그 떼가 물을 먹으러 올 때에 새끼를 배니, 가지 앞에서 새끼를 배므로 얼룩얼룩한 것과 점이 있고 아롱진 것을 낳은지라.

유전은 오로지 생식질(germ plasm)을 통해서만 일어난다고 주장한 것은 19세기 말 독일의 생물학자 아우구스트 바이스만이었다. 이런 점에서 볼 때 후성 유전은 사실 '친(親)라마르크'가 아니라 '반(反)바이스만'이라고 해야 옳다. 현대 후성 유전학의 덕택에 우리는 이제 유전자만이 유전을 책임지는 게 아님을 알게 되었다. 그러나 이것이 라마르크의 부활을 책임지지는 못할 것 같다. 오히려 바이스만의 부활을 막을 뿐이다. 그리고 거듭 말하지만 후성 유전은 결국 다윈의 진화 이론 안에 있다. 미국 영장류학의 개척자 중 한 명인 하버드 대학교 인류학과의 어빈 드보어(Irven DeVore) 교수는 그의 강의에서 종종 "우리는 여전히 다윈의 샘으로 돌아가 목을 축인다."라고 말하곤 했다. 다윈은 우리 후배 진화 생물학자들을 참으로 맥 빠지게 만든다. 우리가 무언가 새로운 걸 발견했다 싶어 흥분하며 그의 책을 뒤적이다 보면, 다분히 포괄적인 표현으로 어딘가 어떤 형태로든 그가 벌써 침을 발라 놓은 걸 발견하게 된다.

22

선택의 단위, 수준, 대상, 그리고 결과

1960년대에 접어들며 진화 생물학은 커다란 개념적 혁신을 맞는다. 진화 생물학이 그 논리적 기초를 다윈의 자연 선택론에 둔다고는 했으나 많은 생물학자들은 자연 선택의 단위와 대상에 관해 제대로 이해하지 못하고 있었다. 이를테면 생물은 모두 자기가 속해 있는 집단이나 종의 보전을 위해 자신을 희생하도록 진화했다고 믿었다. 이 같은 '집단의 이익을 위하여(for the good of group)'라는 논리는 스스로 번식을 자제하는 집단 조절 기능을 가진 종들만이 이 지구에 남고 그렇지 못한 종들은 자원 고갈로 인해 끝내 멸종할 수밖에 없다는 이른바 집단 선택론에 입각한 것이다. 이 같은 집단 선택론적 자연 선택 이론은 다윈의 개체 중심적 이론에 어긋나는 것으로 특수한 조건이 갖춰지지 않는 한 실제에 적용되기 어렵다.

　가상적인 예를 하나 들어 보자. 바닷가 벼랑 위에 서식하고 있는 갈매기 집단을 상상해 보자. 갈매기는 대개 암수가 한번 짝을 지으면 평생토록 같이 사는 전형적인 일부일처제 동물이다. 이 집단의 갈매기들은 암수 한 쌍이 해마다 알을 둘만 낳아 기른다고 가정하자.

따라서 자원을 지나치게 고갈시키는 일도 없다고 하자. 그리고 이러한 성향은 대대로 유전된다고 하자. 그런데 어느 날 이 집단에 세 개의 알을 낳는 돌연변이가 발생했다. 그리고 알을 셋이나 낳은 쌍도 세 마리의 새끼를 키우는 데 별 어려움이 없었다고 하자. 그렇다면 이 새끼들이 다 잘 자라 각자 또 번식을 하고, 또 그 새끼들이 번식하고 하는 식으로 몇 세대가 지나면 이 집단에는 세 알 유전형이 원래의 두 알 유전형보다 훨씬 많아질 것이다. 시간이 더 지나면 네 알 유전형도 생겨날지 모른다. 알을 더 많이 낳으면 낳을수록 더 많은 새끼들을 키워 낼 수 있다면 갈매기들은 세대를 거듭하면서 점점 더 많은 알을 낳게 될 것이다. 그러나 결국 알의 수는 부모가 키울 수 있는 한도 내에서 조절될 수밖에 없다. 따라서 우리가 자연에서 관찰하는 알의 수는 부모의 부양 능력과 여러 환경 요인의 영향 아래 가장 많은 새끼들을 배출하도록 자연 선택된 적응의 결과다. 개체가 집단의 존속을 위해 자발적으로 산아 제한을 하는 체제는 결코 진화할 수 없다. 왜냐하면 자기만의 이익을 추구하는 개체들의 이기적인 행동의 전파를 막을 길이 없기 때문이다.

하지만 다윈의 후예를 자청하던 생물학자들도 오랫동안 이 문제를 명확하게 읽어 내지 못했다. 카를 폰 프리슈(Karl von Frisch)와 니코 틴베르헌(Nikko Tinbergen)과 함께 1973년 노벨 생리 의학상을 수상한 오스트리아의 동물 행동학자 콘라트 로렌츠(Konrad Lorenz) 같은 위대한 학자도 예외가 아니었다. 로렌츠는 1966년에 출간한 『공격성에 대하여(*On Aggression*)』에서 맹수들이 종종 송곳니를 드러내며 금방이라도 상대를 물어 죽일 듯이 으르렁거리지만 좀처럼 목숨을 앗아 갈 정도로 싸우지는 않는 까닭으로 다분히 집단 선택론적 설명을 제시했다. 싸울 때마다 번번이 치명적인 상처를 남기는 개체들의 집단은 결코 오래 버틸 수 없기 때문에 스스로 자제하는 방향으로 진화했다는 것이다.

이 같은 설명 논리를 누구보다도 적극적으로 펼치다가 끝내 집단 선택의 원흉으로 낙인찍힌 비운의 조류학자가 있다. 베로 코프너 윈에드워즈(Vero Copner Wynne-Edwards)는 새에 관한 연구로 많은 업적을 남겼지만 1962년에 출간한 『사회적 행동에 관련한 동물의 분산(*Animal Dispersion in Relation to Social Behavior*)』에서 동물 개체군의 자기 조절 능력이 집단 수준에서 진화한 적응이라는 주장을 너무 대대적으로 하는 바람에 이전에 비슷한 주장을 펼쳤던 다른 많은 학자들의 오명을 온전히 홀로 뒤집어쓰고 말았다.

자연 선택의 단위 또는 수준으로 집단보다는 유전자가 훨씬 더 보편적이고 강력하다는 사실을 일깨워 준 것은 1964년에 발표된 윌리엄 해밀턴의 논문이었지만 집단 선택론에 대한 직접적인 공격의 포문을 연 사람은 조지 윌리엄스였다. 당시 영국 옥스퍼드 대학교에서 박사후 연수 과정을 밟고 있던 그는 1966년 『적응과 자연 선택』을 출간하며 진화 생물학이 집단 유전학의 도움으로 이른바 '새로운 종합(New Synthesis)' 또는 '현대적 종합(Modern Synthesis)'을 이뤘음에도 불구하고 여전히 사라지지 않은 오류들이 있음을 지적했다. 특히 자연 선택이 종종 개체보다 집단의 수준에서 일어난다는 윈에드워즈의 주장을 통렬하게 비판했다. 이 책에서 그는 당시 대학원생이었던 해밀턴의 논문 내용을 상세하게 설명했다. 그 후 1976년에는 리처드 도킨스가『이기적 유전자』에서 역시 해밀턴의 이론을 바탕으로 집단 선택론에 의거한 설명들이 지닌 오류를 조목조목 파헤쳤다.

하지만 해밀턴의 50여 쪽에 이르는 수학적 논문과 더불어 윌리엄스와 도킨스의 책이 구구절절이 설명한 집단 선택론의 모순을 미국의 만화가 개리 라슨(Gary Larson)은 만화 한 컷으로 해치웠다. 설치류 동물 나그네쥐(lemming)는 오랫동안 자살을 하는 것으로 알려졌다. 그들이 자살을 하는 이유를 설명하기 위해 대부분의 사람들이 제시하는 '이론'은 철저하게 집단 선택론의 관점을 지닌 것이었다. 자원은 한정되어 있는데 너도나도 살려 하면 모두가 살기 어려워지기 때문에 일부 '숭고한' 나그네쥐들이 동료들을 위해 죽어 준다는 설명이다. 하지만 라슨의 만화에서 보듯이 그 숭고한 나그네쥐들 중 어느 날 구명대를 두르고 내려오는 돌연변이 개체가 나타났다고 가정하자. 만일 구명대를 두르고자 하는 이기적 성향이 유전하는 변이라면 이듬해 봄에는 구명대를 두르고 내려오는 나그네쥐가 더 많아질 것이다. 남을 위해 자신을 희생하는 고귀한 유전자들은 숭고한 나그네쥐들의 죽음과 함께 사라져 버리고 말지만 이기적 유전자는 다음 세대에 전달되어 발현되기 때문이다. 이처럼 집단 수준의 선택은 개체 수준의 선택을 당해 내지 못하므로 집단 선택은 그만큼 일어나기 어려울 수밖에 없다.

그러나 결국 유전자도 개체의 번식을 통해서만 자신의 복사체들을 퍼뜨릴 수 있다. 한 개체 내 유전자들의 운명은 그 개체에게 달려 있다. 다윈의 고민 두 가지에 대한 분석을 다룬 저서『개미와 공작(The Ant and the Peacock)』에서 헬레나 크로닌은 다음과 같이 설명한다.

유전자들은 스스로 발가벗고 자연 선택의 심판을 기다리지 않는다. 그들은 꼬리나 가죽, 또는 근육이나 껍질을 내세운다. 그들은 또 빨리 달릴 수 있는 능력이나 기막힌 위장술, 배우자를 매료시키는 힘, 훌륭한 둥지를 만드는 능력 등을 내세운다. 유전자들의 차이는 이러한 표현형 (phenotype)의 차이로 나타난다. 자연 선택은 표현형적 변이에 작용함으로써 유전자에 작용하게 되는 것이다. 따라서 유전자들은 그들의 표현형적 효과의 선택 가치(selective value)에 비례해 다음 세대에 전파된다.

자연 선택은 유전자, 개체, 집단, 그리고 심지어는 종의 수준에서도 일어날 수 있지만 적응은 표현형으로 나타난다. 선택의 대상과 결과는 종종 다를 수 있다. 철학자 엘리엇 소버(Elliott Sober)는 아이들이 가지고 노는 '선택 장난감(selection toy)'을 가지고 이 차이를 명확하게 설명했다. 원통형으로 되어 있는 이 장난감에는 맨 위층에서 아래층으로 내려갈수록 크기가 점점 작아지는 구멍들이 뚫려 있다. 만일 가장 작은 구슬들의 색깔이 초록색이라면 맨 아래층에는 결국 초록색 구슬들만 모일 것이다. 하지만 이 과정에서 우리는 제일 작은 구슬을 선택한 것이지 초록색 구슬을 선택한 것은 아니다. 선택의 대상(selection of)은 작은 구슬이었는데 작은 구슬들의 색깔인 초록색도 결과적으로(selection for) 선택된 것이다. 자연 선택은 표현형에 작용하고 그 결과로 후세에 전달되는 것은 유전자다.

선택의 대상, 단위, 그리고 결과와 달리 선택의 수준은 다양할 수 있다. 작게는 유전자, 세포, 생명체(organism)로부터 크게는 친족 (kinship), 집단, 심지어는 종에 이르기까지 다양한 생물 수준에서 선택은 일어날 수 있다. 선택의 수준 논의에서 절대 유전자 선택(genic selection)의 관점을 제외할 수는 없지만 열띤 논쟁은 주로 개체와 집단 간에 벌어진다. 다윈은 이 점에 있어서 사뭇 혼란스러운 입장을 취했다. 그의 자연 선택 이론은 기본적으로 개체 중심적이지만 1871년에 출간한『인간의 유래와 성 선택』에서 인간 사회에서 이타주의 또는 도덕적 행위가 어떻게 발생하고 유지되는지를 설명하려면 집단 간의 경쟁을 고려해야 한다고 말했다.

> 한 부족 내에서 고결한 도덕적 가치를 지닌 사람이 그렇지 않은 사람에 비해 유리한 점이 별로 없을지 모르지만, 고결한 도덕적 가치를 지닌 사람이 많은 집단은 그렇지 못한 집단에 비해 훨씬 유리하다. 집단에 충성하려는 성향이 강하고 용감하며 타인에 대해 동정심을 갖고 있어서 항상 다른 사람을 도울 자세가 되어 있을 뿐 아니라 공공의 이익을 위해 자신을 희생할 수 있는 사람들이 많은 집단이 그렇지 않은 집단과의 경쟁에서 승리할 가능성이 크다는 점은 의심의 여지가 없다. 이것 또한 자연 선택이라 할 수 있을 것이다. 언제나 부족들 간에는 하나의 부족이 다른 부족을 대체해 가는 과정이 진행되므로, 그리고 이 과정에서 도덕성이 중요한 요인이 될 것이므로 높은 도덕적 가치를 지닌 사람들이 차지하는 수적 비중이 점차 늘어나게 될 것이다.

다윈의 이 같은 모호함에 힘입은 바 있는지 윌리엄스와 도킨스 등의 통렬한 비판에도 불구하고 1970년대 후반부터 데이비드 슬론 윌슨(David Sloan Wilson), 엘리엇 소버, 마이클 웨이드(Michael Wade)

를 비롯한 일군의 진화학자들은 집단 선택론이 이론적으로 충분히 가능하고 실제로도 몇몇 특수한 조건만 맞으면 일어난다는 사실을 줄기차게 주장해 왔다. 이른바 '다수준 선택(multi-level selection)'으로 알려진 이들의 이론은 나름대로 설명력이 있지만 진화의 역사에서 실제로 얼마나 빈번하게 일어났는지에 대해서는 다분히 의문의 여지가 있다.

철학자 데이비드 헐(David Hull)은 이 같은 혼란은 근본적으로 개체와 집단의 정의가 지닌 모호함에 기인한다고 설명한다. 우리가 얘기하는 개체의 범주는 과연 어디까지인가? 딸기밭을 한가득 메우고 있는 각각의 딸기 개체들은 종종 땅속 줄기로 연결되어 있다. 그래서 하나의 딸기를 뿌리째 뽑아 들면 서로 독립적인 개체인 줄 알았던 여러 개체가 줄줄이 딸려 올라온다. 땅 위에서는 분명히 서로 다른 개체처럼 제가끔 벌과 나비를 유혹하며 번식 경쟁을 벌이지만 땅속에서는 하나의 개체다. 집단도 마찬가지다. 개미나 꿀벌의 군락은 분명히 많은 개체로 이뤄져 있지만 전체가 대단히 일사분란하게 움직이는 하나의 조직이다. 그들은 마치 하나의 거대한 개체처럼 유기적으로 행동한다고 해서 종종 '초유기체(superorganism)'라고 불린다. 이렇게 보면 생물계의 모든 조직은 결국 넓은 의미의 개체며 모든 개체는 보다 작은 구성체들의 집합이다.

선택의 수준 문제를 두고 세계 최고 권위의 개미학자 에드워드 윌슨 교수의 행보가 주목을 끌고 있다. 윌리엄스와 더불어 하마터면 아무도 읽지 않았을 해밀턴의 1964년 논문의 중요성을 일깨워 우리 모두로 하여금 유전자 렌즈를 끼도록 하는 결정적 계기를 마련해 준 그가 최근 홀연 포괄 적합도 개념의 혈연 선택론에 대한 지지를 철회하겠다는 일종의 폭탄 선언을 한 것이다. 집단 선택론의 부활을 위해 평생을 바쳤다고 해도 과언이 아닐 데이비드 슬론 윌슨과 그가 1970년대 중반 잠시 하버드 대학교에서 연구원으로 생활하던 시절 가깝게 지냈던 에드워드 윌슨, 이 두 윌슨이 최근 다시 의기투합해 진화, 적어도 사회성 진화에는 유전자나 개체보다 집단 수준의 선택이 훨씬 더 중요하다는 주장을 들고 나온 것이다.

개인적으로 나는 참으로 난처한 경험을 했다. 2005년 미국 텍사스의 오스틴에서 열린 인간 행동 및 진화학회(Human Behavior and Evolution Society)의 기조 강연에서 에드워드 윌슨 교수는 강연장을 가득 메운 해밀턴 추종자들에게 그의 심경 변화에 대해 거침없는 발언을 쏟아 냈다. 해밀턴이 세상을 떠난 지 채 몇 년도 되지 않은 상황에서 그의 공적이 다분히 부풀려진 감이 있다는 윌슨 교수의 야속한 발언으로 장내는 이내 술렁이기 시작했다. 사회 생물학 논란으로 반대 진영의 비난에 이미 어느 정도 익숙해진 윌슨 교수인지라 장내 분위기에 아랑곳없이 자신의 발언을 밀고 나가는 사이에 사람들은 애꿎게 강연장 중간쯤에 앉아 있던 나를 돌아보며 어깨를 들먹여 보였다. 그날 그곳에 모인 사람들 중에 아마 내가 유일한 윌슨 교수의 제자였던 것 같다. 강연이 끝난 후 사람들은 정작 윌슨 교수는 놓아 둔 채 총총히 방을 빠져나가며 내게 다가와 어찌 된 일이냐며 따져 물었다.

사실 윌슨 교수는 선택의 수준에 관해 처음부터 애매한 입장을 취해 왔다. 개미를 연구하는 특수성 때문인지 그는 늘 해밀턴의 혈연 선택을 군락 수준에서 일어나는 현상으로 이해한다고 해서 우리를 당황스럽게 하곤 했다. 그의 자서전 격인『자연주의자(*Naturalist*)』를 보면 해밀턴 이론에 선뜻 다가가지 못하던 그의 모습이 군데군데 묘사되어 있다. 그는 마이애미로 가는 열차 안에서 해밀턴의 논문을 읽는다. 그는 "나는 처음에는 '이 가장 중요한 아이디어'를 온 힘을 다해 거부하려 했다."라고 쓰고 있다. 열차를 타고 가며 또 "나는 가끔 눈을 감고 대안을 찾아보려 노력했다."라고도 썼다. 그러나 마이애미에 도착한 이른 오후 "나는 포기했다. 나는 개종해서 해밀턴의 손 안에 나를 맡겼다."라고 토로한다. 그 후 윌슨 교수는 해밀턴의 진도사를 자처하며 그를 하버드에 모셔 오는 일에도 앞장섰다. 그러면서도 역시『자연주의자』에 나타나 있듯 훗날 호혜성 이타주의 이론을 개발한 로버트 트리버스가 해밀턴의 이론을 보완한 것을 구태여 "끝내 해밀턴의 논리에서 실수를 찾아낸 것은 바로 트리버스였다."라고 표현한 걸로 보아 윌슨 교수는 해밀턴의 이론에 대한 불편함을 떨쳐내지 못했던 것 같다. 두 윌슨 교수가 공동 저술한 2007년 논문 「사회 생물학의 이론적 기초를 다시 생각한다(Rethinking the theoretical foundation of sociobiology)」에는 다음과 같은 글이 실려 있다. "집단 내에서는 이기주의가 이타주의를 이긴다. (그러나) 이타적인 집단이 이기적인 집단을 이긴다. 다른 모든 것은 사변에 지나지 않는다."

윌슨 교수의 갑작스런 태도 변화에 많은 사람들이 고개를 갸우뚱거린 것은 사실이지만, "하나의 윌슨이 또 하나의 윌슨에게 현혹되었다."라는 대니얼 데닛의 표현처럼 이 일은 그저 노학자의 작은 소동으로 흘러갈 참이었다. 하버드 대학교 비교 동물학 박물관 연구동 4층에서 수십 년간 수행한 공동 연구를 바탕으로 1990년 백과사전 규모의 저서 『개미(*The Ants*)』를 출간해 이듬해 퓰리처상을 함께 수상한 바 있는 베르트 휠도블러(Bert Hölldobler) 교수는 최근 『초유기체(*The Superorganism*)』를 함께 집필하는 과정에서 바로 이 문제를 두고 윌슨 교수와 학문적으로 사실상 결별하고 말았다. 이처럼 최측근마저 잃어 가던 상황에서 뜻밖에 몇 년 전 하버드 대학교 수학과로 부임한 진화 이론가 마틴 노왁(Martin Nowak)이 가담하면서 꺼져 가는 줄 알았던 불씨가 졸지에 걷잡을 수 없는 산불로 번지고 말았다. 이들의 공동 작업은 드디어 2010년 8월 30일 세계적인 학술지 《네이처(*Nature*)》의 표지를 장식하며 초대형 논쟁의 포문을 열었다. 「진사회성의 진화(The evolution eusociality)」라는 제목의 이 논문에서 이들은 진사회성의 진화를 설명하는 데 다윈의 자연 선택 이론만으로도 충분하며 해밀턴의 포괄 적합도 이론은 거의 기여한 바가 없다고 주장했다. 이에 2011년 3월 24일 무려 137명의 연구자들이 이름을 올린 5편의 반박 논문들이 역시 《네이처》에 실렸다. 이 논문들에 이어서 노왁 등의 답변이 실리긴 했지만 전세는 이미 윌슨 교수에게 결코 이롭지 않은 방향으로 기운 듯 보인다.

23

계약의 생물학

내가 초청해 지난 몇 년 동안 수차례 우리나라를 방문한 바 있는 세계적인 침팬지 연구가 제인 구달(Jane Goodall) 박사로부터 들은 얘기다. 미국 디트로이트 동물원에 사는 조조(JoJo)라는 이름의 침팬지가 어느 날 하수구에 빠지는 사건이 발생했다. 침팬지는 우리와 유전자의 거의 99퍼센트를 공유하는 동물이지만 물을 무척 무서워하며 수영을 할 줄 모른다. 어쩌다 물에 빠져 허우적거리는 조조를 가리키며 관람객들이 소리를 지르는 사이에 홀연 릭 스워프(Rick Swope)라는 남자가 물로 뛰어들었다. 수영을 전혀 하지 못하며 체중도 엄청난 조조를 물 밖으로 끌어올리느라 거의 목숨을 잃을 뻔했던 그에게 사람들은 왜 그런 위험한 일을 했느냐고 물었다. 그러자 그는 다음과 같이 말했다. "언뜻 그의 눈을 들여다보게 되었어요. 사람의 눈이었습니다. 그리고 그 눈은 이렇게 말하고 있었습니다. 누구 나를 살려 줄 사람 없나요?" 구달 박사가 우리나라에 와서 강연을 하면 종종 내가 순차 통역을 한다. 조조와 스워프의 일화는 구달 박사의 강연에 단골로 등장하는 유명한 이야기라서 이미 두어 차례 통역한 적이 있었다.

그런데 2006년에 방한해 여성 민우회의 초청으로 강연을 할 때 무슨 까닭인지 나는 이 이야기를 통역하다 말고 그만 치미는 눈물을 참지 못해 그 많은 사람 앞에서 거의 소리 내어 울고 말았다.

자식을 구하기 위해 불 속으로 뛰어드는 부모의 애틋한 사랑도 감동적이지만, 생판 모르는 사람을 구하려다 목숨을 잃은 사람에 대해 느끼는 경외심과는 차원이 다르다. 술에 취한 일본인을 선로에서 끌어내리려다 죽은 이수현 씨의 곁에는 사실 함께 구조 작업을 하다 죽은 세키네 시로(關根史郎)라는 이름의 일본인 사진 작가가 있었다. 같은 일본인인 그에 대한 애도와 한국인인 이수현에 대한 애도는 비교가 되지 않는다. 유전적으로 관련이 있는 사람을 구하려는 행위는 해밀턴의 포괄 적합도 개념으로 설명이 가능하다. 그러나 이수현 씨의 희생도 그렇지만 스워프의 경우나 우리 주변에서 가끔 주인을 구하고 장렬한 죽음을 맞는 개들의 경우는 어떻게 이해해야 하는 것일까? 서로 종이 다른 개체들 간의 이타적 행동은 도대체 어떻게 진화된 것일까?

바로 이 문제와 관련하여 처음으로 진화적 메커니즘을 제공한 사람은 윌리엄 해밀턴이 하버드 대학교에 초빙 교수로 있던 시절 그곳에서 박사 학위를 한 로버트 트리버스였다. 해밀턴의 친족 이타주의(kin altruism)에 상응해 호혜성 이타주의(reciprocal altruism)라고 명명된 그의 이론에 따르면, 지금 이 순간 서로 도움을 주고받는 게 아니라 미래의 보답을 기대하며 남에게 도움을 주는 행위로 인해 인간을 비롯한 많은 동물들의 사회성이 진화했다는 것이다. 일종의 계약 이타주의(binding altruism)인 셈이다. 이타적 호혜성의 진화를 위해 서로 교류하는 개체들이 친척일 필요도 없고 심지어는 같은 종에 속할 필요도 없다. 그러나 둘이 평생 단 한 번밖에 만나지 않는다면 도움을 받고 난 다음 보답할 기회가 없기 때문에 호혜적 관계가 성립하지 않는다. 서로의 존재를 인식하고 도움을 받았다는 사실을 기억할 수 있어야 하며 서로의 만남이 비교적 빈번해야 진화할 수 있는 메커니즘이기 때문이다. 한강에 빠진 사람을 구하려 뛰어들 수는 있지만 난생 처음 이집트를 여행하던 중 나일 강에 빠져 허우적거리는 사람을 발견하고도 쉽사리 뛰어들지 못하는 이유가 바로 여기에 있다. 내가 또 언제 이집트를 방문하게 될지도 모르거니와 내가 나일 강에 빠질 확률도 매우 낮을뿐더러 내가 구한 그 사람이 내가 빠졌을 때 마침 그 강변을 거닐 확률은 더할 수 없이 낮기 때문이다.

1971년 트리버스의 이론이 발표되자 인간 사회의 호혜성 이타주의 행동의 예는 수없이 많이 논의되었지만 다른 동물의 예는 그리 쉽게 발견되지 않았다. 1977년에 이르러서야 인간이 아닌 다른 영장류에서 첫 예가 보고되었다. 크레이그 패커(Craig Packer)는 올리브비비(olive baboon) 수컷들을 연구했는데 으뜸 수컷을 피해 발정기의 암컷에게 접근하기 위해 버금 수컷들이 서로 도움을 주고받는 호혜성 동맹 관계를 관찰했다. 그 후 침팬지를 비롯한 다양한 영장류 사회에서 상호 털고르기, 음식 나눠 먹기 등의 호혜성 행동들이 보고되었지만 트리버스의 이론에 결정적인 도움이 된 연구는 단연 제럴드 윌킨슨(Gerald Wilkinson)의 흡혈박쥐 연구였다.

중남미 열대에 서식하는 흡혈박쥐들은 밤마다 소나 말 같은 큰 동물의 피를 빨아 먹고사는데 워낙 신진 대사가 활발해 연이어 사흘

밤만 피를 빨지 못해도 죽음을 면치 못한다. 그래서 흡혈박쥐 사회에는 서로 피를 나눠 먹는 풍습이 진화했다. 윌킨슨의 연구에 따르면 흡혈박쥐들은 우선 친척들과 가장 빈번하게 피를 나눠 먹지만 오랫동안 가까운 자리에 함께 매달려 있는 짝꿍들에게도 피를 나눠 주고 또 훗날 피를 얻어먹기도 한다. 이들은 서로를 분명히 인식하며 오랫동안 호혜 관계를 유지한다. 이들이 피를 빨지 못하고 돌아오는 확률에 의거해 예상 수명을 계산해 보면 태어나서 3년을 버티기 힘들 것으로 보인다. 그러나 서로 피를 나눠 먹는 전통 덕택에 흡혈박쥐들은 야생에서 15년 이상을 살기도 한다.

흡혈박쥐들이 서로 피를 나눠 먹는 풍습을 보며 나는 종종 우리 인간 사회의 헌혈 문화를 떠올린다. 박쥐들 중에서는 가장 큰 대뇌 신피질을 가졌다고는 하지만 두뇌 무게가 기껏해야 1그램밖에 되지 않는 흡혈박쥐들이 기꺼이 피를 나눠 주고 또 훗날 돌려받는 훈훈한 풍습을 가지고 있는 데 비해 우리 대부분은 길에서 헌혈 버스를 발견하면 아예 멀찌감치 피해 다닌다. 따끔한 주삿바늘을 내 몸에 꽂아서까지 빼 준 아까운 내 피가 도대체 누구를 위해 쓰이는지 모르는 상황에서 선뜻 헌혈을 하기란 사실 쉬운 일이 아니다. 대학 시절 나는 위독한 친구의 어머니를 위해 피를 연달아 두 병이나 뽑았다가 거의 실신할 뻔한 경험이 있다. "인제 가면 원통해서 어쩌냐." 하던 최전방 인제에서 군복무 중이던 친구의 어머니가 갑자기 쓰러져 병원에 입원했고 아직 다른 친구들도 병원에 도착하지 않은 상황에서 얼떨결에 벌어진 일이었다. 한꺼번에 그렇게 많은 피를 뽑는 일이 위험한 일이라는 사실을 알아야 마땅했던 간호사를 탓할 수도 있겠지만 당시 나는 조금도 주저하지 않고 팔을 걷어붙였다. 보답의 가능성이 담보되지 않은 이타적 행동은 좀처럼 하기 어려운 법이다. 그래서 미국에서는 헌혈한 사람들로 하여금 그들의 선행을 알릴 수 있도록 징표를 나눠 주기도 한다. 헌혈을 했다는 사실을 우리는 은근히 남에게 알리고 싶어 한다. 우리는 남을 도울 줄 아는 사람을 도우려 한다. 그런 사람을 도와야 그 도움이 내게 되돌아올 확률이 그만큼 높아지기 때문이다.

호혜성 이타주의의 개념은 게임 이론에서 말하는 반복 죄수의 딜레마 게임(iterated prisoner's dilemma, IPD)의 '눈에는 눈, 이에는 이(tit for tat, TFT)' 전략과 흡사하다. 1980년경 미시간 대학교의 정치학자 로버트 액설로드(Robert Axelrod)는 서로 다른 개인들 또는 단체들 간에 어떻게 협력 관계가 생성되는지를 연구하기 위해 여러 게임 이론가와 컴퓨터 과학자를 대상으로 토너먼트를 벌였다. 이때 러시아 태생의 미국 수학 심리학자 아나톨 래퍼포트(Anatol Rapoport)가 제출해 가장 탁월한 성적을 거둔 게임 전략이 TFT 전략이다. 엄청나게 길고 복잡한 지시 명령들로 이뤄진 다른 전략들과 뚜렷하게 대비되게 단 네 줄로 정리된 TFT 전략은 그 길이만큼 지극히 단순한 전략이었다. 우선 처음에는 무조건 협조하며 관계를 시작한 다음 상대의 전략을 그대로 따라 하는 전략인데 뜻밖에도 경합했던 모든 전략 중에 가장 우수한 성적을 거두었다. 래퍼포트는 지난 2007년 겨울에 세상을 떠났는데, 흥미롭게도 그의 자식들에 따르면 그는 서양 장기에는 탁월한 솜씨를 보였으나 포커 게임에는 형편없었다고 한다. 말로는 아니지만 행동으로 손에 든 패를 상대에게 거의 다 보여 주다시

피 했다나. 자신의 삶에서 실제로 죄수의 딜레마에 빠지지 않아도 되었던 게 천만다행인 것 같다.

TFT 전략을 포함한 게임 토너먼트의 결과를 바탕으로 액설로드는 당시 같은 대학 생물학과 교수로 있던 윌리엄 해밀턴과 함께 1981년 과학 저널 《사이언스(Science)》에 「협동의 진화(The evolution of cooperation)」라는 제목의 논문을 발표해 주목을 받았다. 그 후 1984년에는 동일한 제목의 책을 출간했는데 우리나라에는 2009년 『협력의 진화』라는 제목으로 번역되어 나왔다. 1987년 액설로드는 일명 '천재상'으로 불리는 맥아더 상(MacArthur Prize)을 받으며 수학, 정치학, 진화 생물학의 경계를 넘나드는 전형적인 통섭형 학자로 존경받고 있다. 그런 그가 1974년 그의 첫 직장이었던 캘리포니아 주립 대학교 버클리 캠퍼스에서는 정년 보장을 받지 못해 쫓겨났다는 걸 생각하면 세상은 참 알다가도 모를 일이다.

흡혈박쥐와 영장류 사회의 예들이 호혜성 이타주의 개념을 설명하는 데 매우 유용하긴 하지만 도대체 그런 호혜 관계가 애당초 어떻게 시작될 수 있는지를 설명하는 데는 트리버스 자신이 처음부터 사용했던 청소놀래기(cleaner wrasse)의 예가 가장 훌륭해 보인다. 열대 지방 바다의 산호초 주변에는 다른 물고기들의 몸을 깨끗이 청소해 주며 살아가는 물고기들이 있다. 물고기들은 우리처럼 손이 있어서 몸의 구석구석을 손질할 수 없기 때문에 주기적으로 이 같은 청소 서비스를 받을 수 있는 곳을 찾는다. 언젠가 내 아이가 아주 어렸을 때 63빌딩 지하에 간 적이 있는데 뜻밖에 그곳 수족관에 청소놀래기가 있는 걸 발견하고는 아들에게 설명을 해 주다가 졸지에 마침 관람하고 있던 다른 사람들에게도 설명을 하게 된 경험이 있다. 몸집이 큰 물고기는 청소놀래기에게 그야말로 온몸을 맡긴다. 청소놀래기는 아가미 덮개 밑으로 파고들어 마치 자동차 필터처럼 생긴 아가미의 속살에 붙어 있는 온갖 이물질들을 제거하질 않나 아예 입 속에 들어가 치아 사이까지 마치 치과 의사가 스케일링을 하듯 꼼꼼하게 청소한다. 바로 이 장면에서 한번 생각해 보자. 청소 서비스를 받으러 온 물고기가 마침 배도 출출하다면 마음의 갈등을 일으킬 수 있을 것이다. 이미 입 안에 들어와 청소에 여념이 없는 놀래기는 그야말로 독 안에 든 쥐와 다름없다. 그냥 꿀꺽 삼키면 그만이다. 하지만 그래 본들 그날 한 끼 식사를 해결할 수 있을 뿐 앞으로 허구한 날 누가 제 몸 구석구석을 청소해 줄 것인가? 한 끼의 식사보다는 오랜 세월 동안 단골 서비스를 받는 게 훨씬 유리하기 때문에 그들은 서로 돕는 관계를 유지하는 것이다.

그렇지 않아도 호혜 관계가 유지되려면 계약을 어기는 사기꾼을 색출해 응징하는 메커니즘이 반드시 필요하다. 그래서 호혜성 이타주의의 개념은 종종 정의(justice)의 문제와 연관되어 논의된다. 이 분야 연구에 세계적인 학자이며 2007년 우리나라 경제학자로는 처음으로 세계적인 과학 저널《사이언스》에 논문을 게재한 바 있는 경북 대학교 경제 통상학부 최정규 교수의 저서『이타적 인간의 출현』과『게임 이론과 진화 다이내믹스』에는 전통적인 경제학에서 전제하는 이기적 인간이 자기를 희생해 남을 돕는 이타적 인간보다 더 큰 물질적 이득을 얻음에도 불구하고 왜 이타심을 발휘하는가에 대한 최근 연구 결과들이 소개되어 있다. 진화 경제학자들은 인간 행동의 진화를 탐구하기 위한 도구로 '최후 통첩 게임(ultimatum game)'이라는 방법을 자주 사용한다. 연구자가 실험에 참여한 두 사람 중 어느 한 사람에게 1만 원을 주고 둘이 나눠 가지라고 주문한다. 다른 한 사람이 그 사람이 제시한 금액을 받아들이면 둘은 1만 원을 나눠 갖게 되지만 만일 거부하면 한 푼도 갖지 못한다. 이기적 인간이라면 당연히 크기에 상관없이 어떤 배당이라도 받아들여야 한다. 하다못해 단돈 100원을 준다 해도 받는 게 거부하는 것보다 이익이다. 하지만 1982년 쾰른 대학교의 연구에 따르면 뜻밖에도 배당액이 전체 금액의 30퍼센트를 넘지 않으면 제안을 거부하는 것으로 나타났다. 진화경제학자들은 이 같은 결과를 인간의 이타성과 보복 성향으로 해석한다. 선에는 선으로 대하지만 악에는 자신이 비록 손해를 보더라도 그걸 응징하려는 성향이 우리 인간에게 있다는 것이다. 얼마 전에는 도를 닦던 스님마저 자신에게만 찬밥을 준다며 사찰에 불을 지르고 달아난 사건이 보도되기도 했다.

불공평에 대한 응징은 우리 인간만의 속성이 아니다. 『침팬지 폴리틱스』와 『공감의 시대(The Age of Empathy)』의 저자이자 에머리 대학교 여키스 국립 영장류 연구 센터 소장인 프란스 드 월은 그의 동료들과 함께 흰목꼬리말이원숭이들에게 돌멩이를 가져오면 그 대가로 오이를 교환해 주는 실험을 했다. 그러나 연구자들이 규칙을 바꿔 한 원숭이에게만 맛있는 포도를 주기 시작하자 40퍼센트의 원숭이들이 교환 행동을 중단했고, 심지어 돌멩이를 가져오지도 않은 원숭이에게 포도를 주기 시작하자 무려 80퍼센트가 들고 있던 돌멩이마저 집어던졌다. 최근에는 개들도 불공평한 대우를 받으면 협조를

다윈 지능

거부하고 고개를 돌린다는 사실이 빈 대학교 연구진에 의해 관찰되었다.

인간 못지않게 복잡한 사회를 구성하고 사는 개미는 상당히 조직적인 자체 경찰 제도(worker policing)를 마련해 놓고 있다. 개미의 세계에서는 번식은 철저하게 여왕의 몫이고 일개미는 그런 여왕을 도울 뿐 자식을 낳지 않는다. 그러나 이것은 어디까지나 원칙일 뿐 실제로는 일개미들도 심심찮게 알을 낳는다. 여왕개미는 이른바 '여왕 물질(queen substance)'이라는 페로몬을 분비해 이 같은 역모를 통제하려 하지만 그 사회에도 어김없이 틈새를 비집고 나오는 이들이 있다. 일개미들은 어머니 여왕이 낳은 알은 부화해 동생이 되지만 동료 일개미가 낳은 알은 조카로 태어난다. 조카는 동생보다 유전적으로 덜 가깝기 때문에 일개미들은 자기들 중의 누군가가 알을 낳는 걸 원치 않으며 그래서 항상 서로를 감시해 누군가 감시를 피해 알을 낳더라도 곧바로 먹어 치운다.

우리 인간 사회에도 사뭇 유치하지만 비슷한 제도가 있지 않은가? 유명인들을 따라다니며 그들의 사생활을 찍어 언론 매체에 팔아먹는 사진사들을 이탈리아 어로 '파파라치(paparazzi)'라고 한다. 이 단어는 우리나라에 들어온 후 상당히 화려한 적응 방산(adaptive radiation)을 하고 있다. 교통 법규 위반 차량을 신고하는 '카파라치'를 시작으로 불량 식품의 제조 및 판매를 신고하는 '식파라치', 교습 시간 또는 수강료 기준 위반 학원을 고발하는 '학파라치', 영화 파일의 불법 업로드를 적발하는 '영파라치' 등 실로 다양하다. 함께 협동해야 할 동료들로 하여금 서로 감시하게 만드는 이 같은 제도는 자칫 공동체 정신을 해칠 수 있지만, 진화의 역사를 통해 가장 효율적인 질서 유지 체제 중의 하나로 확립되었다.

24

호모 심비우스 :
경쟁에서 경협으로

다윈의『종의 기원』은 "그토록 단순한 시작으로부터 수없이 많은 아름답고 화려한 생명이 진화했고 지금도 진화하고 있다."라는 문장으로 끝을 맺는다. 다윈은 사실 DNA의 존재에 대해 알지도 못하면서 현존하는 모든 생물이 태초에 우연히 생겨난 단 하나의 생명체로부터 갈려 나왔다고 추론했다. 놀랍게도 오늘날 최첨단 생명 과학은 다윈의 예측이 한 치의 오차도 없이 맞아떨어짐을 입증하고 있다. 이 세상 모든 생명이 근원적으로 한 가족이라는 깨달음은 우리 인간을 더할 수 없이 겸허하게 만든다. 2013년 충청남도 서천에 건립된 국립 생태원에는 '제인 구달의 길', '헨리 소로의 길'과 더불어 '찰스 다윈의 길'이 있다. 그 길 맨 끝에는 다윈의『종의 기원』마지막 문장이 새겨진 큰 비석이 세워져 있다. 초대 원장인 내 말씀도 하나 함께 남기자는 제안에 부끄럽지만 그 비석 맨 아래 발치에 다음과 같은 글을 새겨 넣었다. "다윈이 인류에게 기여한 가장 큰 업적은 우리를 철저히 겸허하게 만든 것이다."

태초에 그처럼 단순한 시작으로부터 지금 지구에는 엄청난 생물 다양성이 숨 쉬며 살고 있다. 생명의 역사는 결코 순탄하지 않은 지라 대절멸(mass-extinction) 사건을 적어도 다섯 차례나 겪었지만 자연은 언제나 되살아났다. 영화 「쥐라기 공원(Jurassic Park)」에서 수학자 이언 맬컴이 말한 것처럼 "진화의 역사가 우리에게 가르쳐 준 게 하나 있다면, 생명은 통제할 수 없다는 것이다. …… 생명은 길을 찾는다." 지나치게 성공한 생물인 호모 사피엔스 때문에 지구가 겪고 있는 환경 파괴와 기후 변화로 인해 '제6의 대절멸(The sixth mass-extinction)'이 벌어지고 있다. 이 소용돌이 속에서 설령 우리가 사라진다 하더라도 지구의 생명은 반드시 되돌아올 것이다. 어쩌면 지구 생태계의 무법자인 우리가 사라지고 나면 훨씬 더 풍요롭고 따뜻한 자연이 되돌아올지도 모른다. 저널리스트 앨런 와이즈먼(Alan Weisman)의 『인간 없는 세상(The World Without Us)』에 보면 그런 세상은 너무나 자연스럽게 그리고 신속하게 돌아올 것이란다.

　　나는 언젠가 생태학 교과서를 집필하고 싶다. 생태학에서는 자연 생태계의 종간 관계를 흔히 2×2 분할표로 정리한다. 기본적으로 서로에게 해가 될 수 있는 관계가 경쟁이고 서로에게 득이 되는 관계는 공생이다. 한편 한 종은 이득을 보고 다른 종은 손해를 보는 관계로 포식 또는 기생이 있다. 거의 모든 생태학 교과서에 예외 없이 이렇게 적혀 있고, 나도 이렇게 배웠고 수십 년 동안 이대로 가르쳤다. 그러나 언제부터인가 나는 경쟁이 다른 관계들과 동일한 차원에서 비교되는 것은 지나치게 평면적인 분할이라고 생각하기 시작했다. 자원은 한정되어 있는데 그걸 원하는 존재들은 늘 넘쳐나는 상황에서 경쟁은 피할 수 없는 삶의 현실이다. 그 경쟁에서 살아남기 위해 자연은 경쟁을 통해 상대를 제압하는 것 외에도 포식, 기생, 공생 등을 고안해 낸 것이다. 경쟁은 다른 모든 종 간 관계의 기저에 깔려 있다. 자연의 관계 구도를 이처럼 입체적으로 조망하면 나를 둘러싼 모든 상대를 제거하려고 혈안이 되어 있는 것만이 삶의 전부가 아니라는 걸 깨닫게 된다.

자연계에서 가장 화려하고 위대한 성공 사례를 들라 하면 나를 비롯한 생물학자 대부분은 잠시도 머뭇거리지 않고 꽃가루를 옮겨 주고 그 대가로 단물을 제공받는 식물과 곤충의 관계를 든다. 자연계에서 가장 무거운 생물 집단이 누구일까? 그건 고래나 코끼리가 아니라 꽃을 피우는 식물, 즉 현화식물이다. 이 세상 모든 동물의 무게를 다 합쳐도 식물 전체의 무게에 비하면 그야말로 조족지혈이다. 지구는 누가 뭐래도 식물의 행성이다. 그렇다면 자연계에서 수적으로 가장 성공한 동물은 누구일까? 물론 미생물에 비할 바는 아니지만 동물로는 단연 곤충이 으뜸이다. 그렇다면 곤충과 식물은 과연 어떻게 이처럼 엄청난 성공을 거두었을까? 한곳에 뿌리를 내리는 바람에 움직여 다닐 수 없는 식물은 사랑하는 짝에게 직접 다가가 사랑을 고백하는 동물과 달리 벌, 나비, 새, 박쥐 등 '날아다니는 음경'을 고용해 애써 꿀까지 제공하며 사랑하는 식물을 찾아가 대리 섹스를 해 달라고 부탁한다. 독특한 공생 사업을 벌였다. 곤충과 식물은 결코 호시탐탐 서로를 제거하려는 무차별적 경쟁을 통해 살아남은 게 아니라 '꽃가루받이'라는 공생 계약을 맺고 이를테면 '동반 성장'을 한 것이다.

다윈이 생존 투쟁을 강조한 것은 사실이지만 경쟁에서 이기는 방법이 오로지 상대를 죽이거나 피를 빨아야 한다고 주장하지 않았다. 한정된 자원을 남보다 먼저 차지하기 위한 방법이 한 치의 양보도 없는 경쟁과 더불어 포식과 기생뿐이라고 단정하지 않았다. 다윈의 글을 꼼꼼히 읽어 보면 그는 매우 다양한 형태의 경쟁에 대해 설명했다. 언젠가 내가 써낼 생태학 교과서에는 포식과 기생은 물론 공생도 경쟁의 한 형태로 소개될 것이다. 악어와 악어새가 처음으로 관계를 맺던 시점을 떠올려보자. 악어새가 주변에 먹을 게 지천으로 깔려 있는데도 불구하고 타고난 모험심과 도전 정신을 억누르지 못해 기어이 악어의 입속으로 기어 들어갔을까? 그럴 리는 없을 것이다. 먹이가 부족하던 시기에 위험을 무릅쓰고 그 무서운 악어 입속에 발을 디딘 것이다. 경영학 용어를 빌리자면 이른바 '블루 오션 시장'을 개척해 성공한 경우다. 초창기에는 너무 배가 고파 눈 꾹 감고 입을 다문 악어들도 있었을지 모른다. 하지만 고픈 배를 움켜쥐고도 입을 다물지 않고 참은 악어들이 그렇지 못한 악어들보다 훨씬 좋은 구강 위생 혜택을 누리며 생존과 번식에서 유리했기 때문에 오늘날까지 그 공생 관계가 이어지고 있는 것이다. 공생은 경쟁의 연장선상에 있다.

"손잡지 않고 살아남은 생명은 없다." 2013년 내가 출간한 책의 제목이자 평생 자연을 관찰하고 내린 내 나름의 결론이다. 내가 관찰한 바에 따르면 이 세상은 손잡은 자들이 미처 손잡지 못한 자들을 물리치고 사는 곳이다. 자연계의 모든 생물을 전수 조사한 것은 아니지만 내가 아는 한 살아 있는 생물 중 짝이 없는 생물은 없다. 1967년에 발표된 린 마굴리스(Lynn Margulis)의 세포 공생설은 가히 혁명적이었다. 세포 내에서 에너지를 생산하는 미토콘드리아가 원래 독립

　　　　　　　　　　　　　　　　다윈 지능

적으로 생활하던 세균이었는데 더 큰 세균 안에 들어가 공생하게 되었다는 그의 주장에 매료되어 1976년 가을 서울대에서 열린 "전국 대학생 생물학 심포지엄"에서 논문을 발표하며 학자로서 내 삶이 시작되었다 해도 과언은 아니다. 그리고 먼 훗날 나는 서울대 교수가 되어 헌법 재판소에서 미토콘드리아의 여성 유전 현상을 설명하며 남성 중심 '호주제'의 모순을 지적하게 되었다.

마굴리스의 연구로부터 반세기가 지난 이제 생물학은 세포 수준을 넘어 개체 수준의 공생을 연구하고 있다. 키, 몸무게, 나이, 성별에 따라 다르긴 해도 인간 어른은 대개 30조 개의 인간 세포와 39조 개의 미생물 세포로 이뤄져 있다. 세포 수로만 보면 나는 진정 내가 아니다. 거대한 미생물 생태계와 손잡은 공생체다. 우리는 그들에게 살 곳과 먹을거리를 제공하는데 그들은 우리에게 무슨 대가를 지불하는가? 인간과 공생하는 미생물은 피부, 구강, 기도, 식도, 위, 소장에도 분포하지만 대장에 가장 많이 산다. 지금까지 연구에 따르면 이들은 우리의 소화는 물론 면역, 호르몬, 심지어 두뇌 활동에까지 관여한다. 개미를 비롯한 곤충 연구로 평생을 보낸 내 스승 에드워드 윌슨 교수는 『자연주의자』 맨 마지막 문단에서 이렇게 고백한다. "내가 만일 21세기에 잃었던 시력도 되찾고 모든 걸 새로 시작할 수 있다면 나는 미생물 생태학자가 될 것이다." 2016년 오바마 당시 미국 대통령은 '국가 마이크로바이옴 계획'을 수립해 공표했다. 바야흐로 미생물 생태학의 시대다.

나는 조만간 장내 미생물 연구 분야가 그동안 신경 생물학이 누리던 생물학계의 권좌를 넘보게 되리라고 생각한다. 물만 마셔도 살이 찐다고 호들갑을 떠는 이들이 있다. 명백한 거짓말이다. 설탕물이라면 모를까 물만 마시는데 살이 찔 수는 없다. 그러나 많이 먹어도 살이 잘 찌지 않는 사람이 있는가 하면 조금밖에 먹지 않는데도 살이 잘 붙는 사람이 있는 건 사실이다. 최근 연구에 따르면 이게 상당 부분 장내 미생물 때문이란다. 오스트레일리아에 사는 유대류 포유동물 코알라는 유칼리나무의 잎과 새싹만 먹고산다. 생태학자들의 관찰에 따르면 여러 다양한 종류의 유칼리나무를 먹는 코알라가 있는가 하면 한 종류만 편식하는 코알라도 있다. 퀸즐랜드 대학교 미생물 생태학자들은 최근 편식하는 코알라 열두 마리의 장 속에 다양한 유칼리나무를 먹는 코알라의 장내 미생물을 이식했더니 그중 절반이 이것저것 먹기 시작했다는 연구 결과를 내놓았다. 식성도 결국 장내 미생물이 뭘 좋아하는가에 달린 모양이다. 장내 미생물을 연구하는 학자들은 조만간 '똥약(poop pill)'을 개발해 시판할 작정이다. 잘 먹어도 살이 찌지 않는 사람의 똥에서 미생물을 걸러내 정제로 만들어 판매할 것이다. 간편한 장내 미생물 생태계 이식 시술법도 개발될지 모른다.

지금 이 지구에서 가장 넓은 땅을 차지하고 있는 지주가 누구인가? 바로 벼, 보리, 밀, 옥수수 등 곡류 식물이다. 불과 1만여 년 전까지만 해도 저 들판에 말없이 피고 지던 잡초에 불과하던 그들이 무슨 재주로 졸지에 대지주가 될 수 있었겠는가? 그건 다름 아니라 우리 인간이 그들을 경작해 주었기 때문이다. 불과 25만 년 전에 등장하여 사자와 하이에나에 쫓기며 아프리카 초원을 헤매던 하잘것없는 한 종의 영장류였던 인간이 오늘날 만물의 영장으로 등극할 수 있었던 것은 자연계에서 가장 대규모의 공생 사업을 벌여 성공한 데 기인한다. 그런데 어느덧 우리는 스스로 자연과 더 이상 아무런 상관없이 사는 존재라고 착각하며 살고 있다. 급기야 우리는 스스로 호모 사피엔스(*Homo sapiens*), 즉 '현명한 인간'이라 부르기 시작했다. 나는 결코 동의할 수 없다. 우리가 자연계에서 가장 탁월한 두뇌를 지닌 존재임은 부정할 수 없지만, 우리가 진정 현명하다면 숨도 제대로 쉴 수 없고 물도 마음대로 마시지 못하는 환경을 만들어 놓지는 말았어야 했다. 먼 훗날 우리가 멸종한 다음 또 다른 지적인 동물이 만일 『인간 실록』을 편찬한다면, 그들은 우리를 "스스로 갈 길을 재촉하며 짧고 굵게 살다 간 동물"이라 기록할 것이다.

농촌 작가 전우익 선생님은 "혼자만 잘 살믄 무슨 재민겨?"라 물으셨다. 영국 작가 새뮤얼 존슨(Samuel Johnson)은 "상호허겁(相互虛怯, mutual cowardice)이 인간을 평화롭게 만든다."라고 설파했다. 혼자 버티면 재미도 없을뿐더러 살아남기조차 힘들다. 이제 우리가 가야 할 길은 독존(獨存)이 아니라 공존(共存)이다. 그래서 나는 10여 년 전부터 인간의 학명을 호모 심비우스(*Homo symbious*), 즉 공생인(共生人)으로 개명하자고 부르짖어 왔다. 손을 잡아야 살아남는다. 호모 심비우스는 이태석 신부님이나 테레사 수녀님처럼 조건 없이 남을 돕는 성인이 아니다. 경쟁에서 이기기 위해 남과 손을 잡는다. 이를 경쟁적 협동, 즉 경협(競協, coopetition)이라 부른다. 경협은 컴퓨터 중앙 처리 장치의 내장형 프로그램을 처음 고안한 수학자 존 폰 노이만(John von Neumann)과 경제학자 오스카르 모르겐슈테른(Oskar Morgenstern)의 1944년 공저 『게임 이론과 경제 행동(*The*

Theory of Games and Economic Behavior)』에서 처음 소개된 용어이자 개념이다. 1996년에는 하버드 경영대 교수 애덤 브랜든버거(Adam M. Brandenburger)와 예일 경영대 교수 배리 네일버프(Barry J. Nalebuff)가 『코피티션(*Co-opetition*)』이라는 제목의 책에서 이 개념을 본격적으로 경영학에 적용해 상당한 주목을 받았다.

　미국 브랜다이스 대학교 환경 생태학자 댄 펄만(Dan Perlman)과 나는 1984년부터 코스타리카의 고산 지대 몬테베르데(Monteverde)에서 아즈텍개미(Aztec ants)의 건국 과정을 연구하며 자연에서도 이런 현상이 일어난다는 사실을 발견했다. 개미는 우리 인간 못지않게 성공한 연유로 혼인 비행을 마친 차세대 여왕개미들은 나라를 세울 공간을 확보하기 어렵게 되었다. 어렵게 찾아낸 틈새 공간에서는 함께 혼인 비행에 참여한 많은 여왕개미 사이의 경쟁이 치열하다. 대개 땅이나 나무 속에서 나라를 건설하기 때문에 우리 눈에 띄지 않아 그렇지 실제로는 여왕개미들 간의 동맹이 매우 빈번하게 이뤄지고 있을 것으로 추정된다. 이른바 '다여왕 창시제(pleometrosis)'라 부르는 이 독특한 현상은 지금까지 모두 열네 속의 개미들에게서 관찰되었지만 실제로는 훨씬 보편적일 것이다. 신흥 국가를 건설하는 여왕개미들은 모두 시간과 싸움을 벌인다. 여왕개미는 일단 알을 낳은 다음에는 일체 외출을 삼가고 더 이상 필요 없게 된 날개 근육과 피하 지방을 녹여 일개미들을 길러내는데 몸이 쇠잔하기 전에 다시 굴문을 뚫고 나가 먹이를 물고 들어올 충분한 수의 일개미를 키워내야 한다. 이 과정은 혼자서는 거의 힘들고 설령 성공한다 하더라도 주변에 동맹을 맺은 여왕개미들이 협동으로 키워내는 일개미들을 수적으로 당해 낼 수 없기 때문에 동맹은 그들에게 선택이 아니라 거의 필수 전략처럼 보인다.

펄만 교수와 나는 트럼핏나무(*Cecropia*) 줄기 속에 사는 두 종의 아즈텍개미의 건국 과정을 연구했다. 다 자라면 높이가 20~30미터에 달하는 트럼핏나무는 어김없이 한 나라가 차지하고 있고 그 나라는 한 마리의 여왕개미가 통치한다. 그러나 건국 초기에는 나무 마디마다 제가끔 신흥 국가가 건설되는데 대부분 여러 여왕개미가 동맹을 맺고 함께 일개미를 키운다. 우리는 심지어 종이 달라 몸의 색깔이 확연히 구분되는 여왕개미 동맹도 발견했다. 일단 천하를 통일하기 위해서 다른 종의 여왕개미와 동맹도 불사하는 것이다. 이는 조조와 손권이 동맹을 맺고 유비를 치는 게 아니다. 조조, 손권, 유비 모두 호모 사피엔스다. 이는 조조가 오랑우탄과 손을 잡고 유비를 공격하는 형국이다. 당연히 이런 종의 경계를 넘어선 번식 협력은 자연계에서 유례가 없는 현상이다. 여왕개미들 간의 갈등은 같은 종이든, 다른 종이든, 천하를 통일하는 순간 불거진다. 어제의 건국 동지가 하루아침에 정적으로 돌변해 피비린내 나는 왕권 다툼이 벌어진다. 아즈텍 여왕개미들은 언젠가 이런 운명의 순간이 오더라도 건국 경쟁에서 이기기 위해 일단 협력해야 한다. 경협은 이렇듯 처절한 삶의 현장에서 필연적으로 벌어진다.

나는 왠지 우리네 삶도 그리 다르지 않다고 생각한다. 그렇다고 언제든 내 경쟁 상대가 될 수 있는 가까운 동료들을 기회가 있을 때마다 가차 없이 제거하며 사는 것은 아니다. 나는 10년이 훌쩍 넘도록 "환경과 인간"이라는 과목을 가르치는데 전혀 시험을 보지 않으면서 아무런 잡음 없이 학점을 주고 있다. 성적은 공동 점수 절반과 개인 점수 절반으로 매긴다. 팀 프로젝트의 성과로 판정되는 공동 점수가 성적의 절반이나 되기 때문에 팀이 잘하지 않으면 좋은 학점을 받는 것은 애당초 불가능하다. 함께 일하는 팀원들과 최대한 협력할 수밖에 없는 상황이 만들어져 있다. 그러나 팀 프로젝트에 너무 열중하다 개인으로서 챙겨야 하는 소소한 작업을 소홀히 하면 우리 팀이 좋은 성적을 받아 동료들은 모두 높은 학점을 받는데 나만 뒤처지는 결과를 빚을 수 있다. 자기 나라가 천하를 제패할 수 있도록 최선을 다하느라 기진맥진하게 되면 자칫 마지막에 동료에게 죽임을 당할 수 있는 여왕개미처럼. 삶의 성패는 인간이나 개미 모두에게 경쟁과 협력을 어떻게 잘 조율하느냐에 달려 있다. 홀로 사는 동물은 어떨지 모르지만 사회를 구성하고 사는 동물에게는 경협이 삶의 전부다.

25

마음의 진화: 진화 심리학

우리 사회에서 진화 심리학만큼 묘하게 자리매김한 학문도 없을 것이다. 제도권 내에서 정식으로 진화 심리학을 연구하고 가르치는 학자는 그야말로 한 손에 꼽을 정도인데 재야의 고수들은 차고 넘친다. 그만큼 이 학문에 거는 대중의 기대가 남다르다는 뜻이겠지만, 제대로 걸러지지 않은 개념들과 검증되지 않은 용어들이 언론과 SNS에 마구 떠돌아다닌다.

이 기이한 현상은 결코 순탄치 않았던 심리학의 자리매김과 묘한 유비를 이룬다. 심리학이 현대 사회에서 차지하는 지위와 영향력은 막강하다. 우리 자신을 비춰 보는 거울로서 또는 기업 경영, 자기 계발, 각종 사회적 갈등 해소는 물론 구체적인 법률적 해석과 정치적 선택에 이르기까지 심리학의 영역은 실로 방대하다. 실제로 미국의 대형 주립 대학교에서 생물학과보다 종종 강의 조교를 더 많이 고용하는 학과가 심리학과다. 그러나 이 같은 막강한 사회적 비중과 영향력에 비해 학계의 시선은 사뭇 따갑다. 심리학이 과연 이 같은 영향력을 행사할 수 있을 만큼 객관성을 지닌 학문인가를 묻는 질문이 끊이지 않는다. 점성술이 천문학으로 거듭난 것처럼 심리학도 이제 '심리 과학(psychological science)'으로 승화해야 한다는 목소리가 커지고 있다.

우리나라에서는 1975년 서울대가 관악산으로 이전하면서 문리과 대학이 인문 대학, 사회 과학 대학, 자연 과학 대학으로 갈라진 이후 심리학은 적지 않은 '소속 장애'를 겪고 있다. 대학에 따라 때론 인문 대학에, 때론 사회 과학 대학에 적이 불편하게 걸쳐 있다. 서울에 있는 대학들만 보더라도 연세대와 고려대에서는 문과 대학, 즉 인문 대학에 속해 있지만, 서울대, 이화여대, 덕성여대, 성신여대, 중앙대, 성균관대, 서강대에서는 사회 과학 대학 소속이다. 나는 개인적으로 심리학과가 이제 자연 과학 대학의 일원이 될 때가 되었다고 생각한다. 아니면 적어도 자연 과학과 인문, 사회 과학의 접경 지대에 위치해야 한다고 생각한다. 왜냐하면 심리학이야말로 전형적인 통섭 학문이기 때문이다.

하버드 대학교에는 1933년 로런스 로웰 전 총장이 기금을 마련해 설립한 하버드 명예 교우회(Harvard Society of Fellows)라는 기관이 있다. 그곳에 주니어 펠로로 선정되면 3년 동안 하고 싶은 연구를 마음껏 할 수 있는 환경이 주어진다. 토머스 쿤(Thomas Kuhn), 놈 촘스키, 에드워드 윌슨, 재러드 다이아몬드(Jared Diamond) 등이 이곳 주니어 펠로 출신이다. 그런데 심리학은 여기서도 학문 대접을 제대로 받지 못한다. 지난 86년간 심리학 분야에서 선정된 펠로는 스키너를 비롯해 달랑 6명뿐이다. 인문, 사회 계통만 보더라도 역사학 67명, 경제학 32명, 철학 25명에 비해 빈약하기 짝이 없다. 이런 심리학이

다윈 지능

드디어 인지 심리학과 진화 심리학 덕택에 학문으로서 객관적 정당
성을 획득하고 있다.

진화학의 모든 분야가 그렇듯이 진화 심리학의 기원도 거슬러
올라가면 결국 다윈에 이른다. 『종의 기원』 끝에서 세 번째 문단에
이르러 다윈은 불쑥 다음과 같이 말한다. "먼 미래에는 더욱더 중요
한 연구 분야가 개척될 것이라고 나는 생각한다. 심리학은 점진적인
변화를 통해 정신적인 힘이나 역량이 필연적으로 획득된다는 새로
운 토대에 근거해 그 기초가 세워질 것이다." 나는 다윈이 예언한 '먼
미래에 개척될 중요한 연구 분야'가 바로 다름 아닌 진화 심리학이었
다고 생각한다. 그리고 그 '먼 미래'는 제롬 바코(Jerome Barkow), 리다
코스미디스(Leda Cosmides), 존 투비(John Tooby)가 엮어 낸 『적응한
마음(Adapted Mind)』이 출간된 1992년에 본격적으로 열리기 시작했
다. 이 책은 기존의 진화 생물학과 고고인류학 발견을 새롭게 개발된
인지 과학으로 버무려 인간의 본성이 종 특이적으로 진화한 정보 처
리 프로그램들로 구성되어 있음을 보여 줬다.

코스미디스와 투비는 나와 비슷한 시기에 하버드 대학교 대학
원에서 공부했다. 코스미디스는 1985년 인지 심리학으로, 투비는
1989년 진화 인류학으로, 그리고 나는 1990년 진화 생물학으로 각각
박사 학위를 받았다. 그무렵 데이비드 버스(David Buss)는 하버드 대
학교 심리학과의 젊은 조교수였는데, 내가 학부 세미나 수업을 진행
하던 어느 해에는 지도 학생을 공유하기도 했다. 그러다가 그는 1985
년 미시간 대학교 심리학과로 자리를 옮겼고 나도 1992년 같은 대학
의 생물학과에 부임해 다시 만났다. 미시간 대학교의 '인간 행동과

진화 연구 프로그램'에서 함께 지내다가 이번에는 1994년에 내가 먼저 서울 대학교로 떠났고 그는 1996년 텍사스 주립 대학교 심리학과로 옮겨 갔다. 몇 년 후 우리는 공동 연구를 수행해 1999년과 2000년에 《퍼스널 릴레이션십(Personal Relationships)》이라는 학술지에 함께 논문을 게재하기도 했다. 2020년에는 이 공동 연구 결과를 포함해 「인간 지위의 사회적 기준(Human status criteria)」이라는 제목의 본격적인 종설 논문(review paper)을 국제 학술지 《개성과 사회 심리학 저널(Journal of Personality and Social Psychology)》에 게재했다. 우리말로도 번역되어 나온 『진화 심리학(Evolutionary Psychology)』, 『진화 심리학 핸드북(The Handbook of Evolutionary Psychology)』, 『욕망의 진화(The Evolution of Desire)』, 『이웃집 살인마(The Murderer Next Door)』 등을 펴내며 이제 데이비드 버스는 명실공히 진화 심리학 학계의 간판이 되었다. 그런가 하면 내가 서울 대학교 생명 과학부의 교수로 재직하던 시절 내 연구실에서 개미 연구로 석사 과정을 수료한 학생이 그의 연구실에 유학해 박사 학위를 받아 돌아왔다. 그가 바로 『오래된 연장통』, 『본성이 답이다』, 『진화한 마음』의 저자 전중환 경희 대학교 후마니타스 칼리지 교수다.

진화 심리학 태동기의 핵심 이론가였던 코스미디스와 투비는 진화 심리학 가설을 검증할 수 있도록 인지 심리학의 '웨이슨 선택 과제 실험(Wason's selection task experiment)'을 재설계해 인간의 연역 추론 능력에 대한 진화론적 해석을 이끌어 냈다. 이들에 따르면 인간의 연역 추론 능력은 인류 역사의 대부분을 차지하는 수렵 채집기 동안 생존과 번식을 위해 인간의 마음이 적응하는 과정에서 만들어졌다. 우리가 속해 있는 현생 인류, 즉 호모 사피엔스는 약 25만 년 전에 출현했으나 농경을 시작한 때는 지금으로부터 겨우 1만여 년 전이므로 존재의 역사 중 적어도 95퍼센트 이상의 기간 동안 수렵과 채집을 하며 살았다. 현재 우리의 심리 기제가 이 기간 동안에 다듬어졌다고 추론하는 데 무리는 없어 보인다.

전중환 교수는 2019년에 펴낸 『진화한 마음』에서 진화 심리학의 핵심 원리를 다음과 같이 정리한다.

첫째, 복잡한 구조는 기능을 반영한다.
둘째, 마음은 인류의 조상들이 수렵 채집 생활에서 직면했던 적응적 문제들을 해결하게끔 설계된 심리적 적응들의 묶음이다.
셋째, 서로 다른 적응적 문제들에 각각 맞춰진 다수의 특수화된 심리 기제들이 진화했다.
넷째, 적응은 과거의 문제들에 대한 해결책이므로 오늘날에도 반드시 번식 성공도를 높여 주는 것은 아니다.

인간 본성과 사회성에 관한 진화적 연구의 첫 물꼬는 사회 생물학이 터 줬다. 하버드 대학교 진화 생물학자 에드워드 윌슨이 펴낸 『사회 생물학』(1975년)과 『인간 본성에 대하여(*On Human Nature*)』(1978년)가 그 효시였다. 그러나 사회 생물학은 출범하자마자 페미니즘 진영과 첫 단추를 잘못 꿰면서 기득권을 옹호하는 수구 학문이라는 누명을 뒤집어썼다. 1978년 윌슨 교수는 미국 과학 진흥회(AAAS) 학술 대회에서 물세례를 받기도 했다. 이런 분위기 때문에 동물과 인간의 사회 행동을 탐구하는 연구자들은 1980년대 내내 공개적으로 스스로를 사회 생물학자라고 밝히기 꺼려했다. 제럼 브라운(Jarram Brown)과 나는 『동물 행동학 백과사전』에 수록된 논문 「행동 생태학과 사회 생물학(Behavioral ecology and sociobiology)」에서 '행동 생태학'이라는 용어가 처음 소개된 책은 피터 클로퍼(Peter H. Klopfer)의 『생태학의 행동주의적 접근(*Behavioral Aspect of Ecology*)』(1962년)이었음을 밝혔다. 사회 생물학보다 먼저 소개됐고 훨씬 포괄적이며 정치적으로도 중립적인 행동 생태학은 당시 사회 생물학학도들이 피신하기에 좋은 둥지였다. 행동 생태학과 사회 생물학은 다윈의 선택 이론에 입각해 행동의 진화를 설명한다는 점에서는 맥을 같이하지만, 사회 생물학은 사회 행동의 분석에 초점을 맞춘지라 행동 생태학에 비하면 다소 좁고 구체적인 영역을 담당한다.

진화 심리학은 사회 생물학에 대한 탄압이 약간 수그러들기 시작하던 1990년대 초에 태동했고 다수의 사회 생물학자들이 기꺼이 진화 심리학으로 전향했다. 나도 그중 하나다. 2003년 국제 학술지 《진화 심리학(*Evolutionary Psychology*)》이 창간될 때 편집진으로 초대되어 지금까지 일하고 있다. 그러나 전향은 선언만으로는 부족하다. 사회 생물학과 진화 심리학 사이에는 엄연한 차이가 존재하기 때문이다. 현대 인간 사회의 대부분은 일부일처제 사회 구조를 채택하고 있다. 하지만 포유동물의 번식 구조는 거의 어김없이 일부다처제다. 일부일처제를 유지하는 영장류로는 올빼미원숭이 한 종과 긴팔원숭이들뿐이다. 인간은 사회적으로는 일부일처제로 보이지만 유전적으로도 그런지는 들여다봐야 한다. 도덕적으로는 흠잡을 데 없었던 지미 카터(Jimmy Carter) 전 미국 대통령도 언젠가 성인 잡지《플레이보이(*PlayBoy*)》와 가진 인터뷰에서 "마음으로는 수없이 많은 간통을 저질렀다."라고 고백했다. 우리의 심리와 실제로 드러나는 행동 간에는 차이가 있을 수 있다. 사회 생물학이 드러나는 행동의 사회적 진화를 연구하는 학문이라면, 진화 심리학은 그런 행동을 유발하는 심리 기제의 진화를 분석하는 학문이다.

다윈은 1859년 『종의 기원』을 통해 자연 선택 이론을 진화의 기본 메커니즘으로 제시했지만, 실제로 생존의 현장보다 더 극적인 진화적 변화가 일어나는 과정이 번식이다 보니 1871년 『인간의 유래와 성 선택』에서 제시한 성 선택 이론이 인간 심리 분석에 훨씬 큰 영향을 미칠 수밖에 없다. 따라서 짝짓기와 부모의 투자는 진화 심리학에서 가장 기본적이고 핵심적인 주제다. 다음으로 활발한 연구 주제가 역시 짝짓기와 집단 생활이 빚어내는 문화의 진화이다 보니 기존의 전통적 심리학 분야들 및 인접 학문들과 진화 심리학의 관계 정립 또한 중요하다.

개인적으로 나는 퍽 오랫동안 살인의 진화 심리학 연구를 수행했다. 나는 1980년대 말 하버드 대학교에서 박사 과정을 밟던 시절 마침 그곳에서 연구년을 보내던 캐나다 맥매스터 심리학과 마틴 데일리(Martin Daly)와 마고 윌슨(Margo Wilson) 교수를 만났다. 그 후 진화 심리학자들이 가장 많이 모이는 '인간 행동과 진화 학회(Human Behavior and Evolution Society)'에서 만날 때마다 이 부부 교수들은 내게 줄기차게 우리나라 살인 사건을 조사하고 분석해 보라고 요청했다. 그러던 어느 해 마침 일본 도쿄 대학교 심리학과 하세가와 도시카즈 교수와 함께 있는 자리에서 또다시 요청을 받아 드디어 일본과 한국에서도 살인의 생물학적 연구가 시작되었다. 일본에서는 도쿄 대학교 교수의 전화 한 통에 법원에서 직접 연구에 필요한 자료를 정리해 보내왔다는데, 우리는 가까스로 허락을 얻어 우리 연구진이 직접 서울과 수원 검찰청에 출두해 개인 정보 유출 방지에 관한 검열을 받으며 1년여 동안 어렵게 자료를 모았다.

그러던 어느 날 나는 신문에서 지금은 경인 교육 대학교에서 가르치는 김호 당시 서울 대학교 규장각 연구원이 조선 시대 검안(檢案) 자료를 발굴해 데이터베이스화하는 작업을 하고 있다는 기사를 읽었다. 그 길로 달려가 김호 박사의 도움으로 『규장각한국본종합목록(奎章閣韓國本綜合目錄)』에 수록된 531건의 검시 문안(檢屍文案)을 분석하게 되었다.

살인은 조선 시대에도 지금과 마찬가지로 극단적 반인륜 범죄의 전형이었다. 따라서 인명 사건을 다룬 당시의 방식은 현대 사회의 방식 못지않게 철저했다. 살인의 원인이 가령 구타에 의한 것인지, 칼에 찔린 것인지, 아니면 독살인지를 규명하기 위해 피살체의 보존은 기본이었고, 관할 구역에서 검시를 신속하게 행할 수 없는 경우에는 인근 지역의 군수로 하여금 대신하게 하는 만반의 행정 대비책도 마련되어 있었다. 조사 과정에 발생할 수 있는 부정을 사전에 방지하기 위해 만일 사건을 담당할 관리가 관련자와 친인척 관계에 있을 경우에는 검시 및 조사를 수행할 수 없다는 규정도 마련해 두었다. 범죄의 엄중함 때문에 살인은 반드시 각각 다른 조사관이 두 번 조사하도록 했다. 1차 조사자, 즉 초검관(初檢官)은 2차 조사자인 복검관(覆

다윈 지능

檢官)에게 1차 조사 과정의 사정을 일절 누설하지 못하도록 되어 있었기 때문에 복검관은 철저하게 독립적으로 수사해 상부에 보고했다. 상부 기관에서는 1차와 2차 조사 내용이 서로 부합하면 사건을 종결했으나, 만일 의심의 여지가 있으면 또 다른 인근 지역의 수령을 선정해 3차 혹은 그 이상의 조사를 실시했다. 우리가 분석한 검시 문안에는 최대 다섯 차례의 독립적 조사가 이뤄진 경우도 있었다. 보고 내용도 현대 우리 사회의 법원 판결문이나 검찰 수사 기록보다 대체로 훨씬 상세해 신선한 충격을 주었다. 하지만 더욱 놀라운 점은 살인의 전반적 유형과 원인의 유사성에 있었다.

우리 연구진이 19세기 조선 말기 검안 기록을 분석하고 있을 때 김호 박사는 또다시 18세기 자료를 발굴했다. 결국 우리는 3세기에 걸친 살인 자료를 비교할 수 있는 기회를 얻었다. 20세기 대한민국이 자본주의 민주제 사회인 데 반해 18세기와 19세기의 조선은 봉건적 왕정 사회였음에도 불구하고 3세기의 양상은 뒤섞어 놓으면 구별하기 어려울 정도로 흡사했다. 게다가 우리나라 살인 양상은 일본, 그리고 서양의 그것과도 별반 다르지 않았다.

이 같은 결과를 가지고 나는 국제 학술 대회에서 두 차례 논문을 발표했는데 "도대체 너희 나라는 어떻게 그 옛날에 그런 객관적이고 체계적인 조사를 실시했으며 그 결과를 이처럼 상세하게 기록으로 남길 수 있었느냐?"는 외국 동료들의 찬사가 이어졌던 기억이 새롭다. 시대와 지역, 그리고 사회상이 다르더라도 살인을 저지르는 주체와 원인이 흡사하다는 것은 살인이 생물학적 현상임을 방증하는 강력한 증거라고 할 수 있다. 나는 이 연구 결과를 정리해 서울 대학교

출판부에서 『살인의 진화 심리학: 조선 후기의 가족 살해와 배우자 살해』(2003년)라는 책으로 출간했다. 진화 심리학은 바로 이런 현상을 찾아내고 분석하는 학문이다.

자연 과학은 분야마다 그 분야 전체를 포괄하는 이론적 체계가 있다. 물리학에 양자 역학과 상대성 이론이 있다면, 화학에는 원자론이 있다. 생물학은 다윈의 진화론이 포괄하고 지질학은 판구조론으로 통합된다. 심리학에는 다양한 심리 현상을 일관되게 설명하는 통합 이론이 없다. 심리학자들은 그동안 특정한 방식으로 마음을 움직이는 근접 원인(proximate cause)을 찾는 데 천착하느라 마음이 왜 그런 식으로 작동해야 하는지 궁극 원인(ultimate cause)을 찾는 데 소홀했다. 2009년 4월 나는 『다윈의 사도들』이라는 책을 집필하기 위해 하버드 대학교 언어 심리학자 스티븐 핑커를 인터뷰했다. 나는 그에게 진화 심리학의 미래에 관해 물었고 그는 다음과 같이 답했다. "나는 진화 심리학이 심리학의 독립된 분과 학문이 되지 않았으면 한다. 심리학 전반에 걸쳐 제기되는 질문이 되는 게 아니라 그저 심리학의 한 분과가 된다면 실패라고 생각한다. …… 진화적 기원과 기능에 관한 질문들은 독립된 분야로 따로 떨어져 있는 것보다 심리학의 모든 분야에 스며들어야 한다." 진화 심리학이 심리학 전체를 관통하는 이론적 바탕을 제공하리라 기대한다.

26

종교의 진화: 굴드, 윌슨, 도킨스, 그리고 데닛

Be Balance !

2006년 8월 17일 우리나라 기독교의 큰 별 강원용 목사님께서 돌아가셨다. '크리스천 아카데미'와 '평화 포럼' 등을 조직해 이끌며 이 땅에 참으로 많은 교육계와 시민 사회 운동 분야의 인재들을 길러 내신 큰 어른이셨다. 내가 감히 그분과 잘 알고 지냈다고 떠들 자격은 없으나 목사님의 말년에 남다른 사랑을 받았음을 고백한다. 강원용 목사님은 우리나라의 다른 목회자들과 달리 과학에 엄청난 관심을 갖고 계셨다. 나는 목사님이 돌아가시기 전 몇 년 동안 서울 대학교 물리학과의 임지순 교수와 더불어 이를테면 과학 가정 교사 자격으로 종종 불려 다녔다. 목사님은 내게 불쑥불쑥 예고도 없이 전화를 하시곤 다짜고짜 "그래, 줄기 세포가 뭐요?" 또는 "DNA가 그래 정확하게 뭘 하는 거요?"라고 묻곤 하셨다. 전화로 이런저런 설명을 시도하다 나는 종종 "목사님, 제가 지금 가겠습니다."라는 말과 함께 전화를 끊고 주섬주섬 책을 몇 권 챙겨 들고 목사님을 뵈러 달려가곤 했다.

그러던 어느 날 목사님은 설명을 마치고 일어서려는 내게 이렇게 물으셨다. "최 교수는 진화론자인데 교회는 어떻게 나오는 거야?" 당시 나는 세례도 받지 않았지만 독실한 기독교인인 아내는 물론, 아내의 언니들이 오르간 반주도 하고 집사로 봉사하는 경동 교회에 등록된 교인이었다. 그런 사정을 잘 아시고 하신 질문이었기에 나는 약간 멈칫거리며 다음과 같이 대답했다. "예, 독실한 운전 기사로 다닙니다." 목사님은 그저 껄껄 웃으셨다. 사실 거기서 그치신 게 아니라 어느 날 설교 시간에는 그 많은 교인들 앞에서 비록 세례는 받지 않았어도 어떤 형태로든 깊은 믿음을 갖고 있는 사람으로 내 이름을 공개적으로 거론하시기도 했고, 또 한번은 장로교 목사님들을 100여 명이나 모아 놓고 내게 진화론 강의를 시키기도 하셨다. 그것도 경동 교회 예배당 안에서. 그날 나는 내 머리 뒤에 걸려 있는 그 큰 십자가를 연신 흘끔거리며 "천벌을 받는 건 아닌지 모르겠다."라는 말을 몇 번이나 했는지 모르겠다. 목사님들은 뜻밖에 열린 마음으로 내 강의를 경청해 주셨다. 열린 지도자 덕택에 종교와 과학의 대화가 시작되는 아름다운 순간이었다.

2009년 5월 11일 나는 처음으로 리처드 도킨스를 만나러 영국 옥스퍼드 대학교에 갔다. 그의 『만들어진 신(The God Delusion)』에 관한 얘기를 나누던 중 도킨스는 홀연 종교에 관한 내 태도를 물었다. 가족을 둘러싼 내 개인적인 상황에 대한 대답을 듣고 그는 이렇게 말했다. "아내에 대한 사랑으로 함께 교회에 다니는 것은 아름다운 일이라고 생각한다. 하지만 그러는 동안 아들이 기독교인이 된 건 불행한 일이다." 도킨스는 아이들에게 종교에 관해 선택의 여지를 주지 않는 종교 문화의 폭력성을 특별히 강력하게 비판한다. 나는 아내를 만나 결혼한 후 지금까지 40년 가까이 교회에 다니고 있다. 한때 미국에 살던 시절 『성경』에서 「창세기」 부분을 반으로 접은 채 그 위에 손을 얹으라고 종용하던 목사님의 강권에도 잘 버텨 온 나는 그렇다면 종교에 대해 어떻게 생각하고 있는 것인가? 일단 종교와 과학의 정면 충돌은 피하며 시간을 벌고 있는 것은 분명하다. 하지만 나는 '중첩되지 않는 교도권(Non-Overlapping Magisteria, NOMA)'을 설정하고 종교와 과학을 편리하게 분리한 스티븐 제이 굴드의 불가지론(不可知論)을 따르는 것은 결코 아니다. 그러한 입장을 유지하며 삶을 마감하는 것은 내 영혼이 허락하지 않을 것 같다. 그렇다고 해서 이언 바버(Ian Barbour)와 존 호트(John Haught)처럼 과학과 종교의 완전한 융합을 기대할 만큼 순진할 수도 없는 노릇이다. 여전히 나는 교회에 간다. 언젠가는 내 마음속에서 둘 간의 관계를 가지런히 정리할 수 있으려니 기대하며, 아마 "하나 이상이 녹아 하나가 된다."라는 융합(融合)은 본질적으로 불가능하겠지만 둘 간의 담을 충분히 낮춰 편안하게 오갈 수 있도록 만드는 통섭(統攝)은 가능하지 않을까 생각하며 공부하는 마음으로 다닌다.

나의 이런 노력에 인내심을 보일 의사가 전혀 없는 종교학자들이 많은 것 같다. 내가 1990년대 중반 오랜 외국 생활을 청산하고 귀국했을 때 제일 먼저 나를 찾아온 분들 중에는 우리나라에서 가장 활발하게 과학과 종교의 소통에 힘써 오신 강남 대학교 신학 대학의 김흡영 교수님이 계셨다. 그래서 우리는 여러 차례 종교와 과학의 소통의 장에 함께 참여하기도 했다. 하지만 이런 밀월 관계는 2005년 내가 에드워드 윌슨 교수의 『통섭(Consilience)』을 번역 출간하며 무참히

깨져 버렸다. 김흡영 교수님은 윌슨, 그리고 어떤 의미에서는 내가 더 무자비한 생물학 제국주의자가 되어 그동안 신학이 차지하고 있던 권좌를 넘보고 있다며 맹비난하고 나섰다.

2009년에 국내에서 출간된 가장 의미 있는 책 중의 하나로 나는 주저 없이 신재식, 김윤성, 장대익이 함께 쓴『종교 전쟁』을 꼽는다. 신학자, 종교학자, 그리고 과학 철학자가 진정 자기를 비우고, 서로에게 귀를 기울이며, 때론 상대를 받아들이기까지 하며 21세기 과학과 종교의 만남을 위해 소중한 대화의 길을 열었다. 이 책의 뒤표지에 세 사람이 추천의 글을 보탰다. 김용준 한국 학술 협의회 이사장, 종교학자 정진홍, 그리고 내가 진솔한 추천사를 썼는데 전해 들은 얘기로는 이 책을 집어 든 어느 노학자께서 이렇게 말씀하셨단다. "대한민국에서 공부 안 하는 사람들은 여기 다 모였군." 이 책에 관련된 여섯 사람 모두 자기 공부는 제대로 하지 않으면서 남의 분야나 기웃거리는 사람들이란 뜻으로 하신 말씀이란다. 하지만 정진홍 교수님은 달리 말씀하신다. "남의 학문을 들여다보고 있노라면 어느덧 내 학문이 깊어진다."라고. 나는 21세기에도 인간 사회는 여전히 종교와 과학이라는 두 수레바퀴가 끌고 갈 것이라고 생각한다. 누가 누구의 권위에 도전한다는 식의 투정을 부릴 게 아니라 진정한 의미의 통섭적 노력이 필요한 시점이다.

강원용 목사님이 우리 곁을 떠난 2006년은 종교와 과학의 관점에서 대단히 흥미로운 해였다. 우리 시대의 대표적인 다윈주의자 세 사람이 약속이라도 한 듯이 종교에 관한 책을 출간했다. 도킨스는 앞에서 언급한 대로『만들어진 신』을, 윌슨은『생명의 편지(*The*

Creation)』를, 그리고 대니얼 데닛은『주문을 깨다*(Breaking the Spell)*』를 전부 같은 해인 2006년에 펴낸 것이다. 2007년 늦은 가을 어느 일간지에서 내게『생명의 편지』의 우리말 책 출간에 맞춰 윌슨 교수와 대담을 해 줄 것을 부탁해 보스턴 근교의 렉싱턴에 있는 윌슨 교수의 자택을 방문하게 되었다. 윌슨 교수는 벌써 여러 해 전부터 몸이 불편하신 사모님과 함께 실버타운에 입주해 살고 있다. 그때 나는 윌슨 교수님께 도킨스가 종교에 관한 책을 쓰고 있었다는 걸 알고 계셨느냐고 물었다. 그러자 그는 전혀 알지 못했다며 그렇지 않아도 책이 나왔기에 도킨스에게 전화를 해서 "참으로 전사(warrior)처럼 글을 쓰셨더라."고 했더니, 이어 도킨스는 "선생님은 마치 외교관(diplomat)처럼 쓰셨더군요."라며 응수했다고 한다.『만들어진 신』을 통해 그야말로 기독교에 '반십자군 전쟁'을 선포한 도킨스와 달리 윌슨 교수는 남침례교회 목사님께 편지를 쓰는 형식으로『생명의 편지』를 시작했다. 실제『생명의 편지』의 원제는 '창조(The Creation)'이다. 다분히 이중적인 의미를 지닌 제목의 책에서 윌슨 교수는 지금 우리 인류에게 닥친 전례 없이 심각한 생명의 위기는 과학자와 종교인이 손을 잡아야 헤쳐 나갈 수 있다고 호소했다.

나는 이 두 책에 비해 데닛의『주문을 깨다』가 가장 학구적인 책이라고 생각한다. 윌슨 교수도 비슷한 생각을 하셨는지 데닛을 "전략가"로 표현한 바 있다. 종교의 해악을 고발하며 종교를 없애야 한다고 주장한 도킨스와 달리 데닛은 종교에 대한 객관적인 분석과 그에 따른 교육을 제안한다. 언뜻 들으면 데닛이 종교에 대해 가장 너그러운 태도를 보이는 것 같지만, 2007년 초 심혈관 계통의 문제로 대수술을 받은 후 죽음의 문턱에서 되살아났을 때 쓴 에세이를 읽어 보면 그가 주문하는 종교에 대한 분석이 어떤 것인지 짐작할 수 있을 것이다. 존 브록만(John Brockman)이 설립해 운영하고 있는 엣지 재단(Edge Foundation)의 웹페이지에 공개된 그의 글은 "신에게 감사한다(Thank God)."가 아니라 "선함에 감사한다(Thank Goodness)."는 제목을 달고 있다. 그의 쾌유를 기뻐하며 많은 사람들이 축하 메시지를 보내왔을 때 그중에는 "신의 가호로 당신에게 새 삶의 기회가 주어졌다."라고 말하는 사람들이 있었다. 데닛은 바로 그들을 향해 에세이를 쓴 것이었다. 그는 그를 살린 것이 결코 신이 아니라 현대 의학의 발전과 그의 생명을 구하기 위해 최선을 다해 준 병원 의료진의 선행이었다고 단언했다. 데닛은 우리가 종교의 실상을 철저하게 객관적으로 분석하고 종교를 보다 철학적이고 과학적으로 연구하게 되면 이성적인 판단으로 종교를 축소하거나, 종교를 보다 개선할 수 있을 것이라고 주장한다. "신의 존재에 대한 믿음(belief in god)"보다 "신의 존재를 믿는 믿음에 대한 믿음(belief in belief in god)"의 확산을 연구해야 한다고 설명한다.

분명히 종교 현상은 설명을 요구한다. 인간을 제외한 다른 어떤 동물에서도 종교라고 부를 수 있는 행동은 관찰되지 않건만 인류 집단이란 집단은 예외 없이 모두 나름의 종교를 갖고 있다. 나는 종종 여왕개미가 뿜어내는 강력한 페로몬인 '여왕 물질'의 영향으로 스스로 번식을 자제하며 평생 여왕을 위해 헌신하는 일개미들의 행동에서 어딘지 우리 사회의 사이비 종교 집단의 모습을 보는 듯한 착각을 일으킨다. 이걸 개미 사회의 종교 현상으로 볼 수 있는 것일까? 비슷한 행동 유형은 꿀벌, 말벌, 흰개미, 그리고 심지어는 진사회성 포유동물로 알려진 벌거숭이두더지쥐(naked molerat)에서도 관찰된다. 흥미로운 사실은 이들 모두 우리처럼 사회를 구성하고 사는 동물이라는 점이다. 종교는 사회 현상이다. 이 세상 어느 종교든 그 최전선에는 결국 나와 신의 만남인 기도가 있지만, 홀로 활동하는 동물에게 종교가 진화할 가능성은 거의 없어 보인다. 우리가 흔히 홀로 되었을 때 그 어마어마한 공포에 신을 찾곤 하지만, 그것은 아마 종교에 길들여져 있기 때문에 나타나는 행동일 것이다. 정말 위급한 상황에서 최초의 인류가 제법 종교에 귀의할 마음의 여유가 있었으리라고 상상하기는 어려워 보인다.

그렇다면 과연 종교는 어떻게 진화한 것인가? 윌슨은 종교의 기원을 동물의 행동에서 찾는 적응주의적 설명을 제시한다. 서열이 높은 자에게 복종하는 동물들의 '의례화된 행동(ritualized behavior)'이 인간 사회에서는 종교 행동으로 진화했다는 것이다. 하지만 대부분의 진화 심리학자들은 종교를 그 자체로는 적응적이지 않지만 다른 적응 현상에 연계되어 나타난 부산물로 생각한다. 어두운 숲 속을 걷는데 갑자기 등 뒤에서 우지끈 하며 큰소리가 났다고 하자. 그럴 때 지극히 이성적으로 소리의 크기나 속성을 분석한 다음 그에 따라 행동하는 사람보다 그런 소리를 듣자마자 무조건 줄행랑을 놓는 사람이 훨씬 더 높은 확률로 살아남았을 것은 너무도 당연하다. 만일 그 소리가 나뭇가지가 부러지며 난 소리라면 사실 도망칠 필요까지는 없었을지 모르지만, 만일 호랑이가 나를 덮치려는 소리였다면 그 자리에서 소리 분석이나 하며 시간을 허비하는 짓은 죽음에 이르는 지름길일 뿐이다. 그래서 우리 인간은 이 같은 행동 반응을 이성의 범주에 할애하지 않고 본능의 영역에 넘긴 것이다. 심리학자들은 이를 '행위자 탐지(agent detection)'라고 부른다. 옥스퍼드 대학교의 인류학자 저스틴 배럿(Justin Barrett)은 이를 위해 우리 뇌에는 아예 "과민성 행위자 탐지 장치(hyperactive agent detection device, HADD)"라는 모듈(module)이 마련되어 있다고 설명한다. 랜덜프 네스와 조지 윌리엄스는 『인간은 왜 병에 걸리는가』에서 이를 화재 경보기에 비유해 설명한다. 실제로 불이 나지도 않았는데 너무 민감하게 맞춰져 있는 화재 경보기를 아예 꺼 버리거나 그 반응 정도를 상당히 낮춰 버리면 정작 화재가 발생했을 때 엄청난 피해를 입을 수 있다.

『왜 다윈이 중요한가(Why Darwin Matters)』, 『진화 경제학(The Mind of the Market)』 등의 저자이자 잡지 《스켑틱(Skeptic)》의 발행인인 마이클 셔머는 『왜 사람들은 이상한 것을 믿는가(Why People Believe Weird Things)』에서 사람들이 너무 쉽게 사이비 과학에 현혹되고 종교에 빠지는 현상을 "믿음 엔진(belief engine)"의 개념으로 설명한다. 인간은 우연과 불확실성으로 이뤄진 세상에서 일정한 유형을 찾아내고 인과 관계를 밝혀내려는 두뇌 메커니즘을 얻게 되었다. 믿음 엔진 덕택에 우리 인간은 많은 발전을 이룰 수 있었지만 다른 한편으로는 괴소문, 미신, 비과학, 심지어는 종교라는 부작용도 함께 안게 되었다고 그는 설명한다. 이러한 부작용에도 불구하고 우리 인간의 유전자에 이미 믿음 엔진의 메커니즘이 새겨져 있다면 도킨스가 하고 있는 종교에 대한 선전 포고는 결국 생물학적이지 못한 처사일 수밖에 없을 듯하다. 연말이 되면 어김없이 등장하는 구세군 냄비, 노숙자들에게

다윈 지능

따뜻한 밥을 제공하는 '밥퍼'와 같은 종교 단체, 그리고 이태석 신부님만 보더라도 종교는 분명히 우리 사회에서 훌륭한 일익을 담당하고 있다. 개인적으로 내가 이 세상에서 인간적으로 가장 존경하는 분들에는 성직자와 교인이 다수 포함되어 있다. 성공적인 종교는 모두 도덕의 중요성을 강조한다. 만일 도덕성이 인간 본성의 일부라면 나는 종교야말로 가장 인간적인 행동의 표현일 수밖에 없다고 생각한다. 데닛의 지적대로 종교라는 "정신 바이러스(mind virus)"의 부정적인 면만 지나치게 강조한 도킨스의 『만들어진 신』보다는 좀 더 긍정적인 차원에서 종교와 과학의 소통을 시도해야 한다고 생각한다. 그래서 나는 종교와 신의 문제도 꾸준히 공부할 생각이다. 다만 이런 생각을 하는 중에 들은 어느 신학자의 말이 늘 귓전을 맴돈다. "신을 설명할 수 있다면 나는 그런 신에게는 기도하지 않겠다."

음악의 진화: 음악은 어떻게 인간을 사로잡았나?

어떤 음악을 좋아하고 싫어할 수는 있지만 음악 자체를 싫어하는 이가 과연 78억 중에 한 명이라도 있을까 싶다. 언젠가 외계의 학자들이 지구를 방문하면 우선 호모 사피엔스라는 한 종의 영장류가 지구 표면을 완벽하게 뒤덮고 있다는 사실에 놀랄 것이고, 이어서 그들 모두가 한결같이 박자, 선율, 화성, 음색 등을 일정한 규칙과 형식으로 종합해 사상과 감정을 나타내는 음악이라는 시간 예술에 심취해 있다는 점에 다시 한번 놀랄 것이다. 일찍이 음악 인류학자 존 블래킹(John Blacking)은 그의 명저 『인간은 얼마나 음악적인가(How Musical is Man?)』에서 음악을 다음과 같이 규정했다.

세상은 온통 음악에 휩싸여 있기 때문에 음악은 언어, 또는 좀 더 나아가 종교처럼 인간의 종특이적인 형질이라 할 수 있다. 작곡과 연주에 필수불가결한 생리적 및 인지적 과정조차 인간 종을 구성하는 설계의 하나일지도 모르며, 그렇기 때문에 거의 모든 사람에게 존재하는 것이리라.

음악은 동서고금을 막론하고 모든 문화권에 존재하는 지극히 보편적인 인간 속성이다. 음악은 우리 삶 거의 모든 곳에 존재한다. 음악 공연장, 나이트클럽, 결혼식장, 장례식장은 말할 나위도 없거니와 엘리베이터, 운동 경기장, 그리고 심지어는 늦은 밤 시험 공부에 집중해야 할 수험생 귀에 꽂혀 있는 이어폰 속에서도 음악은 여지없이 울린다. 이처럼 동시에 거의 모든 곳에 존재한다는 뜻에 아주 적절한 영어 단어가 있다. 바로 요즘 우리가 많이 쓰고 있는 '유비쿼터스(ubiquitous)'란 형용사다. 음악은 거의 하느님에 버금가는 무소부재(無所不在)의 실체다. 다른 생물에 대한 인간의 타고난 애착 본능을 생물학자 에드워드 윌슨이 '바이오필리아(biophilia)'로 표현한 것과 마찬가지로 신경 의학자 올리버 색스(Oliver Sacks)는 우리의 음악 본능을 '뮤지코필리아(musicophilia)'로 규정했다.

음악이 인류 역사의 어느 시점부터 우리와 함께했는지 모르지만 어느덧 우리는 음악이 없는 세상을 상상조차 할 수 없게 되었다. 우리는 음악을 생산하고 향유하는 데 엄청난 돈과 시간을 소비한다. 2009년 6월 '팝의 황제' 마이클 잭슨(Michael Jackson)이 홀연 세상을 떠났다. 일부 언론은 그가 남긴 빚이 상당하다고 호들갑을 떨지만 그가 평생 번 돈과 죽은 후에도 계속 벌 돈에 비하면 그야말로 구우일모(九牛一毛)이리라. 하지만 이처럼 무소부재의 존재가 도대체 어떻게 생겨났으며 왜 이리도 끊임없이 우리 삶을 사로잡는지는 여전히 가장 풀기 어려운 불가사의 중의 하나로 남아 있다.

음악의 기원과 진화에 관한 가설들은 참으로 다양하다. 언어의 기원을 동물에서 찾는 것 못지않게 음악의 기원을 찾기 위해 동물 세

다윈 지능

계를 기웃거리는 진화 생물학자들을 불편해하는 사람들이 적지 않은 듯싶다. 블래킹이 지적한 대로 음악이란 본래 "탁월한 음악적 능력을 소유했다는 유럽 인들에 의해 발명되고 발달된 것으로서 소리의 유형이 누적적인 규칙을 확립하고 영역을 넓히는 과정에서 정립된 음의 체계"라고 배워 오로지 서양 예술 음악만이 진정한 음악이라고 생각하는 이들에게는 특별히 불편할 것이다. 게다가 언어에 비해 음악의 진화를 밝히기가 더욱 어려운 까닭은 인간 사회의 모든 문화권이 예외 없이 음악을 만들고 즐기는 것은 분명하나 음악이 어떻게 우리 인간의 생존과 번식에 도움이 되는지가 확실하지 않다는 데 있다.

오늘날 우리와 함께하는 인간의 보편적인 특성이나 문화를 진화 생물학적으로 설명하려면 그것들이 인류의 역사를 통해 우리 조상들의 생존과 번식에 어떤 형태로든 도움이 되었다는 것을 입증해야 한다. 이를테면 질투심도 질투를 느낄 줄 아는 사람이 그렇지 않은 사람에 비해 보다 많은 자손을 남겼기 때문에, 즉 보다 많은 유전자를 후세에 퍼뜨렸기 때문에 오늘날 인간의 보편적인 특성으로 남아 있는 것이다. 외간 남자가 자기 아내랑 은밀한 시간을 가져도 전혀 질투할 줄 모르는 남자는 자기 유전자가 아닌 남의 유전자를 지닌 자식을 먹여 살릴 가능성이 그만큼 크다. 이런 관점에서 볼 때 음악의 기원과 진화는 그리 간단히 풀릴 숙제가 아닌 것처럼 보인다.

음악의 진화에 대해 고민해 온 진화 생물학자들이 내놓은 가설에는 크게 다섯 가지가 있다. 다윈은 『인간의 유래와 성 선택』에서 다음과 같이 말한다.

인간으로 진화한 어떤 동물이, 수컷이든, 암컷이든, 아니면 둘 다든, 서로 간의 사랑을 정교한 언어로 표현할 수 있기 전에는 음과 리듬을 사용하여 서로를 유혹하려 했을 것이다.

음악의 기원에 대한 가설 중 가장 많이 인용되는 것은『연애』라는 책으로 우리 독자들에게도 친숙한 진화 심리학자 제프리 밀러가 다윈의 생각을 이어받아 정립한 '성 선택 가설(sexual selection hypothesis)'이다. 동물 행동학자들은 그동안 자연계의 많은 동물, 그 중에서도 특히 새와 곤충에서 암컷이 수컷의 소리를 듣고 맘에 드는 배우자를 선택하는 과정을 관찰해 왔다. 수컷은 보다 매력적인 소리를 내기 위해 경쟁할 수밖에 없고, 그 결과 동물들의 소리는 우리 인간의 귀에도 마치 음악처럼 복잡하고 아름답게 들리게 된 것이다. 새들의 노래를 연구한 이들은 생물학자들만이 아니었다. 새소리를 채보하여「새들의 눈뜸(Réveil des oiseaux)」(1953년),「새의 카탈로그(Catalogue d'oiseaux)」(1956~1958년) 등을 작곡한 올리비에 메시앙(Olivier Messiaen)으로부터 새 소리가 문화의 한복판에 깊숙이 스며든 파푸아 뉴기니의 칼룰리 종족에 관한 민족지학의 고전『소리와 감정: 새, 지저귐, 시, 그리고 칼룰리 족의 노래 표현(Sound and Sentiment: Birds, Weeping, Poetics, and Song in Kaluli Expression)』을 저술한 음악 인류학자 스티븐 펠드(Steven Feld)에 이르기까지 새 소리에 매료된 음악가들도 적지 않다.

밀러는 동물의 소리와 마찬가지로 인간의 음악도 기본적으로 구애 신호로 시작했다고 주장한다. 보다 매력적인 음악을 만들어 내는 남성이 보다 많은 번식의 기회를 갖게 됨으로써 그의 이른바 '음악 유전자'가 후세에 널리 퍼지게 되었다는 것이다. 밀러가 자주 드는 예는 27세의 젊은 나이에 마약 과다 복용으로 요절한 천재 기타 연주가 지미 헨드릭스다. 헨드릭스의 음악적 재능이 그에게 장수를 보장하지는 못했지만 그 짧은 생애 동안 그는 공연장마다 따라다니던 수많은 여성 팬 중 적어도 수백 명과 잠자리를 같이한 것으로 알려져 있다. 그 와중에도 그는 또한 늘 두 여성과 지속적인 관계를 맺었고 미국과 독일, 그리고 스웨덴에 적어도 세 명의 자식을 남겼다. 사실 그의 자식이 몇인지는 아무도 모른다. 밀러는 만일 그가 산아 제한이 손쉬워지기 이전 시대에 살았더라면 얼마나 더 많은 자식을 낳았겠느냐고 묻는다. 미국 프로 농구팀 LA 레이커스(LA Lakers)의 센터 윌트 챔벌린(Wilt Chamberlain)은 은퇴식에서 자신은 적어도 1,000명 이상의 여성과 잠자리를 했노라 거들먹거렸지만 진화 생물학계는 여전히 지미 헨드릭스를 근대 인간사에서 생물학적으로 가장 '성공한 수컷'으로 떠받든다.

한국 학술 협의회의 석학 강좌 시리즈에 초대되어 우리나라에도 다녀간 철학자 대니얼 데닛은 우리말로 번역되지 않아 너무도 아쉬운 그의 명저 『다윈의 위험한 생각(Darwin's Dangerous Idea)』에서 영국의 진화 생물학자 도킨스가 『이기적 유전자』에서 소개한 '선전자(宣傳子, meme)' 개념을 가지고 음악의 진화를 설명한다. 선전자란 오로지 부모로부터 자식에게 종적으로만 전달되는 유전자(遺傳子, gene)와 달리 한 세대 내에서 횡적으로도 전파될 수 있는 진화의 단위를 말한다. 데닛에 따르면 음악은 유전자보다 훨씬 빠른 전파 속도를 지닌 선전자를 통해 진화했다.

옛날 동굴 시대의 어느 남자가 우연히 나무 막대기로 통나무를 두드리기 시작했다고 상상해 보자. 그가 두드리던 리듬 중 어떤 것이 다른 사람들에게도 그럴듯하게 들려 점점 더 많은 남자가 그 리듬을 두드리기 시작하고 그들 주변에 점점 더 많은 사람이 모여들기 시작한다. 그러다 보면 점점 더 넓은 지역에서 보다 많은 사람이 비슷한 리듬으로 통나무를 두드리게 될 것이다. 이 리듬이 바로 일종의 선전자다. 여기서 데닛의 가설은 유전자의 도움을 청한다. 선전자 메커니즘의 부산물로 이 리듬을 가장 멋들어지게 두드리는 남자는 사회적으로 인정을 받게 되며 그 리듬에 매료된 여인들에게 호감을 주게 될 것이다. 시간이 흐르면서 처음에는 단순했던 리듬이 점점 더 복잡한 음악으로 발전할 것이며 보다 멋진 음악을 만들어 내는 남자들은 보다 많은 관심을 끌게 될 것이다.

데닛이 유전자뿐 아니라 선전자의 개념을 빌려 음악의 진화를 설명하는 이유는 바로 선전자의 엄청난 전파 속도에 있다. 동굴 시대 이래 우리의 유전자는 사실상 그리 큰 변화를 겪지 않았다. 그럴 만한 시간적 여유가 없었다. 하지만 음악은 다르다. 지난 1,000년만 보더라도 음악은 그레고리오 성가에서 바흐와 베토벤을 거쳐 말러와 쇤베르크는 물론, 엘비스와 비틀스, 마이클 잭슨, 그리고 BTS와 임영웅에 이르기까지 실로 엄청난 '진화'를 거듭했다. 근래에 와서는 예전에 비해 훨씬 더 광범위하게 문화의 경계를 넘나들며 바야흐로 '세계 음악의 시대'에 접어들었다.

영국 리버풀 대학교 진화 생물학자 로빈 던바(Robin Dunbar)는

다윈 지능

음악이 언어와 마찬가지로 집단 구성원 간의 결속을 강화시켜 주는 일종의 '상호 털 고르기(mutual grooming)' 기능을 한다고 설명한다. 침팬지를 비롯한 대부분의 영장류 동물이 서로 털을 손질해 주며 관계를 돈독히 한다는 것은 이미 잘 알려진 사실이다. 던바는 언어란 결국 서로 털 고르기를 하며 세상 돌아가는 얘기를 하기 위해 진화했다고 주장한다. 음악 역시 상당히 대규모로 동료 의식을 고취하고 결속을 다지는 데 사용된다. 우리 대부분은「아침 이슬」과「오 필승 코리아」를 부르며 서로 어깨동무가 되어 본 경험을 갖고 있다.

던바의 가설은 최근 대표적인 집단 선택론자인 데이비드 슬론 윌슨에 의해 새롭게 포장되어 부활했다. 음악 활동은 개인에게는 손해를 끼치지만 집단 전체에는 이득을 제공하기 때문에 자연 선택되었다는 윌슨 특유의 논리로 던바의 개체 선택 이론에 야릇한 지지를 보냈다. 그러나 이는 윌리엄 해밀턴의 혈연 선택론으로 충분히 설명 가능하다. 인간은 진화의 역사 대부분을 가까운 친족으로 이루어진 소규모 집단에서 생활했기 때문에 설령 음악 활동으로 인해 자신에게는 손해가 되고 다른 사람들에게 도움이 되는 경우가 있더라도 그것은 결국 유전자의 관점에서 볼 때 '이기적인' 행동인 셈이다. 음악의 진화에 구태여 집단 선택론을 끌어들일 까닭이 있을지는 좀 더 생각해 볼 일이다.

그리 큰 호응을 얻고 있는 것은 아니지만 그래도 꼭 짚고 넘어가야 할 가설로 캐나다 맥길 대학교 심리학과 샌드라 트레헙(Sandra Trehub) 교수의 이른바 '자장가 가설(lullaby hypothesis)'이 있다. 칭얼대는 아기를 달래기 위해 흥얼거리기 시작한 자장가로부터 음악이 탄생했다고 설명하는 가설이다. 엄마와 아기의 유대 관계는 모든 인간 문화권에 다 존재하며, 음악에 대한 관심은 아주 어렸을 때부터 나타나고, 어린 시절 습득하는 언어와 관련하여 음악을 담당하는 뇌 영역이 언어 영역과 매우 밀접하게 연결되어 있다는 점에서 이 가설의 타당성은 충분히 고려할 만하다고 생각한다. 다만 인간을 제외한 그 어느 영장류 동물에서도 자장가와 흡사한 그 어떤 흥얼거림도 관찰된 적이 없다는 점에서 진화 생물학적 가설로는 부족한 부분이 있어 보인다.

마지막으로 소개할 가설은 하버드 대학교 심리학과의 스티븐 핑커가 주장하는 것인데, 앞의 가설들과 달리 독특하게 비적응주의적 가설이다. 일명 '치즈케이크 가설(cheesecake hypothesis)'이라 불리는 그의 가설에 따르면, 음악이란 그저 다른 목적으로 진화한 우리 두뇌의 어떤 메커니즘의 우연한, 그러나 "행복한" 부산물에 불과하다고 설명한다. 배꼽이 탯줄이라는 적응의 부산물에 지나지 않는 것처럼 음악은 그저 "귀로 듣는 치즈케이크(auditory cheesecake)"란다. 치즈케이크는 달고 기름진 음식을 좋아하게끔 진화한 우리 신경 회로를 보다 효율적으로 자극하도록 제작된 인공물일 뿐 생존과 번식에는 전혀 도움이 되지 않는다는 것이다.

핑커의 주장은 사실 근대 심리학의 창시자라 불리는 윌리엄 제임스(William James)의 의견을 이어받은 것이다. 제임스는 일찍이 음악을 "어쩌다 생겨난 …… 순전히 청각 기관을 갖고 있는 바람에 생겨난 사건에 지나지 않는다."라고 주장했다. 핑커의 설명은 진화 심리학에 기반하고 있는데, 인간의 마음이란 어느 한 가지 기능만을 위

다윈 지능

해 진화한 것이 아니라 우리가 살아가야 하는 이 세상의 모든 문제를 다 다뤄야 하는 '다목적 사고 장치(all-purpose reasoning device)'라고 믿고, 그 문제들을 해결하기 위해 두뇌는 각각의 기능을 담당하는 여러 '모듈'들로 구성되어 있다고 설명한다. 그렇다면 기왕에 다른 기능을 위한 모듈을 설정한 다음 그것의 부산물로서 음악을 설명한 까닭은 무엇일까? 음악 또는 예술을 담당하는 모듈을 가정하지 않는 핑커의 가설이 제시하는 '특별한' 이유들이 내게는 그리 설득력이 있어 보이지 않는다.

음악을 비롯한 온갖 형태의 예술은 모두 그 기원을 찾기 쉽지 않은 분야다. 동물 세계에서 기원의 힌트를 얻는 노력에도 한계가 있다. 지금 이 순간에 비교해 보면 그들의 '음악'과 우리의 음악에는 그 구조의 복합성이나 기능에서 엄청난 차이가 존재하는 게 사실이다. 하지만 인간만 갑자기 창조주에 의해 하늘에서 뚝 떨어진 게 아니라면 우리와 오랜 진화의 역사를 공유해 온 우리 사촌들의 삶을 기웃거리는 일이 전혀 쓸모 없는 일은 아닐 것이다. 음악이 어떻게 생겨났고 왜 지금도 여전히 우리와 함께하고 있는지를 이해하려면 궁극적으로 음악인들과 자연 과학자들이 이마를 맞대야 한다. 학제적 또는 통섭적 연구가 진정 화려한 꽃을 피울 주제가 있다면 음악의 진화가 그중 하나일 것이다.

이런 맥락에서 볼 때 최근 들어 부쩍 활발해진 음악학과 뇌과학의 만남은 괄목할 만하다. 우리말로 번역되어 나온 책만 보더라도 『음악은 왜 우리를 사로잡는가(Music, the Brain, and Ecstasy)』(2002년)를 시작으로 『음악은 왜 인간을 행복하게 하는가(音楽はなぜ人を幸せに

するのか)』(2005년), 『뇌의 왈츠(*This is Your Brain on Music*)』(2008년), 『뮤지코필리아(*Musicophilia*)』(2008년), 『음악 본능(*Musikverführer*)』(2015년), 『매일매일의 진화 생물학(*Sex, Genes & Rock 'n' Roll*)』(2015년) 등 실로 다양하다. 우리말로 번역되진 않았지만 『수학과 음악(*Math and Music*)』(1995년), 『음악 뒤의 수학(*The Math Behind the Music*)』(2006년), 『뮤지매식스(*Musimathics*)』(2006년) 등 오랜 전통의 음악과 수학 연구가 『음악학 속의 통계학(*Statistics in Musicology*)』(2003년), 『음악과 확률(*Music and Probability*)』(2006년) 등 통계학으로 확대되는 과정을 보여주는 책들도 나왔다. 다윈이 만일 지금도 살아 있다면 음악의 기원과 진화는 그의 연구 주제 목록의 맨 위에 놓여 있을 것이다.

이 글은 2004년 《음악과 민족》 제28호, 5~13쪽에 게재된 「새 소리와 음악의 진화」와 『21세기 다윈 혁명』(최재천 엮음, 사이언스북스, 2009년)에 수록된 「진화 생물학으로 들여다본 음악의 기원과 진화」를 수정 보완한 글임을 밝혀 둔다.

28

문화의 진화와
유전자의 손바닥

everyday earthday !

처음 우리나라를 방문한 서양 사람들은 우리 사회의 성적 개방성에 놀라움을 금치 못한다. 젊은 여성들이 다정하게 팔짱을 끼고 거리를 활보하는 모습을 보며 그들은 동성애 행위가 이처럼 자유롭게 표현되는 사회가 어디 또 있겠느냐며 탄복한다. 그럴 때마다 우리는 황급히 설명을 해야 한다. 우리의 설명은 너무 자주 문화적 차이에 기댄다. 알다시피 사실 우리 사회는 동성애 문제에 이제 겨우 사립문을 비스듬히 여는 수준일 뿐, 여성들끼리 또는 남성들끼리 팔짱을 끼는 행동은 외국과는 전혀 다른 맥락에서 일어난다. 나는 미국에서 15년이나 살았는데, 그곳에서는 다른 사람들 앞에서 여자들끼리 절대로 팔짱을 끼지 않는다. 이른바 '커밍아웃(coming out)'을 선언한 레즈비언 아니면 절대 금기 사항이다.

　　여러 해 전 인도를 처음 방문했을 때의 일이다. 세계적인 진화 생물학자 라가벤드라 가다그카르(Raghavendra Gadagkar) 교수가 자기 연구실로 초대해 방갈로르(Bangalore) 시내 한복판에 있는 생태 과학 연구소로 향하던 길이었다. 도로는 인력거와 삼륜차로 혼잡했고 보도에는 걸인들이 줄지어 앉아 있었다. 그런데 그 걸인들 사이로 나는 진풍경을 보고 말았다. 걸인들이 앉아 있는 뒤로 미루나무들이 얼기설기 담을 이루며 서 있었고, 그 틈새로 들여다보이는 골프 코스에는 깨끗한 흰옷으로 말쑥하게 차려입은 남자들이 골프를 즐기고 있었다. 나는 라그(우리는 그를 주로 'Ragh'라고 부른다.)에게 우리나라에서는 절대로 이런 상황이 연출되지 않는다고 설명했다. 우리 사회에서는 가진 자들이 보이지 않는 곳에서는 어떤 화려한 생활을 즐기든 알 바 아니나 대놓고 빈부의 차이를 드러내는 행위는 매우 위험천만한 일이다. 라그의 설명에 따르면 인도에서는 카스트 제도라는 전통 문화의 영향 때문인지 모르나 그리 대수롭지 않은 풍경이란다.

외국을 여행하다 보면 맞은편에서 다가오는 사람이 자꾸 길의 우측으로 걷는 바람에 하마터면 부딪힐 뻔했던 경험이 있을 것이다. 그러나 이 경우에는 세계 대부분의 나라들이 우측 보행을 하는 데 비해 우리가 유별나게 좌측 보행을 하는 것을 두고 문화적 차이를 운운하는 사람은 그리 많지 않다. 왜냐하면 대부분의 사람이 우리가 원래부터 좌측 보행을 했던 것이 아니라 일본의 통치 아래 있던 시절에 강제로 그리 되었다는 사실을 알고 있기 때문이다. 하지만 이런 역사적 사실을 모르는 사람은 여전히 아주 손쉽게 "우리나라는 워낙 문화가 달라서 그래."라며 설명을 마쳤다고 생각할지 모른다. 문화는 어느새 너무나 많은 사람들에게 아주 손쉬운 설명 체계가 되어 버렸다. 하지만 문화적 차이에 기반한 논의는 상황에 대한 묘사일 뿐 인과적 설명이 아니다.

2009년 10월 1일부터 우리 정부가 대대적인 홍보를 통해 지난

80여 년간 굳어져 온 좌측 보행의 관습을 우측 보행으로 바꾸려는 노력을 기울이고 있다. 전통적인 사회 과학의 관점에서 보면 좋은 결과를 기대하기 상당히 어려운 일처럼 보인다. 1994년에도 경찰청 권고 사항으로 횡단 보도에서만큼은 우측 보행을 하자고 홍보를 했지만 아무런 효과가 없었다. 대놓고 말은 하지 않지만 '문화'가 어떻게 그리 쉽게 바뀌겠느냐는 일부 문화 연구가들의 비아냥거리는 소리가 들리는 듯하다. 좌측 보행의 관습도 문화의 범주에 들어가는 것인지는 모르겠지만, "대한민국은 오른쪽으로 새롭게 발걸음을 내디디고 있습니다."라는 왠지 정치적인 냄새가 물씬 풍기는 홍보 문구와 함께 정부가 내놓은 우측 보행을 위한 논거들인 교통 사고 예방 효과나, 사회 시설이 대체로 우측에 유리하도록 설계되어 있다는 사용 편리의 논리 역시 인과적 설명에 미치지 못하기는 마찬가지다. 왜 그리 해야 하는지를 설명하지 못하고 있는 것이다. 《워싱턴 포스트(The Washington Post)》의 유명한 블로거 에즈라 클라인(Ezra Klein)은 언뜻 궤변처럼 들리는 다음과 같은 명제를 던진 바 있다. "옛날엔 달랐다. 그러니 지금도 달라야 한다(Things were different then, and because of that, they need to be different now)." 하지만 나는 전통이란 만드는 것이라는 역사학자 에릭 홉스봄(Eric Hobsbawm)의 주장에 늘 공감한다.

문화를 창조하고 퍼뜨리는 능력은 엄연히 진화의 산물이다. 인간이 아닌 다른 동물들에게도 문화가 있다는 걸 믿기 어려워하는 사람들이 적지 않다. 물론 문화를 어떻게 정의하는가에 따라 달라지겠지만 동물 사회를 관찰하는 내 눈에는 다른 많은 동물들에게도 그들 나름의 문화가 있음이 너무나 또렷하게 보인다. 이웃나라 일본의 원

숭이들은 모래가 묻은 고구마를 물에 씻어 먹는 풍습을 갖고 있다. 그러나 그들이 원래부터 그런 행동을 보였던 것은 아니다. 어느 날 공원 관리인들이 실수로 고구마를 모래밭에 엎질렀을 때 다른 원숭이들은 모두 그걸 그냥 먹느라 입 안 가득 모래를 씹어야 했지만 이모(イモ)라는 이름의 두 살배기 암컷 원숭이는 고구마를 들고 바다로 내려가 물에 씻어 먹었다. 이를 지켜보던 다른 원숭이들도 이내 이모를 흉내 내기 시작했다. 훗날 이모는 관리인들이 또다시 실수로 곡물을 엎질렀을 때도 다른 원숭이들은 모래와 뒤섞여 있는 낱알들을 집어 먹느라 곤욕을 치르는 동안 이전처럼 모래와 함께 낱알들을 한 줌 가득 집어 들고 바다로 내려가 물 위에 뿌렸다고 한다. 그러자 모래 알갱이는 모두 물 밑으로 가라앉고 낱알들만 한동안 물 위에 떠 있더라는 것이다. 이모는 여유 있게 물에 떠 있는 낱알들을 한 움큼씩 건져 먹었다고 한다. 이 같은 행동은 곧 다른 개체들에게 전파되고 다음 세대로 전수되면서 일본원숭이 사회의 새로운 '문화'로 정착되었다.

몇 차례 공개적으로 밝힌 바 있는 내 평생 꿈 중 하나가 바로 우리나라에 세계적인 영장류 연구소를 세우는 일이다. 이를 위해 나는 2000년대 초반 여러 해 동안 삼성 경제 연구소의 도움을 받으며 기업 후원으로 영장류 연구소를 건립하는 계획을 수립한 바 있다. 내 주제에 삼성 경제 연구소에 거액의 용역을 줄 수 있는 것도 아니고 해서 나는 내 연구진과 열심히 기획한 아이디어를 나를 돕겠다고 약속한 그곳 연구원 몇 분 앞에서 발표한 다음 그들의 따가운 질책을 받아들여 새로운 안을 만들어 또 발표하고 하는 일을 무려 여덟 번이나 반복했다. 여덟 번째 발표를 마친 후 그곳 연구원들의 입에서 "이걸 잡지 않는 기업은 뭔가 문제가 있네."라는 이야기가 나올 정도로 만족할 만한 기획안을 마련해 두었다. 과연 어느 기업부터 들고 갈까를 논의하던 어느 날 나는 갑자기 목 뒤로 싸늘한 피가 흘러내리는 느낌을 받았다. 침팬지 한 마리를 1년간 먹이고 재우는 데 줄잡아 1000만 원이 든다. 만일 내가 만드는 영장류 연구소에서 침팬지를 열 마리만 데리고 있다 해도 그들의 숙식을 해결하는 데만 매년 1억 원이 필요한 것이다. 거기다 연구원들의 급여, 연구비, 수의사 경비, 관리인과 행정직 사무원의 급여, 그리고 제반 운영비를 모두 합하면 아마 1년에 적어도 10억 원 정도의 예산은 있어야 가능한 일일 것이라는 데 생각이 미치자 나는 솔직히 덜컥 겁이 났다. 나는 내가 오랫동안 연구했던 개미를 위해 연구소를 세울 수 있다. 개미는 유지비도 그리 많이 들지 않을뿐더러 어느 해 갑자기 예산이 끊기면, 개인적으로 정말 그러고 싶진 않지만, 최악의 경우에는 그들을 숲에 풀어 줄 수도 있고 심지어는 다른 분석 연구를 위해 모두 알코올에 넣을 수도 있다. 하지만 침팬지는 절대로 그리 할 수 없다. 완벽하고 확고한 방안이 마련될 때까지 일단 나는 내 꿈을 접기로 했다. 그러곤 다짜고짜 연구소부터 만들 게 아니라 실제로 그들이 사는 곳에 가서 경험부터 쌓아야겠다는 생각을 했고 그래서 긴팔원숭이 연구를 시작하게 되었다.

나는 사실 언젠가 영장류 연구소를 만들면 꼭 하고 싶은 연구 프로젝트를 이미 여러 개 기획해 두었다. 그중 하나가 문화의 기원과 전파에 관한 연구다. 아프리카의 침팬지 서식지가 날이 갈수록 줄고 있다. 이제는 거의 아프리카 동부와 서부로 나뉘어 적어도 야생에서는 그들 간의 이동은 불가능해졌다. 흥미롭게도 지금으로부터 60여년 전 거의 같은 시기에 동부에서는 유명한 제인 구달 박사의 연구가 시작되었고 서부에서는 일본 영장류 연구자들의 연구가 시작되었다. 다만 세계적으로는 구달 박사의 연구가 훨씬 더 널리 알려졌을 뿐이다. 구달 박사의 연구가 전환기를 맞게 된 가장 큰 사건은 역시 침팬지도 도구를 사용할 줄 안다는 발견이었을 것이다. 구달 박사는 탄자니아의 곰비 국립 공원에 살고 있는 침팬지들이 풀이나 가느다란 나뭇가지를 개미나 흰개미의 굴속으로 집어넣었다가 살며시 끄집어내어 자기 군락을 지키려고 침입자를 물고 늘어지는 일개미들을 입으로 훑어 먹는 행동을 처음으로 관찰했다. 그때까지 오로지 인간만이 도구를 사용할 줄 안다고 믿고 있던 과학계에 엄청난 충격을 던진 대발견이었다. 신기한 것은 분명히 같은 종에 속해 있는 침팬지들이건만 일본 학자들이 연구해 온 서아프리카 기니의 보수(Bossou) 지방에 사는 침팬지들은 개미와 흰개미 낚시를 거의 하지 않는다는 것이다. 대신 그들은 평평한 돌 위에 견과를 올려놓고 다른 돌을 망치처럼 사용해 단단한 껍질을 깨 먹는 행동을 보인다. 아직까지 곰비의 침팬지들 중에서 이런 행동을 보인 개체는 없다. 나는 이담에 내 영장류 연구소에 아프리카 동부와 서부 출신의 침팬지 가족들을 모두 데려다 철저하게 격리해 키우면서 한쪽 사내를 다른 집안으로 장가를 들이는 과정을 통해 이 두 집단에 오랫동안 내려오던 서로 다른 전통 문화가 어떻게 새로운 사회에 전파되는지를 관찰하고 싶다. 할수만 있다면 대단히 흥미로운 연구가 되리라 확신한다.

다윈 지능

문화는 공유되고 학습되고 축적되며 늘 변화하는 속성을 지닌다. 문화의 풍요로움에는 분명한 차이가 있지만 다른 동물들도 그들 나름의 문화를 가지고 있고 대대로 물려주기까지 한다. 다만 그들은 말과 행동으로만 문화를 전달할 수 있을 뿐, 우리처럼 문자와 문화 유산으로 남길 수 없기 때문에 우리만큼 화려한 문화의 꽃을 피우지 못한 것이다. 문화란 결코 정의하기에 간단한 개념이 아니다. 지금으로부터 반세기도 전인 1952년에 이미 미국의 인류학자 앨프리드 루이스 크로버(Alfred Louis Kroeber)와 클라이드 케이 메이븐 클럭혼(Clyde Kay Maben Kluckhohn)은 그때까지 제시된 문화의 정의를 무려 175개나 찾아냈다. "한 인간 집단의 생활 양식의 총체", "지식, 신앙, 예술, 법률, 도덕, 관습, 그리고 사회 구성원으로서의 인간에 의해 얻어진 다른 모든 능력이나 관습을 포함하는 복합 총체", "개체들이 사회적 학습을 통해 습득하는 정보" 등 실로 엄청나게 다양한 정의들이 있다. 한때 "문화가 밥 먹여 주냐."라며 무식하게 다그치던 사회 분위기가 언제부터인가 180도 바뀌어 요즘엔 문화가 돈이 된다며 갑자기 눈들이 새빨개졌다. 바야흐로 문화의 시대다. 문화에 대한 보다 포괄적인 접근이 필요한 때다.

그러나 여전히 우리 주변에는 '문화적 설명'이 마치 생물학적 분석에 대비되는 걸로 잘못 이해하고 있는 사람들이 적지 않다. 그 정도가 아니라 어떤 의미로는 문화에 대한 생물학적 논의를 하려는 진화 생물학자들을 종종 극단주의자로 몰아세우는 어처구니없는 일도 빈번하게 일어나고 있다. 『언어 본능』, 『마음은 어떻게 작동하는가』 등으로 우리 독자들에게도 친숙한 하버드 대학교의 언어학자이자 진화 심리학자인 스티븐 핑커는 그의 저서 『빈 서판』에서 다음과 같이 말한다.

> 유전이 어느 정도라도 영향을 미칠 수 있다는 가능성 자체가 여전히 우리를 충격에 빠뜨리는 힘을 갖고 있다. 많은 이들에게 있어서 인간의 본성을 운운하는 것은 인종 차별주의, 성차별주의, 전쟁 옹호, 인종청소(genocide), 그리고 허무주의(nihilism)를 지지하는 것과 마찬가지이다. …… (문화가 전부라는) 극단적인 입장은 매우 자주 온건한 것으로 받아들여지는 반면, 왜 (진짜) 온건한 입장은 극단주의로 간주되는 것일까?

문화의 진화를 연구하는 진화 생물학자들은 문화의 기원과 전파에 유전이 어느 정도 역할을 한다고 말하는 것이지 환경적인 요인이나 우연의 요소가 전혀 없다고 말하는 것은 결코 아니다. 그에 비하면 '문화 결정론자'들은 유전의 영향은 절대 없고 모든 게 문화에 의해 결정된다고 주장한다. 그래서 핑커는 진정 누가 더 극단적인가를 묻고 있는 것이다.

진화 생물학자들에게 따라다니는 가장 더러운 욕 중의 하나가 바로 '유전자 결정론자'라는 것이다. 지금 이 순간 그 어느 진화 생물학자도, 이 점에 있어서는 『이기적 유전자』의 저자 리처드 도킨스도 우리의 일거수일투족이 매 순간 유전자에 의해 조정되고 있다고 믿지 않는다. 우리의 삶이란 유전자와 환경이 함께 조율하며 연출해 내는 것이다. 유전자란 도킨스의 설명을 잘못 이해하고 있는 이들의 생각처럼 이기심이라는 심성을 지닌 살아 있는 존재가 아니다. 유전자는 그저 어떤 단백질을 만들라는 지령을 담고 있는 화학 물질에 지나지 않는다. 유전자로부터 단백질이 만들어지는 과정은 거의 한 치의 오차도 없이 진행된다. 그렇게 만들어진 단백질들이 모여 생명체의 몸과 정신을 이룬다. 이 과정에는 상당한 변이가 나타난다. 아무리 동일한 단백질들을 가지고 만들어도 결과적으로 나타나는 형태는 사뭇 다를 수 있다. 행동이란 형태가 만들어 내는 결과물이다. 이 과정에는 더욱 많은 편차가 존재한다. 한때는 행동도 과연 유전하느냐는 질문을 놓고 생물학계에서 논쟁을 벌인 적도 있었지만 지금은 행동의 유전적 근거를 의심하는 과학자는 없다. 만일 문화를 '한 개체군의 모든 행동 유형의 집합체'라고 정의한다면 문화도 그 근원을 파고들면 결국 유전자로 수렴될 수밖에 없다.

이런 관점에서 누가 만일 나에게 유전자 결정론자냐고 묻는다면 나는 그렇다고 대답할 용의가 있다. 거듭 강조하건대 그렇다고 해서 유전자의 꼭두각시를 상상할 필요는 없다. 다만 우리가 하는 모든 일은 결국 우리 인간 유전자가 허락하는 한도 내에서만 가능하다는 점을 말하고 싶을 뿐이다. 인간의 문화가 참으로 다양하지만 그 모든 것은 우리의 유전자가 깔아 준 멍석 위에서 벌어지는 것이다. 천방지축 손오공이 근두운을 타고 수만 리를 날아 구름 위로 솟아 있는 기둥에 "손오공이 다녀가다."라고 새기고 부처님께 돌아와 자랑을 했는데 알고 보니 그 글씨가 적힌 곳이 부처님 손가락이더라는 『서유기(西遊記)』의 일화가 생각난다. 나의 이러한 생각을 언제부터인가 '유전자장 이론'이라는 이름으로 나름 정리하고 있는데, 물리학의

'자기장 이론'처럼 '마당 장(場)'을 써야 옳겠지만 '손바닥 장(掌)'을 써서 '遺傳子掌 理論'이라 부르면 어떨까 생각하며 혼자 빙그레 웃어 본다.

29

자유의지의 출현과

인간 두뇌의 진화

이 세상에서 가장 짧은 시 중의 하나로 정현종 시인이 쓴 「섬」이라는 시가 있다.

사람들 사이에 섬이 있다.
그 섬에 가고 싶다.

문학 평론가들은 대체로 이 시에서 '섬'은 사람과 사람 사이의 단절된 관계를 이어 줄 수 있는 이상적인 소통의 공간을 상징한다고 설명한다. 언젠가 최승호 시인은 자신의 시를 지문으로 해서 작가의 의도를 묻는 대학 입시 모의 시험에 도전해 보았는데 단 한 문제도 맞히지 못했다며 우리 고등학교 문학 교육의 가르침을 "가래침"이라고 혹평한 바 있다. "작품은 프리즘과 같아서 눈 밝은 독자를 만나면 분광하며 스펙트럼을 일으킨다."라고 덧붙인 그의 말에 힘입어 비록 특별히 눈 밝은 독자는 아니지만 정현종 시인의 시를 나 나름대로 이해해 본다.

바다라는 자연 생태계를 보면 사실 섬들이 떠 있고 그들 사이에는 바닷물이 있다. 그래서 섬들은 다른 섬들을 만나지 못한다. 시인은 일단 사람들이 각각의 섬이라는 형상에서 출발했을 것이다. 그런 섬과 섬 사이에 바닷물이라는 단절이 아니라 섬이라는 연결을 그려 본다. 섬과 섬 사이에 새로운 섬을 만들고 모두 그 섬에서 만나자고 말하는 것은 아닐 것이다. 그렇다면 섬들을 이어 주는 또 하나의 섬이 그런 역할을 자처하는 어느 특정한 사람이라고 생각하는 것일까? 그 섬에 가고 싶다는 말은 그런 사람이 되고 싶다는 표현인가? 나는 정현종 시인이 어쩌면 사람들이 좀 더 마음을 넓혀 다른 사람들의 마음과 닿을 수 있으면 얼마나 좋을까 꿈꾸는 것인지도 모른다고 생각해 본다. 여기서 섬은 면적이 정해진 그런 섬이 아니라 한없이 넓어질 수 있는 우리 인간의 마음을 상징하는 것은 아닐까 홀로 생각해 본다. 이걸 시험 문제로 만들어 답으로 우길 생각은 추호도 없지만 내가 이런 생각을 하게 된 데는 그럴 만한 이유가 있다.

2009년 2월 미국에서 출간되자마자 엄청난 반향을 불러일으켰고 8월에는 우리말로도 번역된 알바 노에(Alva Noë)의 『뇌 과학의 함정(Out of Our Heads)』을 읽다가 나는 "인간은 섬이 아니다."라는 소제목을 접하며 불현듯 정현종 시인의 시를 떠올렸다. "왜 당신은 당신의 뇌가 아닌가."라는 부제가 붙어 있는 이 책에서 미국 캘리포니아 대학교 버클리 캠퍼스의 철학자 노에는 우리 인간을 진정 인간답게 만들어 주는 의식(consciousness)이란 결코 뇌세포들의 단독 공연이 아니라 뇌, 몸, 환경이 함께 연출하는 춤이라고 주장한다. 그래서 그는 "마음은 삶"이라고 단언한다. 삶은 습관이며 습관은 세계를 필요로 한다. 세계는 결코 뇌 안에서 만들어지거나 뇌에 의해 만들어지는 것이 아니다. 따라서 PET(양전자 방출 단층 촬영)나 fMRI(기능성 자기 공명 영상) 등의 뇌 영상 촬영만으로는 우리의 마음을 들여다볼 수 없다. 우리의 경험을 경험으로 형성해 주는 것은 뇌의 신경 작용이 아니라 뇌와 환경의 역동적 관계다. 그래서 그는 이제 우리가 습관의 생태학을 연구해야 한다고 말한다. 마음을 세포로 설명할 수 없듯이 춤을 근육으로 설명할 수 없다. 발음하기에 따라 우리말로 거의 '뇌(Noë)'처럼 들리는 성을 가진 말 그대로 '뇌 박사'의 도전이 지난 200년 동안 사뭇 안이하게 진행되어 온 뇌 연구에 상당한 파문을 일으키고 있다. 그는 이제 "존재한다, 그러므로 생각한다(I am, therefore I think)."라고 말한다. 바야흐로 뇌 과학은 이제 데카르트와 헤어져 스피노자, 하이데거, 메를로퐁티 등을 끌어안고 있다.

노에는 제임스 왓슨과 함께 DNA의 이중 나선 구조를 밝혀 1962년 노벨 생리 의학상을 수상한 프랜시스 크릭(Francis Cric)이 1994년에 펴낸 『놀라운 가설: 영혼에 대한 과학적 탐사(The Astonishing Hypothesis: The Scientific Search for the Soul)』에서 내세운 "우리의 일상적인 지각과 자아 의식은 전적으로 신경 세포에 의해 만들어진다."라는 주장을 정면으로 부정한다. 그는 의식이란 단순히 뇌에서 일어나는 사건이나 현상이 아니라 우리가 행동으로 만들어 내는 것이라고 말한다. 우리의 습관은 언어와 마찬가지로 우리의 정신적 경험의 기초를 이루며 태생적으로 환경이라는 맥락 속에서 만들어지는 것이다. 그는 뇌과학이 그동안 의식이 존재하지 않는 곳에서 의식을 연구해 왔다고 단언한다. 뇌가 인간을 이해하는 데 결정적으로 중요한 것은 사실이지만 뇌가 의식에 어떻게 기여하는지를 이해하려면 우리는 뇌뿐 아니라 몸, 그리고 우리가 속해 있는 환경과 관련해 뇌가 작동하는 과정을 지켜봐야 한다. 우리는 그동안 마음은 우리 내부에서 일어나는 것에만 의존한다고 배워 왔고, 현재 뇌를 연구하고 있는 대부분의 학자들 또한 그 마음의 경계를 넘지 못하고 있다. 2008년 서울 대학교에서 열린 세계 철학자 대회에서 세계적인 인지 철학자 데이비드 차머스(David Chalmers)는 강연에서 "마음, 즉 의식은 두개골 속에 갇힌 채 일어나는 뇌의 신경 활동을 넘어선다."라고 말한 바 있다. 일찍이 수전 헐리(Susan Hurly)도 두개골은 "마법의 막(magical membrane)"이 아니라고 했다. "우리는 우리 머리 밖에 있다."

나는 노에의 이 같은 참신한 생각들을 접하며 자유 의지(free will)를 둘러싼 철학자들의 오랜 논쟁을 떠올린다. 철학자들은 우리에게 스스로 행동과 결정을 통제할 수 있는 능력이 있는지 없는지를 두고 참으로 오랫동안 끈질긴 논쟁을 거듭해 왔다. 자유 의지와 관련해 서양 철학은 크게 양립 가능론과 양립 불능론으로 나뉜다. 양립 가능론은 자유 의지와 결정론이 동시에 성립될 수 있다고 주장하는 데 반해, 양립 불능론은 자유 의지와 결정론 중 어느 한 가지만이 유효하다고 본다. 양립 불능론은 다시 이 세상은 애당초 모든 것이 결정된 상태에서 만들어졌기 때문에 인간에게 선택의 여지란 본질적으로 주어지지 않았다는 결정론과 주어진 환경에서 개인이 취할 수 있는 행동은 하나뿐이 아니기 때문에 결정론과 자유 의지는 양립할 수 없다는 비결정론으로 구분된다. '라플라스의 악마'라고 부르는 사고 실험에 기반한 인과적 결정론과 모든 명제는 결국 참 또는 거짓으로 결정된다는 논리적 결정론은 철학자가 아닌 다음에는 그리 자주 접하는 이론이 아니지만, 우리의 행위와 운명이 신에 의해 결정된다는 신학적 결정론은 종교인은 말할 나위도 없거니와 적지 않은 수의 비종교인들의 마음도 슬며시 붙들고 있다. 최근에는 우리의 행동, 신념은 물론 일상의 욕구마저도 늘 유전자의 조정을 받고 있다는 유전자 결정론까지 이 논쟁에 끼어들었다.

과학자들의 결정론은 늘 서로 부딪히며 끊임없이 움직이는 수많은 작은 입자가 이 세계를 구성하고 있다는 것을 발견한 고대 그리스의 원자론자들로 거슬러 올라간다. 자연의 구성원이 감히 자연 법칙을 거스를 수 있으랴 생각하면 제법 그럴듯해 보이겠지만 이 세상 모든 것은 결국 환각에 지나지 않는다. 하지만 나는 엄연히 내가 아니던가? 설령 내 삶이 촬영을 끝낸 한 편의 영화에 기록되어 있으며 이미 그 영화를 보기 시작했더라도 나는 나도 모르게 무언가를 끊임없이 시도하며 살아간다. 자유 의지에 관한 우리의 생각은 아마 결정론적 관점에서 출발했지만 그것은 조금씩 천천히 비결정론적 낙수에 군데군데 무너져 내리기 시작한 것으로 보인다. 에피쿠로스(Epikouros)와 그의 후예들의 끈질긴 흠집 내기 덕택에 어느덧 자유 선택에도 상당한 여지가 주어졌다.

결정론과 자유 의지가 만들어 내는 이른바 '네모난 동그라미'에 관해 대니얼 데닛이 설명을 시도했다. '다윈의 해'를 기다려 번역한 것인지는 모르지만 2009년 10월에야 비로소 우리말로 소개된 그의 저서 『자유는 진화한다(Freedom Evolves)』에서 데닛은 자유 의지는 결코 환상이 아니고 실재하는 객관적 현상이라며 진화 생물학과 신경 과학의 최근 발견들을 바탕으로 결정론과 양립 가능함을 보여 준다. 자유 의지에 대한 그의 설명을 조금 길지만 여기 인용한다.

자유 의지는 우리가 숨 쉬는 공기와 같으며, 우리가 가고자 하는 거의 어디에나 존재하지만 영구적인 것이 아니며, 진화했고 지금도 진화하는 것이다. 우리 행성의 대기는 단순한 초기 생명체들의 활동 결과 수억 년에 걸쳐 진화했으며, 그 결과로 가능해진 더 많은 복잡한 수많은 생명체들의 활동에 반응하여 지금도 계속 진화하고 있다. 자유 의지라는 대기는 또 다른 종류의 환경이다. 그것은 계획하고 희망하고 약속하고, 비난하고 분개하고 처벌하고 존경하는 의도적인 행동이라는, 감싸고 가능하게 하고 삶을 형성하는 개념적 환경이다. 우리 모두는 이 개념적 대기에서 성장하며, 그것이 제공하는 조건하에서 삶을 살아가는 법을 배운다. 그것은 산술처럼 영구적이고 변함없는 안정하고 비역사적인 구성물인 것 같지만, 그렇지 않다. 그것은 인간의 상호 작용이 최근에 빚어낸 산물로서 진화했으며, 그것이 이 행성에서 처음 가능하게 한 인간의 활동 중 일부는 그것의 미래 안정성을 파괴하거나 심지어 소멸을 재촉할 수도 있다. 우리 행성의 대기가 영원히 지속되리라는 보장은 없으며, 우리의 자유 의지도 그렇다.

데닛에 따르면 자유 의지란 결과를 피할 수 있는 인간의 능력을 말한다. 요즘 우리 텔레비전 드라마가 뜻밖의 훌륭한 예를 제공한다. 원작 소설에는 스토리가 이미 결정되어 있다. 그러나 드라마가 방영되는 도중에 스토리에 몰입한 시청자들의 빗발 같은 성화에 때로 시나리오 작가와 감독은 원작에서는 죽기로 되어 있던 인물을 기발한 설정을 통해 살려 내기도 한다. 데닛은 "피할 수 있음(evitability)"과 "피할 수 없음(inevitability)"의 올바른 해석이 결정론과 자유 의지를 양립할 수 있게 해 준다고 설명한다. 양립 불능론자는 이른바 "설계적 태도(design stance)"로 설명할 것을 "물리적 태도(physical stance)"로 설명하려는 범주 오류를 범하고 있는 것이다. 이두 태도를 확실히 구분하면 세포와 그 이하의 수준에 존재할지 모르는 결정론적 메커니즘에도 불구하고 신경 세포들의 시스템 수준에서 벌어지는 행동에는 상당한 자율성을 허락할 수 있다. 데닛은 이처럼 여러 가능한 선택지들을 비교하며 행동할 수 있는 "선택 기계(choice machine)" 메커니즘이 우리 인간에게 진화했다고 설명한다.

내가 구상하고 있는 유전자장 이론에 맞춰 데닛의 설명을 재해석해 보면 다음과 같은 그림이 그려진다. 이 경우에는 유전자의 장(場)으로 운동장을 생각할 수 있다. 운동장의 한복판에 있는 경기장은 선수들이 경기를 하는 곳이다. 그곳에는 모든 선수들이 따라야 할 규칙이 있다. 양 팀의 전력에 따라 우리는 흔히 경기의 결과를 예측한다. 이변이 없는 한 우리의 예측대로 결과가 나타나리라고 믿는다면, 우리는 이미 그 경기가 어느 정도 결정되어 있다고 생각하는 것이다. 하지만 이 같은 경기를 수없이 반복하지 않는 한 경기의 결과는 그날 선수들의 컨디션은 물론 승리를 향한 그들의 의지에 따라 충분히 달라질 수 있다. 선수들은 규칙이 허락하는 범위 내에서 최선을 다해 결과에 대한 예측을 어렵게 만든다. 지는 경기인 줄 뻔히 알면서도 최선을 다하고 때로는 예측을 뒤엎는 결과를 만들어 내기도 한다. 심판은 규칙을 엄수하려 애쓰지만 선수들은 때로 약간의 반칙까지 감행하며 결과를 자기 팀에 유리하게 만들려고 노력한다. 대개의 경우 반칙은 심판에게 적발되어 오히려 불리하게 작용하지만 때로는 심판의 눈을 피해 승리에 결정적인 역할을 하기도 한다. 손을 써서 골을 넣은 마라도나나 앙리처럼 말이다. 돌연변이는 대부분 해롭지만 때로 유리할 수도 있는 것과 흡사한 상황처럼 보인다.

운동장 비유는 여기서 그치지 않는다. 운동장에는 경기를 하는 선수들만 있는 게 아니라 감독도 있고 관중도 있다. 그들이 경기를 읽는 데는 훨씬 더 큰 자유가 존재한다. 노에에 따르면 우리는 세계를 해석하지 않는다. 세계는 나름의 의미를 지닌 채 해석도 되기 전에 우리 앞에 모습을 드러낸다. 우리 뇌가 하는 일은 우리로 하여금 우리를 둘러싸고 있는 세계 속에서 적절히 처신할 수 있게 해 주는 것이지 의식을 만들어 내는 것이 아니다. 의식은 그런 식으로 만들어지는 것이 아니다. 노에는 이렇게 말한다.

세계 — 해석되어야 하는 원문으로서의 세계 — 에 대한 문학적 접근은 막다른 길이다. 흥미롭게도, 마음에 관한 문제 — 인지, 사고, 의식 — 와 씨름하는 많은 과학자들은 세계에 대해 문학적, 해석적 입장과 같은 무언가를 전제한다. 하지만 우리는 해석을 통해 세계를 확보하지 않는다. 해석은 우리가 세계를 손에 넣은 뒤에 온다.

나는 오래전부터 인간 두뇌의 진화 단계에 또 하나의 단계를 첨가하고 그에 대한 지지 자료를 수집하고 있다. 인간 두뇌의 진화를

다윈 지능

연구하는 진화 생물학자들은 대개 세 단계를 설정한다. '생존의 뇌(survival brain)', '감정의 뇌(feeling brain)', '생각의 뇌(thinking brain)'가 그것이다. 동물의 인지에 관한 수많은 관찰 결과들로 인해 생존의 뇌와 감정의 뇌는 말할 것도 없거니와 생각의 뇌로도 우리 인간의 뇌를 다른 동물의 뇌와 구별해 낼 수 없게 되었다. 나는 우리 인간의 뇌가 다른 모든 동물의 뇌와 다른 결정적인 차이는 우리만이 유일하게 '설명의 뇌(explaining brain)'를 지닌 점이라고 생각한다. 인간만이 유일하게 시를 쓰며 신화를 만들어 내고 심지어는 신을 창조하기도 한다. 설명의 뇌는 앞의 다른 세 종류의 뇌와 달리 행위 이전이 아니라 이후에 기능한다. "세계를 손에 넣은 뒤에 온다."라는 말이다. 자유 의지가 데닛의 주장대로 자연 선택의 결과라면 그 결과로 인간의 뇌가 지금처럼 진화한 것이라고 설명할 수 있다. 자유 의지를 가능하게 하는 '선택 기계'의 전 단계인 '상황-행위 기계(situation-action machine)'는 인간 이전 단계의 수많은 동물들에 이미 존재했지만 고도의 언어 발달이 전제되어야 하는 '설명의 뇌'는 오로지 인간에 이르러서야 비로소 진화할 수 있었다. 내가 설정하는 '설명의 뇌'는 바로 자유 의지의 진화로 나타난 결과다.

　　결코 과학적 사고는 아니지만 나름 인문학적 상상력을 동원해 생각해 보면 자유 의지의 진화에 관한 내 생각은 흥미로운 순환의 고리를 그리며 신학적 결정론을 자극한다. 하느님은 왜 에덴 동산의 그 많은 나무 중 하필이면 '지혜의 나무'를 가지고 하와와 아담을 꼬드기셨을까? 그들이 끝내 사탄의 유혹에 빠져들고 말 것으로 '결정'해 놓으신 상태에서 왜 꼭 그 나무를 선택하신 것일까? 내가 만일 신학적인 관점에서 이 문제를 합목적적으로 생각해 본다면, 하느님께서 이 세상 모든 피조물 중에 우리에게만 지식을 탐구할 수 있는 자유 의지를 허락하신 것은 아닐까 상상해 본다. 이렇게 보면『성경』이 먼저 과학을 초대했는지도 모른다. 이쯤 해서 과학과 신학이 비로소 마주 앉으면 어떨까 기대해 본다.

다윈지능

다윈에 대한 오해와 새로운 이해

다윈의 이론에 관한 책 못지않게 다윈이라는 인물에 관한 책이 많다고 한다. 다윈은 여러 면에서 매우 흥미로운 사람이었다. 학창 시절부터 주변을 놀라게 한 신동도 아니었으면서 결국에는 이처럼 많은 사람들이 끊임없이 논의하는 이론을 만들어 낸 사람, 평생 병을 달고 살았으면서도 당시 기준으로 볼 때 퍽 오래 살았고 자식도 많이 낳은 사람, 대학이나 연구소에서 다른 연구자들과 늘 교류하며 연구한 것도 아닌데 혼자 힘으로 거의 완벽에 가까운 논리를 개발해 낸 사람 등등.

서강 대학교 사학 전공 임지현 교수는 2009년 7월 29일 "종의 진화와 사회의 진보"라는 제목의 강연에서 사뭇 색다른 견해를 피력했다. 다윈의 저작들을 살펴보면 적지 않은 자기 모순과 모호함이 존재하는데, 그것이 그에 대한 관심을 더욱 크게 만들었다는 것이다. 설명이 너무나 명확한 것보다 다양한 해석의 여지가 있는 것이 다른 학자들로 하여금 지속적으로 관심을 갖게 하고 연구를 해 글을 쓰게끔 만든다는 것이다. 실제로 다윈에 대한 오해는 다윈이 살던 당시부터 지금까지 끊이지 않고 계속되고 있으며 그와 관련해 수많은 글들이 발표되었다.

구글에 떠 있는 "진화에 대한 대강의 지침(The Rough Guide to Evolution)"이라는 블로그를 보면 「다윈과 그의 진화 이론에 대한 열 가지 신화」라는 제목의 글이 실려 있다.* 이 글의 저자는 다윈이 비글호를 타고 항해하던 중 열대의 풍토병인 샤가스 병(Chagas disease)에 걸려 평생토록 시달렸다거나 그의 딸 애니가 결핵으로 사망했다는 등 확인되지 않은 수많은 이야기들이 너무나 버젓이 사실인 양 돌아다닌다고 지적하고 나름대로 대표적인 것 열 가지를 선정해 올려놓았다. 퍽 흥미로운 목록이라고 생각해 여기 간략하게 소개한다.

① 다윈은 그의 딸 애니의 죽음 때문에 기독교 신앙을 버렸다.
② 다윈은 종교계와 사회로부터 받을 공격이 두려워 『종의 기원』의 출간을 미뤘다.
③ 카를 하인리히 마르크스(Karl Heinrich Marx)가 그의 『자본론(Das Kapital)』을 다윈에게 헌정하려 했다.
④ 다윈은 월리스의 편지가 배달된 시기에 대해 거짓말을 했고 월리스의 아이디어의 일부를 도용했다.
⑤ 다윈은 케임브리지 대학교 재학 시절 그의 친구 새뮤얼 리(Samuel Lee)로부터 아랍 어를 배워 다윈보다 1,000여 년 전에 이미 진화에

---

* http://www.zimbio.com/member/Evolution/articles/4212710/Ten+myths+Darwin+theory+evolution.

대한 생각을 정립한 바그다드의 학자 알자히즈(Al-Jahiz)의 아이디
어를 도용했다.

⑥ 토머스 헉슬리와 과학계가 1860년 옥스퍼드에서 열린 학회에서
'느끼한(Soapy)' 샘 윌버포스(Sam Wilberforce) 주교와 종교계를 묵사
발로 만들었다.

⑦ 다윈은 죽음 직전에 기독교에 귀의했다.

⑧ 다윈은 그의 진화에 관한 발견과 더불어 곧바로 신앙을 버렸다.

⑨ 다윈이 유태인 대학살을 유발했다.

⑩ 다윈은 갈라파고스 제도를 방문했을 때 그곳에 사는 핀치와 거북을
보고 곧바로 그의 진화 이론을 떠올렸다.

여기 열거한 열 가지 중에는 아주 터무니없거나 그리 중요하지
않은 것들도 섞여 있기 때문에 나는 그중 대표적인 세 가지에 대해서
만 논하고자 한다. 항목 2, 3, 10번이 그들인데, 10, 2, 3번의 순으로 간
략하게 논하고 마지막으로 내가 생각해 낸 한 가지를 더 추가하련다.

다윈은 갈라파고스에서 자연 선택을 발견했다?

다윈이 가장 열심히 연구한 생물들은 사실 따개비, 지렁이, 난초, 식
충 식물 등이지만, 다윈을 생각할 때 사람들이 가장 먼저 떠올리는
동물은 아마 갈라파고스의 핀치일 것이다. 오죽하면 그들을 아예
'다윈의 핀치(Darwin's finch)'라고 부르겠는가? 우리는 오랫동안 다

윈이 갈라파고스 제도의 많은 섬을 돌면서 서로 다른 섬들의 다양한 환경에 적절하게 적응해 살고 있는 핀치들을 보고 자연 선택 메커니즘을 '발견'했다고 생각했다. 하지만 1982년 과학사 학자 프랭크 설로웨이(Frank J. Sulloway)의 연구를 통해 다윈의 진화론은 갈라파고스에서의 전광석화와 같은 대발견의 순간이 아니라 오랜 시간에 걸친 치밀한 논리의 축적으로 탄생한 것이라는 사실을 알게 되었다.[*] 5년간의 비글 호 항해에서 다윈이 갈라파고스 제도에서 보낸 시간은 6주도 채 안 되며 그곳에서 작성한 갈라파고스 노트북은 다윈의 노트북 중 두 번째로 짧은 것이다. 전체가 약 3,600단어로 되어 있으며, 그보다 더 짧은 노트북은 약 3,100단어로 이루어진 시드니 노트북(Sydney Notebook)뿐이다. 갈라파고스 제도는 열여섯 개의 크고 작은 화산섬과 수많은 암초로 이루어져 있는데, 다윈은 그중에서 네 개의 큰 섬만을 방문했을 뿐이다. 난생 처음 보는 온갖 신기한 동식물이 널려 있었지만 시간이 한정되어 있는 바람에 아마 그는 면밀한 관찰이나 실험보다는 보다 많은 표본을 채집하는 데 집중하기로 한 것 같다. 실제로 다윈은 자신이 채집한 새 표본에 얼마나 다양한 종이 들어 있었는지 짐작도 하지 못했다. 영국에 돌아온 얼마 후 다윈의 표본을 검토한 조류학자 존 굴드(John Gould)가 그가 열네 종의 신종을 채집했으며 그 모두가 핀치들이고 갈라파고스의 고유종들이라는 사실을 알려온 다음에야 종의 분화에 대한 생각이 깊어지기 시작한 것이다.

[*]   Frank Sulloway. "Darwin's conversion: The Beagle voyage and its after math." *Journal of the History of Biology*, 15: 325-96 (1982).

다윈은 오히려 네 섬에서 채집한 흉내지빠귀(mockingbird) 세 종의 표본에 더 흥분하며 이른바 '발견'의 순간에 조금이나마 가까이 다가갔다.

나 자신과 다른 선원들이 채집한 많은 흉내지빠귀 표본들을 비교하며 나의 관심은 정말 최고조에 달했다. 놀랍게도 내가 찰스 섬에서 채집한 표본들은 모두 한 종(*Mimus trifasciatus*), 알베말 섬의 표본들은 모두 *M. parvulus*, 제임스와 채덤 섬의 표본들은 모두 *M. melanotis*에 속한다는 것을 발견했다.

이제 열네 종의 핀치들도 홀로 또는 한두 종의 다른 핀치들과 함께 서로 다른 섬에 서식하고 있다는 사실을 알게 된 다윈은 서서히 하나의 조상 종이 다양한 환경에 적응하며 여러 종으로 분화되는 과정인 적응 방산 현상을 발견하며 종의 기원에 대한 자신의 생각을 정리하기 시작한 것이다. 1835년 당시 다윈은 자신이 이 세상에서 가장 훌륭한 진화 실험실에 들어와 있다는 걸 인식하지 못했다. 자연이 만들어 준 가장 훌륭한 실험실로서 갈라파고스의 진가는 먼 훗날 현재 프린스턴 대학교의 명예 교수로 있는 그랜트 박사 부부가 1973년부터 거의 반세기 동안 갈라파고스의 작은 섬 대프니 메이저에서 다윈의 핀치들이 벌이는 진화의 현장을 기록한 대장정을 통해 비로소 알려졌다. 그랜트 부부의 연구로 이제 우리는 진화가 결코 늘 일정한 속도로 느리게 오랜 세월에 걸쳐 일어나는 것이 아니라 때로는 놀라운 속도로 빠르게 벌어지는 역동적인 현상이라는 사실을 확실히 알게 되었다. 나는 다윈이 하늘나라에서 그의 사도들을 내려다볼 때 그랜트 부부를 바라보며 가장 흐뭇해 할 것이라고 생각한다. 그랜트 부부는 다윈의 핀치에 관한 장기 행동 생태 연구로 2009년 교토 상 (Kyoto Prize)을 수상했다. 그리고 나는 국립 생태원에 다윈 길(Charles Darwin's Way)을 만들며 그 한 갈랫길을 그랜트 부부 교수의 길(Peter and Rosemary Grants' Way)로 명명했다.

다윈은『종의 기원』의 출간을 일부러 미뤘다?

다윈이 자연 선택 메커니즘을 이미 1830년대에 발견했는데도 여러 가지 이유로 출판을 꺼려 계속 미루다가 결국 1858년 월리스의 편지를 받고서야 서둘러 출간했다는 얘기는 다윈 얘기가 나올 때마다 빠짐없이 등장하는 단골손님이다. 에른스트 마이어, 마이클 루스 (Michael Ruse), 에이드리언 데스먼드(Adrian Desmond), 스티븐 제이 굴드 등 다윈학 학자들의 학술 서적에 이어『도도의 노래(The Song of the Dodo)』와『신의 괴물(Monster of God)』로 우리 독자들에게도 잘 알려진 과학 저술가 데이비드 쾀멘(David Quammen)이『신중한 다윈 씨 (The Reluctant Mr. Darwin)』라는 책까지 쓰는 바람에 거의 기정사실로 굳어질 참이었다. 나 역시 진화 관련 수업 시간에 학생들 앞에서 여러 차례에 걸쳐 이 이야기를 흥미롭게 전달한 경력이 있다. 그러다가 2009년 5월 영국 왕립 협회의 초청을 받아 런던에 갔다가 나는 우연히 협회 건물 로비의 정기 간행물 서고에 꽂혀 있던「간격에 유의하라(Mind the gap)」는 제목의 논문*을 읽게 되었다. 그것은 당시 케임브리지 대학교의 다윈 서간 자료 관리의 책임을 맡고 있던 과학사 학자 존 밴 와이(John van Wyhe) 교수의 논문이었는데, 그동안 내 마음속에 자리하고 있던 다윈의 『종의 기원』 출간 지연 신화를 확실하게 깨 주었다.

그의 분석에 따르면 이 지연 신화를 뒷받침해 줄 수 있는 근거는 너무나 빈약해서 어떻게 이런 오해가 시작될 수 있었는지 그게 오히려 신기할 따름이다. 다윈이 출간을 미룬 이유로 그동안 제기된 것들로는 과학계 동료들의 반응, 자기 평판에 대한 걱정, 종교계로부터 받을 탄압, 신앙심이 두터운 아내와 비글 호의 피츠로이 선장에 대한 배려, 사회적 물의에 대한 우려, 심지어는 거의 병적인 수준의 정신 불안 증상 등 실로 다양하다. 일단 이런 관점을 갖고 정황을 보면 거의 모든 게 그럴듯하게 들린다. 예를 들면, 정신 불안에 대한 오해는 장 피아제(Jean Piaget)와 지그문트 프로이트(Sigmund Freud)의 영향을 받은 심리학자 하워드 그루버(Howard Gruber)가 1974년에 출간한 책에서 비롯되었다.** 그는 다윈이 1838년 어느 날 꿈을 꾸고 그 꿈에 대해 그의 노트북에 "어떤 사람이 교수형에 처해졌다가 되살아났다."라고 쓴 단 한 번의 짧은 기록을 바탕으로 교수형을 당했다가 살

---

* John van Whye, "Mind the Gap: Did Darwin avoid publishing his theory for many years?" *Notes Rec. R. Soc.* 61:177-205 (2007), doi: 10.1098/rsnr.2006.0171.

** Howard Gruber. *Darwin on Man: A Psychological Study of Scientific Creativity.* Wilwood, 1974.

아난 사람은 제삼자가 아니라 다윈 자신이며 다윈이 평생 이 같은 일종의 "거세 악몽(castration dream)"에 시달렸을 것으로 추정했다. 실제로 다윈은 기억과 인지에 관해 논의하는 과정에서 이 꿈에 대해 얘기한 것이지 결코 그로 인한 두려움을 표시한 적은 없다. 그럼에도 그 후 사람들은 이 같은 이른바 '전문가의 의견'에 입각해 다윈을 늘 두려움에 떨었던 사람으로 간주했다. 여기에 덧붙여 다윈이 1844년 1월 11일 그의 절친한 친구 조셉 후커에게 보낸 편지에서 생물의 종이 변하지 않는다는 생각이 틀렸다는 결론에 도달했다는 얘기를 하며 그 기분을 "마치 살인을 고백하는 것과 같다."라고 표현한 것마저도 정신 질환의 증거로 둔갑시키고 만다.

밴 와이 교수가 제기한 온갖 설명 중 나는 그저 두 가지만 들어도 신화 파괴에 충분하다고 생각한다. 첫째는 다윈이 수행한 다른 연구 주제들이 얼마나 오랫동안 진행되었는지를 보면 『종의 기원』의 출간에 이르기까지의 오랜 연구 기간은 전혀 특별할 게 없다는 분석이다. 식물의 수정에 관한 그의 1876년 저서 『식물 왕국에서의 타가 수정과 자가 수정의 효과(The Effects of Cross and Self Fertilization in the Vegetable Kingdom)』에 이르는 연구는 1839년부터 시작되었으니 무려 37년이 걸린 것이고, 난초에 관한 연구는 1830년대에 시작해 1862년에야 『난초의 수정(Fertilization of Orchids)』이라는 책으로 출간되었다. 범생설(pangenesis)에 관한 그의 유전 이론도 27년에 걸친 연구의 결과물이었다. 이런 관점에서 분석하면 1835년의 스케치로부터 1859년 『종의 기원』에 이른 연구는 불과 27년밖에 걸리지 않은 다분히 정상적인 속도로 진행된 연구였던 것이다. 문학 비평가 조셉 캐럴

(Joseph Carroll)도 2003년에 출간된 『종의 기원』의 서문에서 다윈은 미룬 게 아니라 다만 "긴 준비"를 했을 뿐이라고 평가했다. 다윈은 후커에게 보낸 편지에서 여러 차례 자기는 아직 준비가 제대로 되지 않았는데 찰스 라이엘(Charles Lyell) 선생이 자꾸 대충 해서 출간하라고 보챘다고 불평을 늘어놓기도 했다. 다윈이 매우 치밀하고 완벽을 추구하는 성향의 학자였던 것은 분명하지만, 그리고 1858년 예기치 못하게 들이닥친 월리스의 논문이 기폭제가 된 것은 사실이지만, 다윈은 그저 평소 방식대로 연구하고 있었던 것이라는 평가가 내게는 훨씬 믿음직하게 다가온다.

다윈이 여러 가지 이유로 그의 생각들을 비밀에 부치다가 월리스의 논문 때문에 어쩔 수 없이 떠밀리듯 발표를 하게 되었다는 설명역시 전혀 근거가 없어 보인다. 살인을 저지르는 심정 운운하며 후커에게 편지를 보낸 것이 벌써 1844년의 일이다. 실제로 다윈은 후커, 라이엘, 그레이 등 가까운 동료들에게 일찌감치 그의 생각을 알리고 검증을 받았다. 신앙심이 너무 두터워 알리길 꺼렸을 것이라는 부인에마에게도 비교적 상세하게 그의 새로운 이론에 대해 설명하곤 했다. 다윈은 비록 학문과 사교의 중심지인 런던에서 퍽 떨어져서 살았지만 편지라는 매체를 통해 상당히 많은 사람과 끊임없이 교류하며연구를 수행했다. 그의 동료들은 때로 다윈의 약간은 이단적인 생각들에 동의하지 않거나 비판적이기는 했어도 결코 격분한 반응을 보인 적은 없었다. 다윈은 그의 생각들을 동료들에게 설득하는 데 결코머뭇거리지 않았다.

나는 가끔 만일 다윈이 오늘 이 시대에 우리랑 함께 살고 있다면 어떤 모습일까 상상해 본다. 그는 절대로 은둔자가 아닐 것이다. 아마 편지를 쓰기보다는 하루 종일 컴퓨터 앞에 앉아 이메일을 보내고 채팅을 하며 심지어는 문자와 트위터도 애용했을 것이라고 생각한다. 다윈학자 재닛 브라운에 따르면 다윈은 사적인 자리에서 다정다감하고 수다도 꽤 잘 떨었으며 웃음도 대단히 호탕한 사람이었다고 한다. 아버지와 장인이 결혼 지참금으로 챙겨 준 돈을 잘 굴려 평생 재정적으로 편안한 생활을 영위했으며 동네 대소사에도 활발하게 참여한 마을 유지였다. 런던 지하철 바닥에 대문짝만 하게 씌어져 있는 "간격에 유의하라."를 제목으로 내건 밴 와이의 논문은 실제로는 유의할 간격 자체가 없었다고 말한다.

마르크스는 『자본론』을 다윈에게 헌정하려 했다?

마르크스가 그 유명한 『자본론』을 출간하며 자신의 책을 다윈에게 헌정하려 했다는 이야기는 거의 상식처럼 많은 사람 입에 오르내린다. 다윈의 생존 투쟁과 마르크스의 계급 투쟁은 왠지 만나기만 하면 엄청난 상승 효과를 불러일으킬 것 같은 사상들처럼 느껴져 사람들은 이 이야기에 날카로운 검증의 칼을 들이대기보다 은근히 품고 싶어 하는 듯하다. 다윈과 마르크스는 모두 목적론(teleology)의 허구를 여지없이 파헤친 학자라는 점에서 우선 닮았고, 다윈의 '종의 진화'와 마르크스의 '사회의 진보'에 대한 생각도 상당 부분 개념적 유사성을 지니는 것처럼 보인다. 하지만 다윈과 마르크스의 신화는 이미

1970년대 중반부터 서양 학계에서 조목조목 부정되기 시작했고 우리나라 학계에서도 1984년 6월에 역사학자 임지현 교수가 《역사학보》 제102집에 「다윈과 마르크스: 헌정설을 중심으로」라는 제목의 논문을 통해 진상을 낱낱이 규명했음에도 불구하고 여전히 살아 돌아다니고 있다.

다윈-마르크스 신화에 본격적으로 의문을 제기한 랠프 콜프(Ralph Colp), 마거릿 페이(Margaret A. Fay), 루이스 포이어(Lewis S. Feuer) 등에 따르면 이 신화는 1930년대 (구)소련에서 창조되었다. 신화의 역사는 1931년 (구)소련의 이데올로기 잡지인 《마르크스주의 깃발 아래(Pod Znamenem Marksizma)》가 수취인 불명의 1880년 10월 13일 자 다윈의 편지 전문을 공개하며 시작되었다.

> 당신의 친절한 편지와 동봉한 자료에 크게 감사드립니다. …… 저는 (당신의 호의에는 감사를 드리지만) 그 책의 일부 또는 전체가 제게 헌정되지 않기를 바랍니다. 그것은 제가 알지도 못하는 일반 간행물을 상당 부분 승인함을 의미하기 때문입니다. …… 당신의 청을 들어 드리지 못해 미안합니다. 그러나 저는 늙고 기력이 거의 없어 (요사이 경험으로 보건대) 초고를 검토하는 일은 저를 상당히 피곤하게 만듭니다.

편지의 내용에는 실제로 마르크스의 이름조차 언급되지 않았지만 옮긴이인 에른스트 콜만(Ernst Kolman)은 주석에서 동봉되었던 문헌이 『자본론』 1권 12, 13장의 영문 번역 원고였을 것으로 추정하고 그를 근거로 마르크스가 다윈에게 『자본론』을 헌정하려 했다고 주장했다. 마르크스-엥겔스 연구소의 명의로 발표된 이 주장은 곧바로 독일과 영국의 잡지 및 신문의 지면을 통해 퍼져 나갔고 드디어 학계에서도 이를 기정사실로 받아들이게 된 것이다. 1948년에 이르러서는 권위 있는 아이제이아 벌린(Isaiah Berlin)의 마르크스 평전이 출간되면서 이 신화의 위용을 더욱 굳건히 해 주었다.

그러나 그 후 새롭게 등장한 여러 자료들을 분석해 보면 문제의 편지는 1876년 런던 대학교에서 이학 박사 학위를 받고 훗날 마르크스의 막내딸 엘레아노르 마르크스(Eleanor Marx)와 동거 생활을 했던 에드워드 에이블링(Edward B. Aveling)에게 보낸 것이라는 게 학계의 정설이다. 에이블링은 열렬한 다윈 추종자였다. 그는 다윈에 관한 자신의 첫 논문에서 다음과 같이 말한 바 있다. "초서의 이름이 14세기를, 그리고 셰익스피어의 이름이 16세기를 대표한다면, 아마 가까운 장래에 다윈의 이름이 19세기를 대표하게 될 것이다." 그는 다윈에 관한 자신의 논문들을 엮어 1881년에 『학생의 다윈(The Student's Darwin)』이라는 제목의 책을 출간했는데, 이 책이 바로 다윈에게 동봉해 보낸 책이었던 것으로 알려지고 있다. 마르크스 대신 에이블링을 신화의 전체 구도에 대입하면 편지의 내용은 물론 다른 정황적 사실에도 잘 들어맞는 것으로 판정되었다. 마르크스가 사망하고 난 후 유고는 당연히 마르크스의 두 딸인 라우라 마르크스(Laura Marx)와 엘레아노르 마르크스에게 소유권이 있었지만 실제로는 프리드리히 엥겔스(Friedrich Engels)가 관리하게 되었다. 그러다가 1895년 엥겔스가 세상을 떠나자 엘레아노르가 맡게 되면서 에이블링은 자연스레 마르크스의 유고를 분석하며 그에 대한 논문을 쓰기 시작했다. 하지만 1898년 엘레아노르가 자살하고 이어서 석 달 후 에이블링도 죽자 유고들은 마르크스의 큰 딸 라우라에게 넘겨졌고 결국 베를린의 독일 사회 민주당 문서 보관소에 소장되었다가 다시 암스테르담의 국제 사회주의사 연구소로 옮겨져 오늘에 이른다. 다윈이 에이블링에게 보낸 편지는 아마 마르크스의 유고가 이리저리 자리를 옮기는 과정에서 마르크스의 편지와 뒤섞여 함께 분류된 것으로 보인다.

임지현 교수는 그의 논문에서 다윈의 이론과 마르크스의 이론은 표면적인 유사성을 벗겨 내면 본질적으로는 대단히 어울리기 어려운 측면이 많다는 점을 들며 이 신화의 허구성을 조목조목 비판했다. 실제로 마르크스는 1868년 자신과 다윈의 관계를 분석한 프리드리히 루트비히 뷔크너(Friedrich Ludwig Büchner)의 강의록을 읽고 "책장수의 피상적인 넌센스"라고 혹평한 바 있다. (마르크스의 비판이 전달되지 않았는지, 뷔크너는 자신의 생각을 발전시켜 마르크스 사후인 1894년 『다윈주의와 사회주의(Darwinismus und Socialismus)』를 펴낸다.) 하지만 엥겔스는 런던에서 거행된 마르크스의 장례식에서 다음과 같이 말했다. "다윈이 유기체의 발전 법칙을 발견했다면, 마르크스는 인간 사회의 발전 법칙을 발견했다." 다윈에 대한 사회주의자들의 연모 역시 적지 않았음을 시사하는 대목이다. 마르크스가 다윈에 대해 다분히 비판적인 입장을 취했다면 엥겔스는 일관되게 다윈을 옹호한 것으로 보인다. 어쨌든 루이스 포이어는 1978년 논문 「사회 생물학자로서의 마르크스와 엥겔스(Marx and Engels as socio-biologists)」에서 둘을 한데 묶어 그들의 사상에 미친 다윈의 영향을 분석했다. 개인적으로 나는 (구)소련의 붕괴와 더불어 낙담한 마르크스주의자들 중 적지 않은 수가 흥미롭게도 다윈의 진화론을 기반으로 한 사회 생물학에 지대한 관심을 보이는 걸 지켜보며 상당히 의아해 했었는데 이제 조금씩 그 실마리가 풀리는 듯싶다. 다윈-마르크스 신화의 사실 여부를 떠나 그 깊이가 대단하다는 걸 느낀다.

대표적인 다윈 신화 셋을 검토한 다음 내게는 오히려 보태고 싶은 신화가 하나 있다. 앞서 열거한 열 가지 신화에 덧붙여 본다면 이렇게 될 것이다.

다윈은 동양 사상에 심취했었다?

우연한 기회에 티베트의 종교 지도자 달라이 라마(Dalai Lama)와 표정 연구로 유명한 세계적인 심리학자 폴 에크먼(Paul Ekman)이 만나 종교와 과학의 흥미로운 소통이 일었다. 에크먼이 달라이 라마에게 다윈의 『인간과 동물의 감정 표현』의 내용을 들려주자 달라이 라마가 "이제부터 나는 나 자신을 다윈주의자라고 부르리라."라고 화답했다는 이야기는 전 세계 불자들은 물론 진화와 뇌를 연구하는 과학자들에게도 대단히 신선한 충격을 불러일으켰다. 2008년 이들이 함께 펴낸 책 『감정의 인식: 심리적 균형과 자비의 장애물을 넘어서(Emotional Awareness: Overcoming the Obstacles to Psychological Balance and Compassion)』에는 공감/감정 이입(empathy)과 자비/측은지심(compassion/sympathy)에 이르는 불교의 교리와 다윈의 생각 간의 유사성에 관해 의미 있는 논의가 담겨 있다. 에크먼은 "다윈이 사용했던 단어들은 측은지심과 도덕을 말하기 위해 티베트 불자들이 사용하는 단어들과 동일하다. 만일 우연의 일치라면 참으로 놀랄 만한 일치이다."라며 흥분해 마지않는다.

　나는 개인적으로 1970년대 말 미국으로 유학을 가서 다윈을 처음 영접하던 때부터 왠지 모르게 그의 생각들이 동양의 사상적 흐름과 맥을 같이한다는 느낌을 떨칠 수 없었다. 다윈의 이론은 불교는 물론 노장(老莊) 사상과도 상당히 흡사한 부분들이 있다고 생각했다. 그래서 언젠가 안식년을 맞으면 많은 과학사 학자들이 그랬던 것처럼 다윈의 서재를 뒤지는 작업에 뛰어들고 싶었다. 에크먼은 다윈이 어쩌면 티베트 지역을 여행하며 채집을 했던 후커와 서신을 주고받는 과정에서 불교의 가르침을 접할 기회가 있었을지 모른다고 주장한다. 다윈이 비록 불교에 귀의한 것은 아니지만 인간의 자애심에 대한 그의 생각은 거의 불자의 것과 다름이 없다는 것이다. 우리는 다른 사람이 고통을 받는 걸 보면 나 또한 고통을 느끼며 남의 고통을 줄임으로써 내 고통도 줄어들도록 만들려고 애쓴다. 다윈과 티베트 불자들은 바로 이 점을 공유하는 것이다. 세계적인 영장류 학자 프란스 드 월은 그의 저서 『공감의 시대』에서 공감(empathy)과 동정(sympathy)을 명확하게 구분하며, 우리의 그런 감정들이 동물에 기원을 두고 있다고 설명했다. 표범의 공격을 받아 다친 짝을 보살피는 침팬지, 공포에 떨고 있는 어린 코끼리들을 안심시키려고 특수한 신호를 개발한 어른 코끼리들, 부상 당한 동료가 회복하는 동안 숨을 쉴 수 있도록 번갈아 가며 물 위로 떠받쳐 주는 돌고래들, ……, 동물 세계의 역지사지(易地思之, Putting oneself in someone else's shoes.)에 의한 서로 돕는 행동은 수없이 관찰되었다.

2009년 10월 20일 나는 하버드 대학교 과학사학과의 재닛 브라운 교수를 인터뷰했다. 그에게 한 여러 질문 중에는 바로 이 질문도 들어 있었다. 다윈에게 동양의 사상을 접할 기회가 있었는가? 브라운은 상당히 단호하게 그런 일은 없었다고 대답했다. 티베트의 사상에 관해 후커로부터 어떤 편지든 받았다는 기록은 존재하지 않는다고 한다. 그러면서도 위대한 사상가들은 종종 완벽하게 독립적으로 거의 비슷한 결론을 도출해 내곤 한다며 다윈과 동양 사상의 경우는 특별히 의미 있는 예라고 말했다. 현재 우리에게 주어진 자료에 따르면 이 경우는 순전히 우연의 결과로 보인다.

나는 2009년 11월 27일 대한 불교 진흥원에서 열린 "붓다와 다윈의 만남"이라는 주제의 학술 심포지엄에서 "불교와 다위니즘: 그 흥미로운 수렴"이라는 제목의 강연을 했다. 그 발표에서 나는 특별히 다윈의 자연 선택론과 불교의 무아연기론(無我緣起論)을 비교하며 둘 간의 유사성과 차이점을 살펴보았다. 그 심포지엄의 발표문들은 2010년 『붓다와 다윈이 만난다면』이라는 제목의 책으로 출간되었는데, 내 논문(「'진화론적 해탈'은 가능한가: 불교와 진화론의 지적 통섭」)의 내용 일부를 여기에 간단히 소개하고자 한다.

진화란 결국 생물의 형질이 유전자라는 정보 물질을 통해 전파되는 과정을 말한다. 어느 특정한 형질을 지님으로써 개체가 보다 많은 자손을 퍼뜨릴 수 있다면 그 형질의 발현에 관여하는 유전자들은 보다 많은 복사체들을 후세에 남기게 된다. 이렇듯 현대 진화 생물학은 생명의 문제를 유전자의 관점에서 바라보길 요구한다. 유전자의

다윈 지능

관점은 일반인들에게는 리처드 도킨스의 『이기적 유전자』를 통해 널리 알려졌지만, 원래 다윈 이래 가장 위대한 생물학자로 칭송받았던 윌리엄 해밀턴의 이론에서 온 것이다. 나는 내 어머니와 아버지의 DNA가 각각 절반씩 난자와 정자 속으로 꾸겨져 들어갔다가 한데 만나 펼쳐지면서 만들어진 생명체다. 어머니와 아버지는 할머니와 할아버지의 DNA로부터 만들어졌고, 더 거슬러 올라가면 침팬지와 인간의 공동 조상의 DNA를 거쳐 궁극적으로는 태초의 생명의 늪에 떠다니던 최초의 DNA 또는 RNA로 귀착한다.

유전자의 관점에서 바라보는 생명은 끊임없이 해체되고 다시 조합되어 새 생명으로 윤회하는 불교의 기본 사상과 적어도 표면적으로는 상당한 유사성을 지닌다. 그중에서도 부파불교(部派佛教)의 업감연기(業感緣起)의 개념은 다분히 진화론적이다. 불교는 우리의 몸과 마음을 각각 겉으로 드러나는 물리적인 것들을 의미하는 색(色, rupa)과, 색과 연관되어 있으되 보이지 않는 심리적인 것들을 뜻하는 명(名, nama)으로 표현한다. 명은 다시 수(受, vedana), 상(想, samjna), 행(行, samskara), 식(識, vijnana)의 네 개념으로 나뉘는데, 이 넷과 색이 합쳐져 오온(五蘊, pañca-skandha)이 된다. 아(我), 즉 나는 실재하는 것이 아니라 오온 또는 오음(五陰)의 집합체에 불과하다는 무아론(無我論)은 생명체를 이루는 물질은 죽음과 더불어 서서히 소멸하지만 새로운 생명체에 관한 유전 정보를 담고 있는 유전자, 즉 DNA는 영원히 살아남을 수 있다는 진화 생물학의 원리와 상당히 흡사해 보인다. 생명체, 즉 일시적인 집합체가 해체되어 죽게 되어도 업(業)의 힘으로 새로운 집합체가 만들어져 윤회한다는 업의 상속 역시 태초부터 지금까지 온갖 형태의 몸을 빌려 복제 실험을 거듭하며 존재해 온 DNA의 활동을 연상하게 한다. 어차피 생명의 역사란 DNA의 일 대기에 지나지 않으니 말이다.

불교의 교설과 다원주의의 유사성은 엄청나게 많이 끌어낼 수 있다. 하지만 나는 그런 유사성은 모두 표상적인 수준을 벗어나지 못하며, 실제로 둘 간에는 대단히 넘기 어려운 근본적인 차이가 존재한다고 생각한다. 이화 여자 대학교 철학과의 한자경 교수는 『불교의 무아론』에서 이에 대해 상세하게 논하고 있다. 불교에서 인간 자아는 단적으로 말해 오온 화합물이다. 그렇지만 오온 화합물로서 자아의 존재를 설정하는 유아론(有我論)을 표방한다고 해서 불교가 유물론적 사고를 한다는 뜻은 결코 아니다. 이런 상황에서도 불교는 오히려 무아론을 내세워 언뜻 듣기에는 상당히 비판의 여지가 있어 보인다. 한자경 교수는 그래서 다음과 같이 묻는다. "만일 자아가 존재하지 않는다면, 행위를 하는 자, 즉 업을 짓는 자와 그 행위에 의한 결과, 즉 업보를 받는 자는 과연 누구란 말인가? 만일 자아가 존재하지 않는다면, 이생에서의 업에 따라 다음 생으로 윤회하는 자는 과연 누구란 말인가?"

한자경 교수에 따르면, 불교가 인간 자아를 오온으로 설명하지만 그 오온 안에는 자아를 구성할 만한 것이 존재하지 않는다는 것이다. 불교의 무아론은 요소들이 화합해 만들어 내는 결과물을 새로운 존재로 인정하지 않는다. 한자경 교수는 "요소들과 구분되는 '집'에 상응하는 새로운 실재는 없으며, 따라서 '집'이란 그에 상응하는 실재가 존재하지 않는 이름, 실명(實名) 아닌 가명(假名)에 지나지 않는다."라고 본다. 또한 불교 무아론은 "인연 화합 결과물의 실재성만 부정하고 그것을 이루는 요소들의 실재성은 인정하는 요소주의가 아니다." 실재하지 않는 집의 담, 벽, 천장 등이 돌이나 나무로 되어 있더라도 집이 존재하지 않는다고 말하지 않고 집은 돌 또는 나무의 집합에 지나지 않는다고 말할 수는 없다는 것이다. 오온의 화합물은 물론, 그를 이루는 각각의 온도 실체가 아니며 모든 것은 다른 것들의 인연 화합으로 이루어진 것이다.

불교 무아론의 반유물론적 본질은 사후 자아 존속의 문제에 이르면 더욱 극명하게 드러난다. 사후 자아의 존속 여부를 묻는 질문에 석가는 그 질문 자체에 전제되어 있는 자아의 관념에 이의를 제기한다. 그 질문은 "생전의 자기 동일적 자아를 이미 전제하고 그 자아가 죽음 이후에도 멸(滅)하지 않고 동일하게 남는가 아니면 죽음과 더불어 단멸(斷滅)하는가를 묻고 있기" 때문이다. 석가에 따르면 자기 동일적 자아란 애당초 존재하지 않는다. 윤회가 반드시 자기 동일적 자아의 존재를 전제해야 하는 것은 아니다. 불교 경전 중 하나인 『미란타왕문경(彌蘭陀王問經, *Milinda Pañha*)』에는 석가의 다음과 같은 물음이 소개되어 있다. "어떤 사람이 한 등에서 다른 등으로 불을 붙인다고 할 경우, 한 등이 다른 등으로 옮겨 간다고 할 수 있겠는가?"

철저하게 유물론적 과학인 진화 생물학은 이 부분에서 불교의 무아연기론이 도저히 넘기 힘든 선을 그을 수밖에 없다. "업(業)과 보(報)는 있지만 업을 짓는 작자(作者)는 없다."라는 『잡아함경(雜阿含經)』의 명제는 연기와 무아의 표상적 의미와 언뜻 흡사해 보이던 다원주의를 철저하게 유물론적 수준으로 철수시킨다. "닭은 달걀이 더 많은 달걀을 생산하기 위해 잠시 만들어 낸 매개체에 지나지 않는다."라는 사회 생물학적 수사에서 우리가 쉽사리 삶의 주체라고 생각하던 닭이라는 존재를 실재하지 않는 무아로 보는 관점에는 충분히 동행할 수 있지만, 부모의 DNA로부터 그 닭이 만들어지는 엄연한 과학적 사실 앞에서 '업을 짓는 작자'가 없다는 주장은 받아들이기 어렵다. 자연의 기(氣)로 생겨난 우리의 영혼이 죽음과 더불어 다시 자연의 기로 회귀한다는 노장 사상의 설명과도 표면적으로는 유사할지 모르나, 비록 육체를 이루던 요소들은 다시 한 줌 흙으로 돌아가지만 내 DNA는 자식의 몸을 통해 내 사후에도 계속 존속할 수 있다는 사실은 엄연한 과학적 실재이기 때문이다.

이런 관점에서 볼 때 철저하게 유물론적 체계의 다윈주의가 어떻게 궁극적으로 달라이 라마가 설파하는 공감과 동정의 차원에 도달할 수 있었는지가 오히려 신기할 따름이다. 그럼에도 불구하고 나는 과학과 종교가 결코 하나로 융합할 수는 없어도 충분히 통섭할 수는 있다고 생각한다. 과학과 종교는 근본적으로 다른 인간 활동으로서 둘 이상이 녹아 하나가 되는 것은 불가능해도 서로의 경계를 존중하면서 함께 뛰어오를 수는 있으리라 기대한다. 「가지 않은 길(The Road Not Taken)」로 유명한 미국의 시인 로버트 프로스트(Robert Frost)의 또 다른 시 「담을 고치며(Mending Wall)」에는 "좋은 담이 좋은 이웃을 만든다."라는 구절이 나온다. 종교와 과학 간의 담은 없애려 한다고 없어지는 담도 아니다. 하지만 그 담을 충분히 낮추면 '범경계적 통섭(trans-boundary or trans-disciplinary consilience)'은 가능하리라 믿는다.

다윈은 그 자신이 상당히 통섭적인 학자였다. 따라서 그의 이론이 통섭적인 것은 당연한 결과다. 다윈은 『종의 기원』 1판 속표지에 프랜시스 베이컨과 더불어 통섭의 개념을 고안한 윌리엄 휴얼을 인용했다. 그러나 끝내 그의 지지를 받아내지 못한 점은 못내 아쉽다. 나는 2009년 8월에 나를 포함한 열아홉 명의 학자들과 더불어 다윈의 이론이 영향을 미친 현대 학문 분야들을 분석하여 『21세기 다윈 혁명』이라는 책을 낸 바 있다. 다윈의 진화론이 지질학, 환경 과학, 의학, 공학, 그리고 복잡계 과학을 아우르는 과학 분야는 말할 나위도 없거니와, 문학, 철학, 종교학, 윤리학 등 다양한 인문학 분야와 경제학, 법학, 정치학, 심리학, 인류학 등 사회 과학 분야에 이르기까지 전방위적인 영향을 미치고 있음을 깨달을 수 있었다. 그런가 하면 음악과 미술 등 예술 분야에도 다윈의 입김이 뜨겁다. 다윈에 대한 이해에서 드러나는 서양과 우리의 격차가 그저 현학적인 차원에서 그치는 것이라면 세월이 흐름에 따라 점차 줄어들거니 자위할 수 있을지도 모른다.

그러나 21세기의 장이 펼쳐지는 즈음 상황은 그리 안이하지 않은 듯 보인다. 다윈의 이론이 드디어 경제학, 법학, 공학, 의학 등 실용적인 학문 분야까지 접수하기 시작한 것이다. 내가 일찍이 2005년부터 다윈 포럼을 만들어 우리 사회의 다윈에 대한 이해의 수준을 올려 보려 노력한 까닭도 바로 여기에 있다. 다윈의 진화 이론은 이제 우리 사회의 가장 기본적인 교양 지식일 뿐 아니라 첨단 학문 분야의 학자라면 누구나 갖춰야 할 전문 지식이다. 당신의 미래에 다윈이 함께하길 빈다.

더 읽을거리

★ 본문에서 언급하고 참조한 문헌 중에 단행본을 중심으로 골라 모았다. 우리말로 번역이 된 책은 한국어판의 서지 사항을 적었고, 아직 번역되지 않은 책은 원래 서지 사항을 적었다.

신재식, 김윤성, 장대익, 『종교 전쟁』 (사이언스북스, 2009년).

안성두, 우희종, 이한구, 최재천, 홍성욱, 『붓다와 다윈이 만난다면』 (서울 대학교 출판 문화원, 2010년).

전중환, 『본성이 답이다』 (사이언스북스, 2016년).

전중환, 『오래된 연장통』 (증보판) (사이언스북스, 2014년).

전중환, 『진화한 마음』 (휴머니스트, 2019년).

최재천, 『알이 닭을 낳는다』 (도요새, 2006년).

최재천, 『여성 시대에는 남자도 화장을 한다』 (궁리출판, 2003년).

최재천 엮음, 『21세기 다윈 혁명』 (사이언스북스, 2009년).

최재천, 『최재천의 인간과 동물』 (궁리출판, 2007년).

최재천, 한영우, 김호, 황희선, 홍승효, 장대익, 『살인의 진화 심리학: 조선 후기의 가족 살해와 배우자 살해』 (서울 대학교 출판부, 2003년).

최정규, 『게임 이론과 진화 다이내믹스』 (이음, 2013년).

최정규, 『이타적 인간의 출현』 (뿌리와이파리, 2009년).

한자경, 『불교의 무아론』(이화여자대학교출판문화원, 2006년).

다니엘 밀로, 이충호 옮김, 『굿 이너프(*Good Enough*)』(다산사이언스, 2021년).

대니얼 데닛, 김한영 옮김, 『주문을 깨다』(동녘사이언스, 2010년).

대니얼 데닛, 이한음 옮김, 『자유는 진화한다』(동녘사이언스, 2009년).

대니얼 레비틴, 장호연 옮김, 『뇌의 왈츠』(마티, 2008년).

데이비드 버래시, 박중서 옮김, 『보바리의 남자 오셀로의 여자』(사이언스북스, 2008년).

데이비드 버래시, 이한음 옮김, 『일부일처제의 신화』(해냄출판사, 2002년).

데이비드 버스 엮음, 김한영 옮김, 『진화 심리학 핸드북』(아카넷, 2019년).

데이비드 버스, 이충호 옮김, 『진화 심리학』(웅진씽크빅, 2012년).

데이비드 버스, 전중환 옮김, 『욕망의 진화』(사이언스북스, 2010년).

데이비드 버스, 홍승효 옮김, 『이웃집 살인마』(사이언스북스, 2006년).

데이비드 쾀멘, 이한음 옮김, 『신중한 다윈 씨』(승산, 2008년).

랜덜프 네스, 조지 윌리엄스, 최재천 옮김, 『인간은 왜 병에 걸리는가』(사이언스북스, 1999년).

레이철 카슨, 김은령, 홍욱희 옮김, 『침묵의 봄』(에코리브르, 2011년).

로버트 액설로드, 이경식 옮김, 『협력의 진화』(마루벌, 2009년).

로베르 주르뎅, 최재천 옮김, 『음악은 왜 우리를 사로잡는가』(궁리출판, 2002년).

리처드 도킨스, 김정은 옮김, 『리처드 도킨스의 진화론 강의』(옥당, 2016년).

리처드 도킨스, 이용철 옮김, 『눈먼 시계공』(사이언스북스, 2004년).

리처드 도킨스, 이한음 옮김, 『만들어진 신』(김영사, 2007년).

리처드 도킨스, 최재천, 김산하 옮김, 『무지개를 풀며』(바다출판사, 2015년).

리처드 도킨스, 홍영남, 이상임 옮김, 『이기적 유전자: 40주년 기념판』(을유문화사, 2018년).

리처드 도킨스, 홍영남, 장대익, 권오현 옮김, 『확장된 표현형』(을유문화사, 2016년).

마이클 셔머, 류운 옮김, 『왜 다윈이 중요한가』(바다출판사, 2008년).

마이클 셔머, 류운 옮김, 『왜 사람들은 이상한 것을 믿는가』(바다출판사, 2016년).

마이클 셔머, 박종성 옮김, 『진화 경제학』(한국경제신문, 2009년).

매트 리들리, 김윤택 옮김, 『붉은 여왕』(김영사, 2006년).

매트 리들리, 김한영 옮김, 『본성과 양육』(김영사, 2004년).

메이 베렌바움, 최재천, 권은비 옮김, 『벌들의 화두』(효형출판, 2008년).

미쓰토미 도시로, 이상술 옮김, 『음악은 왜 인간을 행복하게 하는가』(해나무, 2005년).

스티븐 제이 굴드, 김동광 옮김, 『생명, 그 경이로움에 대하여』(경문사, 2004년).

스티븐 제이 굴드, 이명희 옮김, 『풀하우스』(사이언스북스, 2002년).

스티븐 핑커, 김한영 옮김, 『마음은 어떻게 작동하는가』(동녘사이언스, 2007년).

스티븐 핑커, 김한영 옮김, 『빈 서판』(사이언스북스, 2004년).

스티븐 핑커, 김한영, 문미선, 신효식 옮김, 『언어 본능』(동녘사이언스, 2006년).

알바 노에, 김미선 옮김, 『뇌 과학의 함정』(갤리온, 2009년).

앨런 와이즈먼, 이한중 옮김, 『인간 없는 세상』(RHK(알에이치코리아), 2020년).

에드워드 윌슨, 권기호 옮김, 『생명의 편지』(사이언스북스, 2007년).

에드워드 윌슨, 이병훈, 김희백 옮김, 『자연주의자』(민음사, 1996년).

에드워드 윌슨, 이병훈, 박시룡 옮김, 『사회 생물학』(민음사, 1992년).

에드워드 윌슨, 이한음 옮김, 『인간 본성에 대하여』(사이언스북스, 2011년).

에드워드 윌슨, 최재천, 장대익 옮김, 『통섭』(사이언스북스, 2005년).

에른스트 마이어, 최재천 외 옮김, 『이것이 생물학이다』(바다출판사, 2016년).

올리버 색스, 장호연 옮김, 『뮤지코필리아』(알마, 2012년).

위르겐 몰트만, 김균진 옮김, 『오시는 하느님』(대한기독교서회, 2017년).

제프리 밀러, 김명주 옮김, 『연애』(동녘사이언스, 2009년).

조지 윌리엄스, 전중환 옮김, 『적응과 자연 선택』(나남, 2013년).

존 블래킹, 채현경 옮김, 『인간은 얼마나 음악적인가』(민음사, 1998년).

크리스토프 드뢰서, 전대호 옮김, 『음악 본능』(해나무, 2015년).

토머스 맬서스, 이서행 옮김, 『인구론』(동서문화사, 2016년).

톰 브룩스, 최재천 옮김, 『매일매일의 진화 생물학』(바다출판사, 2015년).

프란스 드 월, 장대익, 황상익 옮김, 『침팬지 폴리틱스』(바다출판사, 2018년).

프란스 드 월, 최재천, 안재하 옮김, 『공감의 시대』(김영사, 2017년).

프랜시스 크릭, 김동광 옮김, 『놀라운 가설』(궁리출판, 2015년).

헬레나 크로닌, 홍승효 옮김, 『개미와 공작』(사이언스북스, 2016년).

Barkow, Jerome H., Leda Cosmides, John Tooby, *Adapted Mind*, Oxford University Press, 1992.

Berlin, Isaiah, *Karl Marx: His Life and Environment*, 2nd ed., Oxford University Press, 1948.

Beran, Jan, *Statistics in Musicology*, Chapman and Hall, 2003.

Betzig, L. L., *Despotism and differential reproduction: A Darwinian view of history*, Aldine Publishing Co., 1986.

Brandenburger, Adam M., Barry J. Nalebuff, *Co-opetition*, Crown Business, 1996.

Choe, Jae Chun, ed., *Encyclopedia of Animal Behavior*, 2nd Edition. Academic Press, 2019.

Choe, Jae Chun, Bernard J. Crespi, eds., *The Evolution of Mating Systems in Insects and Arachnids*, Cambridge University Press, 1997.

Darwin, Charles, *Insectivorous Plants*, John Murray, 1875.

Darwin, Charles, *The Effects of Cross and Self Fertilization in the Vegetable Kingdom*, John Murray, 1876.

Dennett, Daniel C., *Darwin's Dangerous Idea*, Simon & Schuster, 1995.

Endler, John, *Natural Selection in the Wild*, Princeton University Press, 1986.

Ewald, Paul, *Evolution of Infectious Disease*, Oxford University Press, 1993.

Feld, Steven, *Sound and Sentiment*, Duke University Press, 2012.

Garland, Trudi Hammel, Charity Vaughan Kahn, *Math and Music*, Dale Seymour Publications, 1995.

Gruber, Howard, *Darwin on Man: A Psychological Study of Scientific Creativity*, Wilwood, 1974.

Harkleroad, Leon, *The Math Behind the Music*, Cambridge University Press, 2006.

Hölldobler, Bert, Edward O. Wilson, *The Ants*, Belknap Press, 1990.

Jablonka, Eva, Marion J. Lamb, *Epigenetic Inheritance and Evolution*, Oxford University Press, 1995.

Jablonka, Eva, Marion J. Lamb, *Evolution in Four Dimensions*, Bradford Books, 2005.

Kettlewell, Bernard, *The Evolution of Melanism*, Clarendon Press, 1973.

Klopfer, Peter H., *Behavioral Aspect of Ecology*, Prentice-Hall, 1962.

Lama, Dalai, Paul Ekman, *Emotional Awareness*, Times Books, 2008.

Lorenz, Konrad, *Das sogenannte Böse*, Dr. G. Borotha-Schoeler Verlag, 1963.

Loy, Gareth, *Musimathics*, MIT Press, 2006.

Paley, William, *Natural Theology*, R. Faulder by Wilks and Taylor, 1802.
Jacob, Francois, *The Possible and the Actual*, University of Washington Press, 1994.

Steele, Edward J., *Lamarck's Signature*, Basic Books, 1998.

Steele, Edward J., *Somatic Selection and Adaptive Evolution*, Williams and Wallace, 1979.

Temperley, David, *Music and Probability*, MIT Press, 2006.

Thornhill, Randy, Craig Palmer, *A Natural History of Rape*, MIT Press, 2000.

von Neumann, John, Oskar Morgenstern, *The Theory of Games and Economic Behavior*, Princeton University Press, 1944.

Wynne-Edwards, Vero Copner, *Animal Dispersion in Relation to Social Behavior*, Hafner Pub., 1962.

다윈 지능

찾아보기

드디어 다윈 ❺

다윈 지능 ^{2판}

1판 1쇄 펴냄 2012년 1월 2일
2판 1쇄 펴냄 2022년 11월 24일
2판 4쇄 펴냄 2024년 6월 15일

지은이 최재천
펴낸이 박상준
펴낸곳 (주)사이언스북스

출판등록 1997. 3. 24.(제16-1444호)
(06027) 서울시 강남구 도산대로1길 62
대표 전화 515-2000, 팩시밀리 515-2007
편집부 517-4263, 팩시밀리 514-2329
www.sciencebooks.co.kr

ⓒ 최재천, 2012, 2022. Printed in Seoul, Korea.

ISBN 979-11-92107-31-8 04400
ISBN 979-11-89198-85-5 (세트)

다윈 포럼

강호정

생태학자. 현재 연세 대학교 건설 환경 공학과 교수로 재직하며, 전 지구적 기후 변화가 생태계에 야기하는 현상을 연구하고 있다. 『와인에 담긴 과학』, 『지식의 통섭』, 『유리 천장의 비밀』 등의 책을 쓰고 옮겼다.

김성한

진화 윤리학자. 「도덕의 기원에 대한 진화론적 설명과 다윈주의 윤리설」로 박사 학위를 받았고, 전주 교육 대학교 윤리 교육과 교수로 재직하고 있다. 『인간과 동물의 감정 표현』, 『동물 해방』, 『사회 생물학과 윤리』, 『섹슈얼리티의 진화』 등의 책을 옮겼다.

장대익

진화학자. 가천 대학교 창업 대학 교수로 문화 및 사회성의 진화를 연구한다. 학술, 문화, 산업 등 분야를 넘나들며 지적 활동을 펼치고 있다. 제11회 대한민국 과학 문화상을 수상했다. 『다윈의 식탁』, 『다윈의 서재』, 『다윈의 정원』, 『종교 전쟁』, 『울트라 소셜』, 『통섭』 등의 책을 쓰고 옮겼다.

전중환

진화 심리학자. 현재 경희 대학교 후마니타스 칼리지 교수로 재직하며, 인간 사회의 협동과 갈등, 이타적 행동, 근친상간과 성관계에 대한 혐오 감정 등을 연구하며 심리학의 영역을 넓혀 가고 있다. 『오래된 연장통』, 『본성이 답이다』, 『욕망의 진화』 등의 책을 쓰고 옮겼다.

주일우

생화학과 과학사를 공부한 출판인. 《과학 잡지 에피》와 《인문 예술 잡지 에프》의 발행인으로 과학과 문화 예술 사이의 역동적 관계에 관심을 가지고 글을 쓰고 책을 만든다. 『지식의 통섭』, 『신데렐라의 진실』 등의 책을 쓰고 옮겼다.

책 디자인 김낙훈